U0163559

全本全注全译丛书

中华经典名著

李瑞豪◎译注

# 长物志

中华书局

**图书在版编目(CIP)数据**

长物志/李瑞豪译注. —北京:中华书局,2021.3
(2023.7 重印)
(中华经典名著全本全注全译丛书)
ISBN 978-7-101-15081-0

Ⅰ.长… Ⅱ.李… Ⅲ.园林设计-中国-明代 Ⅳ.TU986.2

中国版本图书馆 CIP 数据核字(2021)第 031003 号

| | | |
|---|---|---|
| 书 名 | 长物志 | |
| 译 注 者 | 李瑞豪 | |
| 丛 书 名 | 中华经典名著全本全注全译丛书 | |
| 责任编辑 | 张彩梅 | |
| 责任印制 | 管 斌 | |
| 出版发行 | 中华书局 | |
| | (北京市丰台区太平桥西里 38 号 100073) | |
| | http://www.zhbc.com.cn | |
| | E-mail:zhbc@zhbc.com.cn | |
| 印 刷 | 北京盛通印刷股份有限公司 | |
| 版 次 | 2021 年 3 月第 1 版 | |
| | 2023 年 7 月第 4 次印刷 | |
| 规 格 | 开本/880×1230 毫米 1/32 | |
| | 印张 14⅛ 字数 300 千字 | |
| 印 数 | 18001-22000 册 | |
| 国际书号 | ISBN 978-7-101-15081-0 | |
| 定 价 | 38.00 元 | |

# 目录

# 前言

王夫之《周易外传》谓:"无其器则无其道,人鲜能言之,而固其诚然者也。"正是在具体的器具上面渗透着人类对文明永恒的追求与探索。文震亨的《长物志》表达的是文人趣味,也是对生活的努力与探索。法国作家安德烈·纪德在《人间食粮》一文中说:"你永远也无法理解,为了使自己对生活发生兴趣,我们付出了多大的努力。"往日幻渺,那些努力在人类漫长的文明进程中或逝去,或风化,如流水无痕,似碑石漶漫。因了文字,一些努力清晰地凝固于历史中,《长物志》可说是古人努力的印证。人类活动之境自有其远达天地的前后呼应的必然性,《长物志》正是其时文人生存形态之显现。

一

文震亨(1585—1645),字启美,晚明南直隶苏州府长洲(今江苏苏州)人。除了《长物志》,他另有《琴谱》《怡老园记》《金门集》《香草诗集》《文生小草》等十余种著作。文震亨生于官宦之家、书香门第。曾祖文徵明,乃是与沈周、唐寅、仇英齐名的书画大家。祖父文彭,官国子监博士,以书画、篆刻名重一时。父文元发,官至卫辉同知。兄文震孟,官至礼部左侍郎兼东阁大学士。文震亨以贡入南国子监,名列东林党人籍。天启五年(1625)选授陇州判,以善琴,崇祯元年(1628)改中书舍人,给事武英殿。文震亨曾因声援东林党人而几被累罪,又因黄道周触怒崇祯下狱事,受牵连入狱,后获释复职。崇祯十七年(1644)明亡,顺治二年(1645)清兵攻陷苏州,文震亨避地阳澄湖畔,闻剃发令而投湖自尽,被家人救起,后绝食六日,呕血而亡。就是这样一位热心于政事的文人写出了充满闲情与趣味的《长物志》。

文震亨在园林设计和诗书画方面取得了不凡的成就,明代顾苓《武英殿中书舍人致仕文公行状》描述了文震亨的园林成就:"公长身玉立,善自标置,所至必窗明几净,扫地焚香。所居香草垞,水木清华,房栊窈窕,闾阎中称名胜地。曾于西郊构碧浪园,南都置水嬉堂,皆位置精洁,人在画图。致仕归,于东郊水边林下,经营竹篱茅舍,未就而卒,今即其地为新阡矣。"清初的钱谦益在《列朝诗集》中介绍文震亨的艺术成就:"风姿韶秀,诗画咸有家风。为中书舍人,给事武英殿,先帝制颁琴二千张,命启美为之名,又令监造御屏,图九边厄塞,皆有赏赉。"清代徐沁在《明画录》中评价文震亨的书画风格:"画山水兼宗宋元诸家,格韵兼胜。"可见文震亨的成就得到当时人的赞誉。

《长物志》书名"长物",取"身外余物"之意,采自《世说新语》中王恭的故事。多余之物,不关生存实用,这正是艺术的本质。《长物志》是中国古代造园名著之一,是对历代造园及作者造园实践的总结。全书十二卷,直接有关园艺的有室庐、花木、水石、禽鱼、蔬果五志,另外书画、几榻、器具、衣饰、舟车、位置、香茗七志,看似与园林无关,但按古人之见,书画、器具、衣饰、品茗等也是园林生活、园林环境的一部分。

《长物志》完成于崇祯七年(1634),最早的版本是明末木版,有沈春泽的序,三册,这是文震亨在世时的版本。此后《长物志》有多个版本流传,乾隆年间有手抄本,编入《四库全书·子部·杂家类》,没有序跋,卷八、卷九、卷十的顺序与明代木版不同,根据文中每卷卷首的作者用语可以判断此手抄本将顺序搞错了。多种丛书也将《长物志》列入其中,乾隆四十三年(1778)金钟淳《砚云乙编》丛书刊刻了《长物志》,无序跋。咸丰三年（1853）伍崇曜《粤雅堂丛书》刊有《长物志》，有沈春泽的序，无跋。同治十三年（1874）的版本加上了伍绍棠的跋。宣统二年（1910）上海国学扶轮社《古今说部丛书》刊有铅印本《长物志》，无序跋。民国四年（1915）上海文明书局《说库》丛书有石印本《长物志》，无序跋。民国二十五年（1936）上海神州国光社《美术丛书》有排印本《长物志》，有沈春泽序、伍绍棠跋。民国二十五年（1936）《丛书集成初编》也收入《长物志》，依据的是《砚云乙编》版本，但是有沈春泽的序附于书后。《申报馆丛书续集》依据《砚云乙编》也有铅印本《长物志》。当代也有不少学者校注、翻译《长物志》，最为出色的是陈植先生1984年出版的《长物志校注》，参校多个版本，择优选之，有沈春泽的序、伍绍棠的跋，注解引证渊博，考订翔实。

## 二

殉国与趣味、"出"的热烈与"隐"的渴望奇妙地统一在文震亨的身上，这就是明代的文人，在他们身上蕴藏着长久以来的文化符码。"长物"为多余之物，生逢晚明的文震亨不正是多余之人吗？他虽积极参与政事，但大明王朝气数将尽，阉宦当道，党争不息，危机四伏，虽怀抱负，却已不可为。居住在山水之间过隐逸生活便是无奈之后最好的选择，对文人构成了极大的诱惑。更重要的是，中国古代隐士传统所昭示的高洁人格、超脱出世的态度让后来文人欣羡并效仿。文震亨混迹尘世而对隐士充满向往，在居住生活中追求幽人风致、旷士情怀，颇有"大隐隐于市"的味道。晚明与文人两个名词的联合给人浮华与颓败的想象，生活审美化、审美生活化即是浮华与颓败裂隙中开出的花朵。因为是对身外余物的描述，《长物志》便缺了诗文、小说、戏曲中的文以载道，多出了一份纯净与真实。然而任何叙述都不可能是纯客观的，文字总是浸透了感情的。

《长物志》的写作对象是幽人、旷士，而非普通大众。至为明显的便是文震亨园林建造及平常日用中的意趣追求：雅、古、隐。雅、古是评价的最终标准，隐是雅、古背后生活方式的选择与精神境界的追求。不管是材料与样式，还是整体效果与局部结构，雅都是首要标准，不只注重外在装饰，更追求内在神韵。全书出现最多的字眼便是"雅"：雅洁、雅观、雅称、雅道、雅器、雅正、雅物、雅素、雅士、最雅、亦雅、更雅、为雅、不雅、甚雅、古雅、温雅、清雅、俱雅、精雅、近雅、高雅、娴雅，等等。自然、古朴、简洁为雅，所以门环"得古青绿蝴蝶、兽面"，阶"愈高愈古"，室庐"宁古无时，宁朴无巧，宁俭无俗"，庭除"自然古色"，花木"必以虬枝古干"，琴"历年既久，漆光退尽"，隐含的话语模式便是今不如古，今是俗，古是雅，旧制是古，古朴是雅，近制则不雅，不雅即俗，有明显的古今对立意识。终明一代，文艺思潮以复古为主流，师古崇雅是明代文人一直延续的一个传统，在诗文领域有前七子、后七子、唐宋派，以复古为己任，反映在日常生活中，是对古朴风格的追求。文人士大夫追求精致的生活方式，将生活审美化，审美生活化，园林便成为审美文化的一部分。对园林风格的追求与诗文方面的追求相一致，即"雅"，要显示出文人与庸众不同的高雅趣味。文震亨对园林风格的追求正是明代文人审美情趣的缩影，佳木怪竹、金石图画传达的正是文人趣味。然而自然本是天然，无人为因素，刻意显示自然是否反倒有些不自然呢？对雅偏执的追求是不是也是一种媚俗呢？《四库全书总目提要》中对《长物志》做如下评语："然矫言雅尚，反增俗态者有焉。"可谓一语中的。

　　与雅相对的是俗，文震亨不屑与近俗为伍，刻意固守文人的身份。在材料与制作上要与酒肆、贾肆、药肆、屠沽市贩区别开，对市井气息极为排斥与抗拒。雅与美不能陷入"极板且套"，一有定式，便落入俗套；整齐对称，便失却个性，这是文人审美趣味的典型体现，也是刻意表现出与大众的区别、与时尚的疏离。也不能沾染时尚，书画中的单条是明人的创新，一向崇古的文震亨不肯接受新的时尚，即便是古人真迹，沾染了俗尚也大为贬值。通过排斥时尚俗制，文震亨将自己与庸众区别开来。

然而让人倒胃口的是,一直追求自然古雅的文震亨却提出了训练野鹤的办法:食化。饥饿的野鹤在食物的诱惑下翩翩起舞,美则美矣,隐逸之士的自然与清高却荡然无存。当然,这也只是一种自娱的方式,文震亨在寻求人与鹤的互动与和谐,但说到底,还是难以脱俗,还是违背自然。处处可见文震亨对俗制的抵制,也处处见他对俗制的熟悉。文震亨把流行元素和品味之俗直接对等,明确表达了对时尚的不认同,对文人身份的固守。"古"与"今"本就相对而言,文震亨笔下的"今"在今天已成"古",而他笔下的"古"在宋元时代还是"今"。何为雅?何为俗?雅俗的观念本就是时代的产物。

沈春泽为《长物志》作序曰:"夫标榜林壑,品题酒茗,收藏位置图史、杯铛之属,于世为闲事,于身为长物,而品人者,于此观韵焉,才与情焉……"虽无绝深的弦外之音,但与园林中的物相接的是庞大的诗歌意象系统,文震亨在平淡的文字背后充满着浓浓的诗意。园林的整体布局要达到诗情画意,认为紫荆不如棣棠,因紫荆花朵繁琐,缺乏诗意。多处运用诗句和典故,在文化时间中品鉴花木文物,无限地接近历史。文震亨在表达诗意生活的取向,远实用,近审美。不管是观鱼,还是撑船,都是在诗境中进行。园林中物是文人精神世界的符号代码,一草一木上投射了文人的心灵世界、审美趣味。

一种文人的优越感在行文中流露无遗。文震亨穿着文人的衣裳来写作,知道他的读者是谁,他的读者也知道他是谁,却也难免矫饰,难免对自己身份的强调。卷一《海论》曰:"至于萧疏雅洁,又本性生,非强作解事者所得轻议矣。"表达出一种掌握了雅的标准的优越感;《蔷薇 木香》嘲讽众人杂坐花棚下于喧闹中赏花的俗态;在对菊花的品鉴中,将赏花之人分为好事家与真能赏花者,与附庸风雅的好事家相对的赏花者,即文震亨所谓的能得花之性情的人,不言而喻,文震亨将自己归于会赏花之人的行列。这一点与晚明张岱《西湖七月半》写赏月之人异曲同工,张岱列举出种种赏月之人,均为不赏月之俗人,只有自己才是真正赏月的雅人，世人皆俗我独雅。

　　带了文人的优越感，便难免了偏见，也呈现出文人特有的审美定势。对于白玉兰的钟爱和对辛夷不够高洁的偏见，认为凤仙花无可观之处，能看出他所代表的一类文人在花木鉴赏上对"洁"的追求。而对梅花、兰花、竹子的鉴赏则沿袭了传统文人的审美观，无甚新见。对桃花、李花的比喻倒别具匠心，把桃花比作美女，把李花比作女道士，桃花宜在歌舞场，李花宜在烟霞泉石间。他的描述不在具体的种植养护，而在精神层面的审美追求；不在客观呈现，而多主观情绪。他以"高贵"形容松树，却以"最贱"来说明木槿。这些成见来自文化的沉淀，文震亨正是在历史与文化的时间中描述他的眼中之物。

　　对书画的评定也暴露出他的局限，文震亨站在儒家文化的立场，反对牛鬼蛇神式的画作，认为荒诞无据。一些明代的画家被他描述为歪门邪道。何谓歪门邪道？是笔墨纵横还是过于创新？郑颠仙画人物颇野放，张复阳师法吴镇，画风水墨淋漓，钟钦礼、蒋三松、张平山、汪海云均为浙派画家，学习戴进，都有所变化，但多纵笔粗豪，画风以豪放见长，秀逸不足，狂放过之。这些画家固有一些草率之笔，但也显露出自己的个性。文震亨的描述显露出其保守性，因为视书画为风雅之事，所以对粗豪之作不肯接受。他追求生活情趣中的别致与独特，对于书画作品中张扬的个性却一概贬斥。

　　不经意间，文震亨也显示出落后的商业思想。多种蔬菜，却不可谋利，这正是中国自古以来重农抑商思想的反映，时至明末，经济已大为发展，文人士大夫仍固守传统观念，看不到商品交换给社会带来的巨大活力。对于吴地种植玫瑰获利，文震亨也颇含微词。稍后的蒲松龄在《聊斋志异·黄英》中已经写到了菊精黄英贩花为业，并说出了"自食其力不为贪，贩花为业不为俗"的先进的经济思想。而文震亨在此表现出较为落后的一面。但反观今日，商业彻底绑架了文化和文人，文震亨反对将审美商业化，难道是冥冥中对商业化浪潮将要带来的物欲横流有着隐隐的不安？

　　文震亨在文化传统的延续中描述园林之物，便免不了借鉴与沿袭，甚至是抄袭。计成的《园冶》、屠隆的《考槃余事》、王象晋《群芳谱》、高濂的《遵生八笺》等便是他常用的参考之书。《香茗》完全抄袭自屠隆的《香笺》一文，屠隆说的是"香之为用，其利最溥"，文震亨改为"香茗之用"，后面的六个"可以"几乎照搬了屠隆对焚香乐趣的描写。为何抄袭？因为认同。谈玄论道、摹拓碑帖、弹琴唱和，这不正是文震亨、屠隆所代表的文人生活吗？不管是香，还是香茗，只是作为文人生活的背景而存在。与其说是在说香茗之用处，不如说在写文人生活之情状。一部《长物志》，不过是文人清赏而已。

　　顾炎武总结明亡的教训时极讨厌晚明文人"无事袖手谈心性，临危一死报君王"。从文震亨及其同时代的文人来看，此言不虚。当代诗人海子明白地表示对这种行为的不认可，他在《诗学：一份提纲》一文中说："我恨东方诗人的文人气质。他们苍白孱弱，自以为是。他们隐藏和陶醉于自己的趣味之中。他们把一切都变成趣味，这是最令我难以忍受的。比如说，陶渊明和梭罗同时归隐山水，但陶重趣味，梭罗却要对自己的生命和存在本身表示极大的珍惜和关注。这就是我的诗歌的理想，应抛弃文人趣味，直接关注生命存在本身。"海子厌弃这种文人趣味，希望能够更深地发掘生命与存在的意义，达到哲学的思考。然而，一代文人有一代文人的心事，有各自的处境，有各自能达到的高度，有各自存在的意义。金元好问《山居杂诗六首》之一曰："瘦竹藤斜挂，幽花草乱生。林高风有态，苔滑水无声。"在荒僻与幽静中，山野植物自由自在地生长，藤斜挂，草乱生，任性而洒脱。这不正是文人精神世界的隐喻吗？对于有着无数烦恼与悲凉的人生来说，充满趣味的园林不正是文人的精神后花园吗？在离大自然越来越远的今人看来，这些文人未免有些造作，但园林、山斋曾作为暂时的栖息地接纳了失意或得意的文人，给了他们精神上的另一方天地。正是因了这方精神上的后花园，文震亨一类的文人才能与绝望隔岸相望,将闲情与趣味变成了隽永的文字。不管是付出努力要对生活发生兴趣还是因为对生活浓厚的兴趣而付出巨大的努力,于文人自身的生存,都具重大意义。

晚明都市生活崇尚奢华铺张,巨商富贾生活奢靡,园林、居家建筑富丽堂皇,这种风气日渐普遍化、平民化,俗文学、俗文化也开始繁荣,"以俗为美"的倾向蔓延开来,对物质消费的追求和感官享受的欲望得到普遍认可。作为正统士大夫的文震亨,虽出生"簪缨之族",面对如此风潮,会不会有些焦虑呢?他有无倡导雅致之风、塑造都市生活风尚的意图?而对古、雅、隐的崇尚,是内化于传统士大夫心中的永恒追求,是文人知识积累、生活品位和生命追求的美学显现。文人趣味与无限的生活热情背后,诗意的叙述与优雅的复古也是一种可贩卖的商品。《长物志》正是作为商品出版、流传,带来声名与经济利益,并证明了自身存在的价值。

## 三

本书整理过程中遵循以下原则:

一、《粤雅堂丛书》中的《长物志》是相对来说内容全面、错误较少、校阅很细致的一部书。本书以同治十三年(1874)《粤雅堂丛书》的版本为底本,并参阅陈植先生《长物志校注》的内容。相比较于咸丰三年(1853)的底本,同治十三年的版本对原文的一些错误做出了订正,并加上了伍绍棠的跋。所以陈植在校注本中提到的《粤雅堂丛书》版本的一些错误,在同治十三年的底本中部分已经改正了。

二、尽量保持底本原貌。《粤雅堂丛书》版本有沈春泽的序、伍绍棠的跋,遵从底本原貌。卷一到卷十二完全按照底本的顺序,底本中有、陈植校注本中无的内容,按照底本来。卷二《花木》、卷十一《蔬果》底本与陈植校注本排序有所不同。底本中"石榴"条在卷十一《蔬果》,陈植将"石榴"一条放在卷二《花木》。

　　三、底本中存在错误、难以讲通的个别字句,参阅陈植校注本。在底本与陈植校注本不一致的地方,作者酌情采用陈植的观点,尽量根据底本来做注释、译文,一些地方释义会与陈植校注本有所不同。

　　四、全书内容编排按题解、原文、注释、译文四部分排列。题解对于每篇内容予以解读、品鉴,再给出注释、译文。

　　五、部分注释参考了《辞源》《汉语大辞典》等工具书。

　　六、对底本中存在的明显错误,根据丛书体例径改,不再出校记。一些异于他本的用字,若不影响底本的阅读与理解,仍保留,在注释中说明他本用字。

　　《长物志》所写不是奇物、怪物,而是平常日用之物,虽追求至雅,却带有一种生活的情味。在今日的消费文化中,后现代主义美学对之可以有诸多解读,但我更愿意用古人来印证古人的情感与性灵。清蒲松龄《聊斋志异》有一篇《石清虚》,讲述石痴邢云飞得一奇石,经历重重波折,得以与石相始终,死后以石殉葬。后盗墓者盗出奇石,有官员欲占为己有,石堕地为碎片,得以再次进入坟墓陪伴邢云飞,物、人长相厮守。蒲松龄议论道:"物之尤者祸之府。至欲以身殉石亦痴甚矣!而卒之石与人相终始,谁谓石无情哉?古语云:'士为知己者死。'非过也!石犹如此,何况于人!"在那冰冷的石头上,邢云飞挥洒了无限的热情,是恋物,是文人趣味,又何尝不是付出努力而增加对生活的兴趣?然而,《兰亭集序》曰:"当其欣于所遇,暂得于己,快然自足,不知老之将至。"人生易老,能占有物多长时间呢?天地恒久,其间之物又能存在多长时间呢?历史轮回里,一代又一代的文人与物相契合,完成一次又一次人与物的爱情,默契、眷恋、消逝和遗憾。人与物俱亡,只有有限的文字永久流传。宋苏轼《赤壁赋》曰:"盖将自其变者而观之,则天地曾不能以一瞬;自其不变者而观之,则物与我皆无尽也。"在婉约而深情的文字中,那些冰冷的石头变得温暖而美丽。不管是文震亨、蒲松龄还是邢云飞,都属于一个孤独的群体。

陈之藩在《剑桥倒影》中说:"许多许多的历史,才可以培养一点点传统,许多许多的传统,才可以培养一点点文化。"我们几千年的文化不只体现在生活日用中,更体现在我们的趣味与心灵上。

李瑞豪于河北师范大学

2021年1月30日

# 序

【题解】

　　沈春泽，字雨若，江苏常熟人。他是文震亨的朋友，工于诗、书、画，于情于理，都是为《长物志》作序的合适人选。文震亨邀他作序，既因为二人的亲密关系，更因为是同道中人。

　　为人作序，自然要多说好话，但要能说在点子上，说出精髓，道出作者的心声并不容易。沈春泽在这篇不长的序文中不仅道出了《长物志》的好处，赞扬了文震亨高不可及的趣味，也给读者展示了他与文震亨相同的人生志趣。

　　在对风雅的描述中，沈春泽突出的是"真"。他开首便予以闲事、长物非凡的意义：品人者可于此观韵。世人认为寒不可衣、饥不可食的琐杂碎细之物，可以寄托人的性情，没有真韵、真才、真情之人难以承担器物的寄托。庸奴、钝汉向来是文震亨、沈春泽不屑之人，很难忍受他们对风雅的亵渎。沈春泽引为同类的是司马相如、陶渊明、王维、白居易、苏轼，他们或俭或丰，或饮酒或读经，或淡泊或浓烈，毫不在意世俗的目光，尽情挥洒自己的性情，却总难掩风流。在他们身上，风雅有不同的表现形式，真情却一以贯之。在沈春泽诗情画意的描述中，是对俗人俗事的抵制，对我辈真风雅的肯定。他所谓的有真韵、真才、真情之人，既是这些古人，也是他和文震亨。在文人的风雅传统里，他们一脉相承。

在对《长物志》的评价中，沈春泽突出的是"吾党"，我辈的趣味，我辈的真情，我辈的与众不同。他对《长物志》十二卷内容的概括纲举目张，用词简洁优美，古而洁、秀而远、奇而逸、隽而永等也是典型的文人趣味。他赞扬文震亨对衣饰风格的追求是王谢之风，所乘舟车有武陵、蜀道的意境，香茗之癖的追崇对象是荀彧、卢仝。他道出了文震亨对器物、园林鉴赏的特点：沉浸在文化、历史长河中，器物都带着被文化滋养过的光彩。所以他认为文人雅士要奉文震亨为金汤，《长物志》是一部让人感到痛快的书，它的出版则是"吾党一快事"。《长物志》不只是文震亨的，也是"吾党"的，因为它代表了"吾党"的趣味与追求，熔铸了历史文化的内涵，它传承、接续了文人传统。

在追溯了历史之后，又追溯文震亨的祖上。文震亨有着令他骄傲的祖上，他的曾祖文徵明是"吴中四才子"之一，诗、书、画无一不精，家风流传，文氏家族成为吴中地区士人的表率。沈春泽藉着文震亨所造的园林香草垞赞誉文震亨没有辱没祖上。香草垞由冯氏废园改建，内有婵娟堂、笼鹅阁、斜月廊、啸台、玉局斋、鹿寨等诸多景物，美不胜收，图画都难以描摹。沈春泽随即提出了一个问题，对园林已有如此造诣，再出版一本书不是多此一举吗？文震亨的回答是担心时日流逝，后来人不知道小小闲事长物的滥觞，所以才写这部书。这样的回答不乏用世之心，但通读全书感受更多的是文人趣味。

这篇序简短、优美、言之有物，作为全书的序曲，定下了《长物志》的基调，让读者在阅读之前对全书的结构、内容有了大致的了解。虽不乏溢美之语，应该也是由衷发出的，这篇序里散发的趣味和《长物志》何其一致！

　　夫标榜林壑<sup>①</sup>，品题酒茗<sup>②</sup>，收藏位置图史、杯铛之属<sup>③</sup>，于世为闲事，于身为长物<sup>④</sup>，而品人者，于此观韵焉<sup>⑤</sup>，才与情焉，何也？挹古今清华美妙之气于耳、目之前<sup>⑥</sup>，供我呼吸,罗天地琐杂碎细之物于几席之上,听我指挥,挟日用寒不可衣、饥不可食之器,尊逾拱璧⑦,享轻千金⑧,以寄我之慷慨不平,非有真韵、真才与真情以胜之,其调弗同也。

**【注释】**

①标榜:宣扬。林壑:山林涧谷。

②品题:品评高下。

③位置:安置。图史:图籍书史。铛:温器,可以加热、保温的器物。

④长物:多余之物。

⑤观韵:观察风韵。

⑥挹(yì):汲取。

⑦尊逾:极为尊重。拱璧:大璧。

⑧享轻千金:视如千金之宝。

**【译文】**

宣扬山林涧谷,品鉴酒茶,收藏安置图籍书史、酒器之类,对于世人来说是闲暇之事,对自身而言是多余之物,但品鉴一个人,于此可以观察他的风韵、才华与情致,为什么呢?汲取古今清华美妙之气于耳、目之前,供自己呼吸,搜罗天下繁杂细微之物于几席之上,供自己把玩,收藏日常生活寒不可衣、饥不可食的器物,尊崇胜过贵重的璧玉,视如千金之宝,用以寄托自己的慷慨不平之气,若没有真韵、真才与真情来承担,他的品位格调便与之不同。

近来富贵家儿与一二庸奴、钝汉①,沾沾以好事自命②,每经赏鉴,出口便俗,入手便粗,纵极其摩挲护持之情状③,其污辱弥甚,遂使真韵、真才、真情之士,相戒不谈风雅。嘻!亦过矣!司马相如携卓文君,卖车骑,买酒舍,文君当垆涤器，映带犊鼻裈边④；陶渊明方宅十余亩⑤，草屋八九间，丛菊孤松，有酒便饮。境地两截，要归一致⑥。右丞茶铛药臼⑦，经案绳床⑧；香山名姬骏马⑨，攫石洞庭⑩，结堂庐阜⑪；长公声伎酣适于西湖⑫，烟舫翩跹乎赤壁⑬，禅人酒伴⑭，休息夫雪堂⑮。丰俭不同，总不碍道，其韵致才情，政自不可掩耳⑯！

## 【注释】

①庸奴：庸碌供使役之人。钝汉：愚人。

②沾沾：自矜貌，自得貌。

③摩挲：抚摩。护持：维护支持。

④"司马相如携卓文君"几句：卓文君为汉临邛大富商卓王孙女，好音律，新寡家居。司马相如过饮于卓氏，以琴心挑之，文君夜奔相如，同驰归成都。因家贫，复回临邛，尽卖其车骑，置酒舍卖酒。相如身穿犊鼻裈（kūn），与奴婢杂作、涤器于市中，而使文君当垆（lú）。卓王孙深以为耻，不得已而分财产与之，使回成都。事见《史记·司马相如列传》。司马相如（前179—前117），幼名犬子，字长卿，蜀郡成都（今四川成都）人。景帝（前156—前141年在位）时，为武骑侍郎，因病免。作《子虚》赋，武帝（前140—前87年在位）为之倾倒，旋拜为郎。官至孝文园令。病免官，卒于家。垆，酒店里安放酒瓮的土台子，也代指酒店。犊鼻裈，形如犊鼻的短裤，仅蔽膝以上。即今天劳作的围裙。

⑤陶渊明（365？—427）：又名潜，字元亮，号五柳先生，私谥靖节。曾官祭酒、参军、县令，后归隐。诗文辞赋俱佳，尤以诗著名，风格平淡隽永，开田园诗派，影响深远，后人辑有《陶渊明集》。

⑥境地两截，要归一致：所处环境和地位虽然不同，而胸襟旷达，却是一致。

⑦右丞：即王维（约701—761）。唐代诗人，官尚书右丞，世称"王右丞"。茶铛：煮茶器。药臼：捣药石臼。

⑧经案：摊经之案。绳床：即胡床。

⑨香山：即白居易（772—846）。字乐天，号香山居士，又号醉吟先生。唐代著名诗人，与元稹共同倡导新乐府运动，世称"元白"，与刘禹锡并称"刘白"。代表作有《长恨歌》《琵琶行》等。名姬骏马：白居易家妓著名者有樊素、小蛮，骏马有小白马、骆马。

⑩攫石洞庭：在洞庭采石。

⑪结堂庐阜：在庐山造屋。

⑫长公：即苏轼（1036—1101）。字子瞻、和仲，号铁冠道人、东坡居士，眉州眉山（今四川眉山市）人。北宋中期文坛领袖，在诗、词、散文、书、画等方面取得很高成就。因乌台诗案被贬黄州，后又被贬惠州、儋州等地。声伎酣适于西湖：苏轼召官妓在西湖侍酒畅游。唐宋旧制，郡守等可召官妓侍酒。

⑬烟舫翩跹（piān xiān）乎赤壁：此指苏轼寻访赤壁，并作前后《赤壁赋》。翩跹，飘逸飞舞貌。

⑭禅人：指佛印和尚。佛印（1032—1098），俗姓林，法名了元。宋神宗钦仰其道风，赠号"佛印禅师"。宋代之笔记小说中，常有佛印轶事之记载。佛印禅师与苏轼过从甚密，可谓至交。两人应酬文字很多，为人所传诵。

⑮雪堂：苏轼在黄州时曾寓居临皋亭，就东坡筑雪堂。故址在今湖北黄州东。

⑯政：通"正"。正好，恰好。

**【译文】**

近来富贵子弟与一些庸碌俗人、愚人，沾沾自喜，自命为鉴赏行家，每一鉴赏，出口便俗气，出手便粗鲁，夸张地做出摩挲、呵护器物的情状，使器物备受侮辱，以致有真韵、真才、真情的文人相互告诫不谈风雅了。

唉,也太过分了!司马相如携卓文君变卖车马,买下酒铺,卓文君在柜台洗涤酒器,司马相如身着犊鼻短裈;陶渊明有十余亩的宅院,八九间草屋,种下丛丛菊花和孤松,有酒便饮。虽然所处环境、地位不同,而旷达的胸襟却是一致的。王维煮茶捣药,只有摊经之案与胡床;白居易拥有名姬骏马,在洞庭湖采石,在庐山造隐居的房子;苏轼携歌妓畅游西湖,乘小船寻访古赤壁,与佛印对饮,休息于雪堂之上。丰俭不同,却不妨碍大道,他们的风致才情,正是不会被掩盖。

　　予向持此论告人,独余友启美氏绝颔之<sup>①</sup>。春来将出其所纂《长物志》十二卷,公之艺林<sup>②</sup>,且属余序。予观启美是编,室庐有制<sup>③</sup>,贵其爽而倩、古而洁也<sup>④</sup>;花木、水石、禽鱼有经<sup>⑤</sup>,贵其秀而远、宜而趣也<sup>⑥</sup>;书画有目<sup>⑦</sup>,贵其奇而逸、隽而永也;几榻有度<sup>⑧</sup>,器具有式,位置有定<sup>⑨</sup>,贵其精而便、简而裁、巧而自然也<sup>⑩</sup>;衣饰有王谢之风<sup>⑪</sup>,舟车有武陵、蜀道之想<sup>⑫</sup>,蔬果有仙家瓜枣之味,香茗有荀令、玉川之癖<sup>⑬</sup>,贵其幽而暗、淡而可思也。法律指归<sup>⑭</sup>,大都游戏点缀中一往删繁去奢之意义存焉。岂唯庸奴、钝汉不能窥其崖略<sup>⑮</sup>,即世有真韵致、真才情之士,角异猎奇<sup>⑯</sup>,自不得不降心以奉启美为金汤<sup>⑰</sup>,诚宇内一快书,而吾党一快事矣!

【注释】

①启美:即文震亨(1585—1645)。字启美,文徵明曾孙。工书画。

　绝颔(hàn):即极以为然。颔,点头。表示允诺、赞许、领会等意。

②艺林:指收藏汇集典籍图书的地方。

③制:体制,样式。

④爽:明朗。倩:美。

⑤经:准则。

⑥宜:适合。趣:有意味。

⑦目:条目。

⑧度:法则,标准。

⑨定:定式。

⑩便:适宜。裁:体制,格式。

⑪王谢:"王""谢"两姓是六朝望族琅琊王氏与陈郡谢氏之合称,后成为显赫世家大族的代名词。晋永嘉之乱后,琅琊王氏和陈郡谢氏族人从北方南迁至金陵,后因王谢两家之王导、谢安及其后继者们于江左五朝权倾朝野、文采风流、功业显著而彪炳于史册,成就了后世家族无法企及的荣耀,故有"王谢"之合称。

⑫武陵:即武陵郡。在今湖南常德西。晋陶渊明《桃花源记》中有"武陵渔人"入桃花林,武陵遂有仙境之意。蜀道:蜀中的道路。亦泛指蜀地。

⑬荀令:即荀彧(163—212)。字文若。曹操统一北方的首席谋臣和功臣,在建计、密谋、匡弼、举人等方面多有建树,被曹操称为"吾之子房"。《全后汉文》载有荀彧《迎驾都许议》《散斋得宴乐议》《田畴让官议》《报赵俨书》《报曹公书》等文。玉川:即卢仝(? —835)。号"玉川子",初唐四杰卢照邻之孙,韩孟诗派重要人物。早年隐少室山,后迁居洛阳。破屋数间,图书满架,终日苦读,博览经史,工诗精文,不愿仕进。卢仝好饮茶作诗,在少室山茶仙谷茶仙泉隐居期间著有《茶谱》《七碗茶诗》,被世人尊称为"茶仙"。

⑭法律:规矩准绳。指归:主旨,意向。

⑮崖略:大略,梗概。

⑯角异猎奇:争异取奇。

⑰金汤:形容城池险固,此处指高不可及。

**【译文】**

我一向持这种观点与人谈论,只有我的朋友启美以之为然。春天他将要刻印他编纂的《长物志》十二卷,亮相艺林,并且嘱咐我作序。我读启美这部书,室庐有样式,贵在明朗而秀丽、古朴而整洁;花木、水石、禽鱼有准则,贵在秀美而悠远、和谐而有趣;书画有条目,贵在奇特而飘逸、出众而永久;几榻有法度,器具有规格,位置有定式,贵在精致而适用、简易而具创意、精巧而自然;服饰有王谢的名门大家风范,车船有武陵、蜀道的意境,蔬果有仙境瓜枣的味道,香茗有荀彧、卢仝的癖好,贵在幽远而隐蔽、清淡而令人回味。规则典章的要旨,大都在游戏点缀中存有删繁去奢的意味。不只是俗人愚汉不能了解其中的大意,即便是有真韵致、真才情的文士,争异猎奇,也不得不甘心佩服,认为启美高不可及,这真是天下的一部好书,是我们文士的一件幸事!

余因语启美:"君家先严徵仲太史①,以醇古风流②,冠冕吴趋者③,几满百岁,递传而家声香远④,诗中之画,画中之诗,穷吴人巧心妙手,总不出君家谱牒⑤,即余日者过子⑥,盘礴累日⑦,婵娟为堂⑧,玉局为斋⑨,令人不胜描画,则斯编常在子衣履襟带间,弄笔费纸,又无乃多事耶?"启美曰:"不然,吾正惧吴人心手日变,如子所云,小小闲事长物,将来有滥觞而不可知者⑩,聊以是编堤防之⑪。"有是哉!删繁去奢之一言,足以序是编也。予遂述前语相诿⑫,令世睹是编,不徒占启美之韵之才之情,可以知其用意深矣。

沈春泽谨序。

## 【注释】

①徽仲太史：即文震亨的曾祖文徵明（1470—1559）。原名壁，字徵明，以字行，更字徵仲。因先世为衡山人，故号衡山居士，世称"文衡山"。诗、文、书、画无一不精，人称"四绝"，与沈周共创"吴派"。在画史上与沈周、唐寅、仇英合称"明四家"。在文学上，与祝允明、唐寅、徐祯卿并称"吴中四才子"。主要代表作有《人日诗画图》《水亭诗意图》《雨晴纪事图》《仿王蒙山水》《吴中胜概图》等。

②醇古风流：古朴而有流风余韵。

③冠冕吴趋：为吴中人士之表率。

④家声香远：家族的声誉馨香久远。

⑤谱牒：谱系。

⑥日者：往日，从前。过子：拜访你。

⑦盘礴（bó）：徘徊，逗留。

⑧婵娟：色态美好，此处指文震亨园中的堂名。文震亨建造的园林香草垞，内有婵娟堂、玉局斋等景物。

⑨玉局：指文震亨园中的玉局斋。

⑩滥觞（shāng）：起源，开始。

⑪堤防：提防。

⑫谂（shěn）：规谏，劝告。

## 【译文】

我对启美说："你的先祖文徵明，因古朴风流，被吴中士人奉为表率，快满一百年了，代代传递而家族声名远扬，诗中有画，画中有诗，穷尽吴中人士的巧心妙手，都不能超出你家的风格流派，我往日拜访你，逗留数日，亲见婵娟堂、玉局斋，美得令人无法描画，这部书中所写的内容常在你身畔心中，你还费神劳力地编纂这部书，不是太多余了吗？"启美说："不是这样的，我正是担心吴人意趣技艺逐渐改变，正如你所说，小小的闲暇之事、身外之物，将来就不知道它的源流了，就编这部书来做防备。"确实如此啊！删繁去奢这一席话足可以作为此书的序了。于是我将之前的对话记录下来告诉世人，让世人看到这部书的时候不只是感受到启美的韵味、才华、情致，还可以领会他的深远用意。

　　沈春泽谨序。

# 卷一　室庐

**【题解】**

一部《长物志》，以"室庐"开篇。室庐即居室、房舍，乃人类最根本的藏身之处，也是建造园林必不可少的部分。

作者将居住地点分出等次：最上乘乃在山水之间，村居次之，郊居又次之。居山水间者多为隐士，文震亨承认虽不能追踪古之隐士的踪迹，但即便在都市生活中，也要追求生存环境的艺术化。"门庭雅洁，室庐清靓，亭台具旷士之怀，斋阁有幽人之致"是总体的设计风格，明确要求室庐外须种植佳木怪竹，室庐内要陈列金石书画，目的在让人达到"忘老""忘归""忘倦"之境界。在陈述了自己理想的室庐风格后，文震亨批判了不同于"幽人""旷士"的"侈土木，尚丹垩"行为，认为这是奢侈豪富所代表的流俗品位，是脚镣手铐、鸟笼兽圈。开篇寥寥数语已将《长物志》的写作风格、作者的文人趣味清楚地表达出来，也流露出对"俗"的成见。

文震亨对室庐风格的追求正是明代文人审美情趣的缩影，是其时文人生存形态之显现。晚明社会经济富裕，文人士大夫追求精致的生活方式，将生活审美化，审美生活化，园林成为审美文化的一部分。佳木怪竹、金石图画传达的文人趣味是一种诗意生活的取向，也隐含了与俗众区分开的意图。

一部书在此定下基调，"雅"之谓也。

居山水间者为上，村居次之，郊居又次之。吾侪纵不能栖岩止谷①，追绮园之踪②，而混迹廛市③，要须门庭雅洁，室庐清靓④，亭台具旷士之怀，斋阁有幽人之致。又当种佳木怪箨⑤，陈金石图书，令居之者忘老，寓之者忘归，游之者忘倦。蕴隆则飒然而寒⑥，凛冽则煦然而燠⑦。若徒侈土木，尚丹垩⑧，真同桎梏樊槛而已⑨。志《室庐第一》。

**【注释】**

①吾侪（chái）：同辈，同类的人。栖岩止谷：指隐逸山林。岩，石窟，洞穴。谷，山谷。

②绮园：指绮里季、东园公，为秦末"商山四皓"中的二位。"商山四皓"指秦末东园公唐秉、夏黄公崔广、绮里季吴实、甪里先生周术四人，为避秦乱，隐商山，年皆八十有余，须眉皓白，时称"商山四皓"。《史记·留侯世家》："……四人前对，各言名姓，曰东园公、甪里先生、绮里季、夏黄公。"

③廛（chán）市：都市。

④清靓（jìng）：清静。靓，通"静"。

⑤怪箨（tuò）：怪竹。箨，竹笋皮。此指竹子。

⑥蕴隆：暑气郁结而隆盛。

⑦煦（xù）然：温暖。燠（yù）：暖，热。

⑧丹垩（è）：涂红刷白，泛指油漆粉刷。丹，红色。垩，白色。

⑨桎梏（zhì gù）：束缚，压制。樊槛：指囚笼。樊，关鸟兽的笼子。槛，关野兽或牲畜的栅栏。

**【译文】**

居住在山水之间为上乘，居住在村庄稍逊之，居住在郊外又逊一筹。我辈纵然不能栖居洞穴山谷，追寻绮里季、东园公这些古代隐士之踪迹，但混迹于都市之中，也要门庭雅致高洁，房舍清静美好，亭阁台榭有旷达之士的情怀，房舍楼阁具幽隐之士的风致。而且要种植佳树奇竹，陈设金石书画，使居住其间的人忘记年岁的老去，客居其间的人忘记归返，游览其间的人忘记疲倦。天气郁热的时候进入其间则觉得凉意顿生，气候酷寒的时候进入其间则感觉和煦温暖。如果只是追求建筑豪华，崇尚色彩华丽，那么这房舍真如同脚镣手铐、鸟笼兽圈了。记《室庐第一》。

# 门

**【题解】**

门，是室庐的一部分，又是独立的建筑。

古代建筑中有各类门，本文未指明门的类型，而是提出对门总体的装饰要求：不俗。从横格、门框、春联、门槛、门环、油漆各个环节予以说明，并对材料、颜色、形状甚至材料的搭配、颜色的组合也有特别说明。从文震亨对细节的揣摩来看，他的品赏不在门的实用功能，而在材料样式的视觉美观以及审美品位的呈现。不管是用唐诗做春联，还是用方厚浑朴的石块，都是为了达到"庶不涉俗"的效果。

《玉篇》曰："门，人所出入也。"《释名》曰："门，幕障卫也。"门既是人出入的地方，也具有屏障、防守的作用，是整个建筑的点睛之处，也是古代社会中身份、等级和地位的象征。

今天，作为文化印记的朱门红墙、深宅大院已逐渐淡出人们的视野，而古人在木与石的搭配、红与黑的选择中所展现的精致考究，让我们感受到他们对生活的无限热情。品位不只体现在琴棋书画，也落实到生活中的每一个物件上面。

门，是门面，也是品位。

　　用木为格，以湘妃竹横斜钉之①，或四或二，不可用六。两傍用板为春帖②，必随意取唐联佳者刻于上。若用石栖③，必须板扉④。石用方厚浑朴，庶不涉俗。门环得古青绿蝴蝶、兽面，或天鸡、饕餮之属⑤，钉于上为佳，不则用紫铜或精铁⑥，如旧式铸成亦可，黄、白铜俱不可用也。漆惟朱、紫、黑三色，余不可用。

**【注释】**

①湘妃竹：即斑竹，一种茎上有紫褐色斑点的竹子。相传舜死后，他的两个妃子娥皇、女英去哭他，泪洒竹上，竹尽斑。

②春帖：春联。

③石梱（kǔn）：石门槛。梱，门槛。

④板扉：木板门。

⑤天鸡：神话中天上的鸡，也指鸟名，即锦鸡。饕餮（tāo tiè）：传说中一种凶恶贪食的怪兽，古代钟鼎彝器上多刻其头部形状以为装饰。

⑥不：同"否"。

**【译文】**

用木做门框的横格，在上面横斜地钉上湘妃竹，或者四根，或者两根，不能用六根。门的两旁用木板做春联，根据自己的兴趣选取唐诗之佳者作为联语刻在上面。如果用石门槛，必须用木板门。所选用的石头要方厚浑朴，才不俗气。门环用蝴蝶、兽面，或者是天鸡、饕餮一类形状的古青铜钉在门上为上乘，不然的话用紫铜或者精铁，按照旧式铸造也行，黄铜和白铜均不可使用。漆只能用红、紫、黑三种颜色，其余的都不能使用。

# 阶

**【题解】**

对台阶的品赏，文震亨提出了两个标准，一是"古"，即古雅、古朴。

石块需要有纹理,能够用带有水纹的太湖石最好。一是自然。石阶上要有蔓延的野草,还要取用未曾雕琢的带有苔藓痕迹的石块。既要追求人为的古雅,又要透露出山野的自然风味。师古崇雅是明代文人一直延续的一个传统,在诗文领域有前七子、后七子、唐宋派,以复古为己任。反映在日常生活中,是对古朴风格的追求。自然本是天然,无人为因素,建造园林、砌制台阶、追求古雅已是人力,而刻意显示自然是否反倒有些不自然呢?

我们今天乘着电梯进入高楼大厦,那一级一级的台阶已不在我们的视野范围内,整齐而标准的台阶也唤不起我们任何的兴趣,而我们的古人曾经怎样在那错落有致的台阶间反复考量、推敲,或者满足,或者遗憾。

自三级以至十级,愈高愈古,须以文石剥成①。种绣墩或草花数茎于内②,枝叶纷披,映阶傍砌。以太湖石叠成者③,曰"涩浪"④,其制更奇,然不易就。复室须内高于外⑤,取顽石具苔斑者嵌之,方有岩阿之致⑥。

【注释】

①文石:有纹理的石头。
②绣墩:即绣墩草。又称沿阶草、书带草。百合科,叶丛生,花倒垂。
③太湖石:江苏太湖中产的石头。因受风浪冲激,多有窟窿和皱纹,园林中用以叠造假山,点缀庭院。
④涩浪:古代宫墙基垒石凹入,作水纹状,谓之"涩浪"。
⑤复室:即今天所谓的套房。
⑥岩阿(ē):山谷。岩,洞穴。阿,大的丘陵。

【译文】

门前石阶从三级到十级,越高越显得古雅,要用有纹理的石头削成。种一些绣墩草或者野花草在石阶缝隙内,枝叶繁茂,披挂于台阶之上。

用太湖石砌成的石阶称为"涩浪"，它的样式更加奇特，只是很难做好。套房的内室要高于外室，取带有苔藓痕迹的未经斧凿的石块镶嵌台阶，这样才有山谷间的风味。

# 窗

【题解】

　　窗户是居室必不可少的一部分。本文讲到窗户大致的设置、用料，并没有细数窗户的装饰，而是选取了几种特殊情况予以品鉴。第一种，供佛像的阁楼与禅房，其窗户装饰须用菱花与象眼的图案。第二种，室内空间较高的需要上面设窗户，下面连接以栏杆。第三种，想多接收阳光的房间需要大孔风窗。文震亨对窗户的品赏兼顾美观与实用性，也提到诸多禁忌，如窗户不可过大、不能开六扇、不能用雕花彩漆等，仍是在讲究雅致不俗。《长物志》中多次提到"不可用六"，原因在于古代衙门为显示威严、气派，多用六扇门。幽人雅士的居处岂可像衙门？

　　对于文人来说，窗户不仅反映着寒暑变化，春秋代序，也是心境的映照。唐韩愈《此日足可惜一首赠张籍》曰："篚中有余衣，盎中有余粮。闭门读书史，窗户忽已凉。"丰衣足食，心情悠闲，书史为伴，岁月不居，猛然间发觉窗户已从炎热变为寒凉，窗外已经几许沧桑。这是何等的惬意生活，何等的惬意心情！

　　用木为粗格，中设细条三眼①，眼方二寸，不可过大。窗下填板尺许。佛楼禅室②，间用菱花及象眼者③。窗忌用六，或二或三或四，随宜用之④。室高，上可用横窗一扇，下用低槛承之。俱钉明瓦⑤，或以纸糊，不可用绛素纱及梅花簟⑥。冬月欲承日，制大眼风窗，眼竟尺许⑦，中以线经其上,庶纸不为风雪所破,其制亦雅,然仅可用之小斋丈室<sup>⑧</sup>。漆用金漆<sup>⑨</sup>,或朱、黑二色,雕花、彩漆<sup>⑩</sup>,俱不可用。

**【注释】**

①眼:窗格的孔。

②佛楼:供佛像的楼阁。禅室:禅房,僧徒居住的房屋,泛指寺院。

③菱花:菱形的花纹。象眼:象眼状的图案花纹。

④随宜:根据情况便宜行事。

⑤明瓦:用蛎、蚌等物的壳磨成半透明的薄片,嵌于窗间或顶篷上以取光。我国未出现玻璃以前多用明瓦。

⑥绛素纱:深红色绉纱。绛,深红色。梅花簟(diàn):梅花纹的竹席。簟,供坐卧铺垫用的苇席或竹席。

⑦眼竟:有误,其他版本均作"眼径"。

⑧丈室:斗室,形容房间狭小。

⑨金漆:金州产的漆,泛指漆之佳者。

⑩雕花:即雕花漆。指有厚度的雕刻出花纹的漆样。彩漆:以各种颜料配合调出的漆。

**【译文】**

用木头隔成大格子,再用细木条将大格子隔为三个小格子,每个窗格的孔二寸见方,不可过大。窗下面填板一尺左右。供奉佛像的楼阁和禅房,夹杂使用菱花和象眼图案的装饰。窗户忌讳设为六扇,根据情况设计为两扇、三扇或者四扇即可。室内空间高的,可以在上面开一扇横窗,下面用低栏杆接续它。都装上明瓦,或者用纸糊上,不能用深红色的绉纱和梅花纹的竹席。冬日想多接收一些阳光,制作大孔的风窗,窗孔直径一尺左右,中间用几道线缠在上面,这样窗户纸就不会被风雪刮破,这样制作也很雅致,但是只能用于小屋斗室。窗户漆要用金漆,或者朱漆、黑漆两种颜色,雕花漆、彩漆都不能使用。

# 栏干

## 【题解】

栏干,也写作"栏杆""阑干"。精工细雕的栏干是园林风景的一部分,不同的地方使用的栏干也不相同。本文提到三种样式的栏干:道院、佛寺及墓地的是普通栏干,用于分割空间和装饰,最为简洁古朴;池塘旁边的是坐凳栏干,由石雕莲花柱和木栏干组成,供人停留、休息;亭、榭、廊、庑所用的则是鹅颈栏干,有弯曲的靠背供人休息,有很强的装饰性。以材料来说,有木栏杆与石栏杆。虽然题目为"栏干",文震亨实际在讲建造园林时栏干与亭、榭、廊、庑的搭配,古雅、古朴的格调是其理想境界,在宜用、宜忌原则下,主张变化与随性。

在诗词中栏干的意象承载着岁月的变迁、人世的沧桑。南唐李煜亡国之后在《虞美人·春花秋月何时了》中写下:"雕栏玉砌应犹在,只是朱颜改。"江山易主,岁月流逝,雕栏玉砌目睹着岁月的沧桑变迁。在另一首名为《浪淘沙令》中,他写道:"独自莫凭栏!无限江山,别时容易见时难。"曾经的江山与岁月一去不返,独自品尝孤独与痛苦吧,远离那似曾相识的栏干。即便是英雄,在栏干前又有多少寂寞与无奈,宋岳飞《满江红》:"怒发冲冠,凭栏处、潇潇雨歇。"宋辛弃疾《水龙吟》:"把吴钩看了,栏干拍遍,无人会、登临意。"栏干见证着英雄的苦闷与悲哀。

在栏干间徘徊、流连不肯离去的还有柔肠千缕的女性。宋柳永《八声甘州》:"争知我、倚阑干处,正恁凝愁。"宋李清照《点绛唇》:"惜春春去,几点催花雨。倚遍阑干,只是无情绪!"月光融融的夜晚,落花飘零的时节,栏干间有多少徘徊的身影,有多少无法诉说的惆怅。亭台水榭、回廊深宅,怎能少了栏干的风致?

石栏最古,第近于琳宫、梵宇[①],及人家冢墓[②]。傍池或可用,然不如用石莲柱二[③],木栏为雅。柱不可过高,亦不可雕鸟兽形。亭、榭、廊、庑可用朱栏及鹅颈承坐[④]，堂中须以巨木雕如石栏，而空其中。顶用柿顶，朱饰[⑤]，中用荷叶宝瓶[⑥]，绿饰。卍字者，宜闺阁中，不甚古雅。取画图中有可用者，以意成之可也。三横木最便，第太朴，不可多用。更须每楹一扇，不可中竖一木，分为二三。若斋中则竟不必用矣。

**【注释】**

①琳宫：寺院，庙宇。梵宇：佛寺。

②冢（zhǒng）墓：坟墓。

③石莲柱：雕刻着莲花的石柱子。

④榭：建在高台上的木屋，多为观赏之所。廊：正屋两旁屋檐下的过道，或者有顶的独立通道。庑（wǔ）：堂下周围的走廊、廊屋。鹅颈承坐：在邻水的亭榭、楼阁上层的回廊上，在坐凳栏干上加了一个形如鹅颈的靠背而成，也叫鹅颈靠。

⑤朱饰：漆上朱红色的漆。

⑥荷叶宝瓶：宝瓶夹于荷叶之中的一种图案雕刻。

**【译文】**

石栏干最古朴，只是多用于道院、佛寺及民家的墓地。池塘旁边也可以用，但是不如用两个雕刻着莲花的石柱子在两端，中间用木栏为雅致。柱子不能太高，也不能雕刻成鸟兽形状。亭子、楼台、走道、廊屋可用朱红栏干和鹅颈栏干作为靠背，中间的立柱要用巨木雕成石栏干的样子，中间挖空。顶部做成柿子形状，用朱红色的漆，中部做成荷叶宝瓶形状，用绿色的漆。装饰有"卍"字图案的栏干适宜于闺阁之中，不太古雅。可以选取图案中可以使用的，做成符合自己心意的形状即可。用三道横木做成栏干最简便，只是过于朴拙，不能多用。而且栏干要以一根立柱为一扇，不能在中间竖立木头分成两三格。如果是家居的房舍就完全不必这样了。

# 照壁

## 【题解】

通常所谓的照壁是四合院的一部分,也被称为"萧墙"。有的建在大门之外,有的建在大门之内,与大门形成一个小院落,不全部封闭,具有挡风、遮蔽视线的作用。古人讲究风水,气不能直冲厅堂或卧室,避免气冲的方法,便是在房屋大门前面或后面置一堵墙。也有用照壁断鬼的来路的说法。照壁与大门之间留有一定空间,让人进入院子之前稍做停留。因为有照壁的存在,即使大门敞开,也挡住了从四面八方而来的窥视的目光。

本文的照壁是指房屋外间的后方用屏门、窗格、木板所设的虚壁,具有阻隔视线的作用。文震亨一直追求古雅,但这里却提出了"华而复雅",见出其"雅"不排斥华丽。照壁在堂中、中楹可用,但不可用于斋中。文震亨认为豆瓣楠木最好,夹纱窗与细木格子则是俗品,再次提出"不可用六",足见对衙门气的排斥。

得文木如豆瓣楠之类为之<sup>①</sup>,华而复雅,不则竟用素染<sup>②</sup>,或金漆亦可。青紫及洒金描画<sup>③</sup>,俱所最忌,亦不可用六。堂中可用一带,斋中则止,中楹用之<sup>④</sup>。有以夹纱窗或细格代之者,俱称俗品。

## 【注释】

①豆瓣楠:即雅楠。又称"斗柏楠"及"骰柏楠木",属樟科。树干端直,材质优美,是建筑、家具良材。主要分布在湖南、广西、贵州、云南、四川等省区。

②素染:白色染。

③洒金：器物加漆后，用笔将金箔洒到上面。

④楹（yíng）：房屋的计量单位。屋一列或一间为一楹。

## 【译文】

选用像豆瓣楠这类有纹理的木材来做照壁，既华丽又雅致，不然的话就全部漆成白色，或者用金漆也可以。青紫色和洒金描画，都是最忌讳的，也不能用六面。正厅可以用一长条，居室中不能用，居中的房间可以用。有人用夹纱窗或细木格子代替，都流于低俗了。

# 堂

## 【题解】

古代房屋建设，前为堂，后为室。相较于"室"的隐秘性而言，"堂"是对外敞开的部分，位于建筑物前部。成语"登堂入室"体现的正是"堂"与"室"的前后布局与开放空间的大小。文震亨对"堂"的鉴赏标准是"宏敞精丽"，大格局与小细节要完美结合，不但要宏大、气派，而且要精美华丽。宽阔的庭院与层叠的阁楼是保证"宏敞"的条件，连走廊都要能摆设宴席。精细的瓷砖与拱形的大梁则是"精丽"的体现。连台阶的石块都是有讲究的，要带有纹理，既古朴又雅致。细节最能显示生活的品质，建筑宏大的堂屋需要在每一个细节上用心。

"室"多为起居之所，"堂"则用来宴请宾客、朋友。唐杜甫《赠卫八处士》云："焉知二十载，重上君子堂。"偶遇少年知交，重聚于堂屋之中；"崔九堂前几度闻"是宴饮聚会之处的觥筹交错。堂是门面的象征，"白玉为堂金做马"是富可敌国；堂是历史兴衰的见证，"旧时王谢堂前燕，飞入寻常百姓家"，是今昔的鲜明对比，是荣华的易逝与自然的无情。

蜗居于斗室之中，我们今天已经很难区分堂、室、斋、庐、舍、楼等名称的差异。连走廊都能摆放宴席的堂屋该是怎样的壮丽、豪华，我们只能对古人的生存空间心向往之。宴饮唱和，文采飞扬，曲终人散，堂就是矗立在记忆深处的标志性空间。

　　堂之制<sup>①</sup>,宜宏敞精丽。前后须层轩广庭<sup>②</sup>,廊庑俱可容一席<sup>③</sup>。四壁用细砖砌者佳,不则竟用粉壁<sup>④</sup>。梁用球门<sup>⑤</sup>,高广相称。层阶俱以文石为之,小堂可不设窗槛<sup>⑥</sup>。

**【注释】**

①堂:房屋的正厅。

②层轩:重轩,多层的带有长廊的敞厅。

③廊庑:堂前的廊屋,走廊。

④粉壁:白色的墙壁。

⑤球门:把梁做成拱形。

⑥窗槛:窗下的栏干。

**【译文】**

　　堂屋的规格,应当宏大宽敞,精美华丽。前后要有多层的阁楼和宽广的庭院,走廊要能够容纳一席之宴。堂屋四面墙壁用细砖砌成者佳,不然的话就完全做成白色墙壁。大梁做成拱形,高度和宽度要相称。台阶都用带纹理的石块砌成,小堂屋可以不设窗下的栏干。

# 山斋

**【题解】**

　　山斋指山中居室,是文人寻找与世隔绝的处所,所以建筑自然不同于堂屋的富丽宏大,讲究的是幽静和惬意。文震亨对山斋的品鉴就是在闹市中寻找山居的感觉,不管是窗下栏干的设置还是走廊的方位选择,文震亨都突出了随意。夏日为了通风,甚至卸去北面的门扇。在细节的布置方面,提到了绿油油的苔藓与青翠葱茏的翠云草,为的是要复原山中的原始风味。唐王维《山居秋暝》诗中"明月松间照,清泉石上流"的空灵澄净是后世文人一直追寻的山居意境。

对于文震亨这样的文人来说,山斋不但是逃避闹市的处所,也是精神上的后花园。金元好问《山居杂诗六首》之一曰:"瘦竹藤斜挂,幽花草乱生。林高风有态,苔滑水无声。"在荒僻与幽静中,山野植物自由自在地生长,藤斜挂,草乱生,任性而洒脱,这不正是文人精神世界的隐喻吗?对于有着无数烦恼与悲凉的人生来说,山斋作为暂时的栖息地接纳了失意或得意的文人,给了他们精神上的另一方天地。

宜明净,不可太敞。明净可爽心神,太敞则费目力。或傍檐置窗槛,或由廊以入,俱随地所宜。中庭亦须稍广,可种花木,列盆景。夏日去北扉,前后洞空。庭际沃以饭沈①,雨渍苔生,绿缛可爱②。绕砌可种翠云草令遍③,茂则青葱欲浮。前垣宜矮④,有取薜荔根瘗墙下⑤,洒鱼腥水于墙上以引蔓者。虽有幽致,然不如粉壁为佳。

【注释】
①饭沈(shěn):饭汁米汤。
②绿缛:形容草木繁茂。
③翠云草:多年生草本植物,茎伏地蔓生,极细软,分枝处常生不定根,多分枝。羽叶细密,会发出蓝宝石般的光泽。
④垣(yuán):墙。
⑤薜(bì)荔:又称木莲,常绿藤本,叶椭圆形,花极小。瘗(yì):埋葬。

【译文】
山中居室适宜明亮干净,不可太宽敞。明亮干净则令人心神爽快,过于宽敞则费人目力。或者在靠近屋檐处设置窗下栏干,或者由走廊进入室内,这些都根据地形环境来设置。庭院应该稍微宽敞些,可以种上花木,摆列盆景。夏天的时候去掉北面的门,前后贯通,便于通风。庭院里浇灌一些米汤饭汁,下过雨之后就会长出苔藓,绿茸茸地惹人怜爱。沿着台阶可以遍植翠云草,长到茂盛的时候就青翠葱茏,像浮在水面一般。前面的墙要矮一些,有的人将薜荔草的根埋在墙下,再往墙上撒些鱼腥水,用来引导藤蔓攀爬。这样虽然幽雅别致,但不如白色墙壁为佳。

# 丈室

**【题解】**

"丈室"本是佛教用语。唐朝显庆年间,王玄策奉敕出使印度,过维摩诘故宅,以手板纵横量之,仅得十笏,因此称之为方丈、丈室。丈室也用来指寺主的房间。文震亨不仅追求堂屋的宏伟,也讲究卧室的狭小。因其狭小,隆冬时节易于取暖。文震亨重点介绍了丈室的采光问题,宽敞的庭院与西设的窗户都是为了尽可能多地接受阳光,这样会明亮而温暖。

丈室狭则狭矣,布局、摆设一样考究。丈室也自有堂屋所不具备的优势与乐趣,狭小天地,一样可以游目骋怀。唐白居易《秋居书怀》曰:"何须广居处,不用多积蓄。丈室可容身,斗储可充腹。"表达的正是身处丈室而"尽日方寸中,澹然无所欲"的满足与超脱。

丈室宜隆冬寒夜①,略仿北地暖房之制,中可置卧榻及禅椅之属。前庭须广,以承日色。留西窗以受斜阳,不必开北牖也②。

**【注释】**

①丈室:斗室,言房间狭小。
②牖(yǒu):窗户。

**【译文】**

斗室适用于隆冬寒夜，大致可以仿照北方暖房的规格，室内可以设置卧榻和禅椅之类的东西。前面的庭院必须宽广，用来接收阳光。开设西窗来接收西斜的阳光，北窗就无必要再开设了。

# 佛堂

**【题解】**

文震亨讲的不是佛堂内佛像的设置，而是供奉佛像的堂屋的设置。这种设置主要从大的方面着眼，如，要有高高的台阶、作为前奏的小轩及两侧的旁门，简单而庄严；以石子砌地，保证干燥安全；卧室另设，不可与佛堂一处等。至于佛堂内还须有佛像、经箱、经书、香炉、果盘、烛台、净水杯等物，文震亨则一笔带过，只说"列幡幢之属"，因为过于烦琐，不愿细说。

从文震亨的品鉴来看，他也许并不是很熟悉佛堂内的摆设。以古代文人对佛教的信仰来看，多表现为对佛教义理的崇尚，并不在意外在的形式，"呵佛骂祖"表达的正是外在色相皆虚妄的道理。所以文人的佛教信仰不同于世俗层面的烧香、拜佛，而是直指佛教信仰的本质，文震亨不谈佛堂内的设置也就在情理之中。青灯黄卷不是文人追求的佛家境界，以已有的知识结构和文化修养接受佛教中的某些内容，以深切的人生体验契合于佛法的微妙教理，寻找安顿心灵的场所，这才是文人佛教信仰的最终目的。

筑基高五尺余，列级而上，前为小轩，及左右俱设欢门①，后通三楹供佛。庭中以石子砌地，列幡幢之属②。另建一门，后为小室，可置卧榻。

【注释】

①欢门：耳门，侧门。

②幡幢（fān chuáng）：特指刹上之幡。幡，旗帜。幢，佛教的一种柱状标志，饰以杂彩，建于佛前，表示麾导群生、制伏魔众之意。

【译文】

佛堂需要建筑五尺高的台阶，一级一级地通往堂前，佛堂前设置小轩，小轩左右两侧都设置旁门，后面与供奉佛像的三间厅堂相通。厅堂当中用石子砌地，陈设幡幢一类的佛家用品。另外开设一门，通往后面的小房间，室内可放置卧榻。

# 桥

【题解】

小桥流水是园林中最常见的风景。桥架于水面或空中，不只通行，也用来点缀景色，增加水面的层次感。断桥残雪便是西湖十景之一。

桥有石制的、竹制的、木制的。文震亨在文中从材料的使用上提到两种桥：石桥和木桥。大水面上用文石建桥，小水面上用石子砌桥，未提何处适宜建木桥。他还提出不同材料的桥要有不同的装饰，宽广的石桥需要精致的雕刻，小石桥需要绣墩草，木桥则有更多讲究。建石桥、木桥从布局到栏杆都有诸种宜用、宜忌原则，文震亨还是保持着一贯的追求：不俗。实际上，根据水势、地形，桥的架构有诸多的不同，达到的效果也不一样。只从园林中桥的形式来看，就有平桥、拱桥、亭桥、廊桥等几种。

广池巨浸①，须用文石为桥，雕镂云物②，极其精工，不可入俗。小溪曲涧③，用石子砌者佳，四旁可种绣墩草。板桥须三折④，一木为栏，忌平板作朱卍字栏。有以太湖石为之，亦俗。石桥忌三环，板桥忌四方磬折⑤，尤忌桥上置亭子。

## 【注释】

①巨浸：大水。此指大的湖泊。

②雕镂：犹雕刻。云物：景物，景色。

③曲涧：曲折的水沟。

④板桥：木板架设的桥。

⑤磬（qìng）折：物体形态曲折如磬。磬，古代的打击乐器，状如曲尺。

## 【译文】

宽广的池塘湖泊，需要用有纹理的石头架桥，石桥上雕刻景物，做工必须精致，不可显出俗气。小溪曲涧，用石子砌成小桥为佳，四周可种上绣墩草。木桥需要有三折，用木条做成栏干，忌讳用平板做成朱红的卍字栏。有的人用太湖石做栏干，也很俗气。石桥忌讳三个转折，木桥忌讳直角转折，尤其忌讳在桥上设置亭子。

# 茶寮

## 【题解】

茶与酒在古代文人生活中不可或缺。以茶会友，以茶入诗，乃是风雅之事。作为烹茶之所的茶寮（liáo）自然也有所讲究。明代许次纾《茶疏》提出："小斋之外，别置茶寮。高燥明爽，勿令闭塞。"茶寮要干燥明净，保持通风。而文震亨的品鉴针对的是"幽人首务"，他提出了另外两点：第一，位置，应和山斋相依傍；第二，须有专人烹煮。讲究位置乃是因为品茗不仅是为了涤烦疗渴，更是要显示高雅的素养与淡泊的品格，山居之处幽静惬意，正可烹茶会友。须专人烹煮乃是为了不影响白日的清谈与夜晚的独坐。

虽谈茶寮，文震亨的关键词实际是"清谈"与"幽士"，追求的是随心所欲的闲谈与幽居的风致。

　　构一斗室相傍山斋，内设茶具。教一童专主茶役①，以供长日清谈②，寒宵兀坐③。幽人首务④，不可少废者。

**【注释】**

①茶役：为烹茶服务。

②清谈：闲谈。

③兀坐：独自端坐。

④幽人：幽居之士。首务：第一要事。

**【译文】**

　　建一小室与山中居室相依傍，室内摆设茶具。令一小童专事烹茶，用来供应白日清谈、夜晚独坐所需茶水。这是幽居之士的第一要事，一样也缺少不得。

# 琴室

**【题解】**

　　弹琴本雅事，琴室自然要讲究脱俗、清幽。琴室第一关键因素是对声音的影响。文震亨从声音的扩散、透彻来考量，不赞成古人埋钟于地下与琴声共鸣的做法，而认为在阁楼的底层声音效果更好。末尾他又提出了一个非常浪漫的想法：在乔松、修竹、岩洞、石室之下修建琴室，因为在这些与世隔绝的地方弹琴更为风雅。

　　显然，文震亨的琴室只是文人雅士的自我娱乐。乔松修竹之旁，岩洞石室之中，明月清风为伴，携琴声以遨游，抱古琴而长终，或许这正是古人所追求的天籁之音。

　　古人有于平屋中埋一缸，缸悬铜钟，以发琴声者。然不如层楼之下，盖上有板，则声不散。下空旷，则声透彻。或于乔松、修竹、岩洞、石室之下[①]，地清境绝[②]，更为雅称耳[③]。

**【注释】**

①乔松、修竹：高松长竹。乔，高。修，长。

②地清境绝：指不沾尘俗气息的地方。

③雅称：与风雅相称。

**【译文】**

古人有在平房的地下埋一口大缸的，缸里面悬挂铜钟，以此与琴声产生共鸣。但是这不如在阁楼的底层弹琴，阁楼上面有木板封闭，声音不会消散。阁楼下面空旷，声音就很清澈洪亮。或者把琴室设在高松、长竹、岩洞、石屋下面，这些地方不沾世俗气息，更与风雅相称。

## 浴室

**【题解】**

虽然缺乏今天现代化的设备，但古人有自己的一套办法来享受生活。文震亨对浴室的设置就非常周到，从引水、烧水到排水都安排得井然有序，对室内安排也非常合理。虽说比今天更费人力，需要燃薪烧水，需要人工提水，但热汤沐浴的惬意是我们今天很难体会的。

在古代，沐浴不仅是一种个人卫生，也是一种礼仪规范，上朝、会客、祭祀等重大事情之前都需要沐浴，表示一种尊敬。清朝戴名世作《杨刘二王合传》记载刘廷杰"乃沐浴焚香，撰上烈皇帝表，又赋诗四章以见志"。《长恨歌》中白居易以"春寒赐浴华清池，温泉水滑洗凝脂"描写杨贵妃新承恩泽，在华清池沐浴的情景，成为《长恨歌》中一个特写镜头。白居易也有《沐浴》诗说自己："经年不沐浴，尘垢满肌肤。今朝一澡濯，衰瘦颇有余。"没有条件经常沐浴，一沐浴才发现自己已经衰老瘦弱。

前后二室，以墙隔之，前砌铁锅，后燃薪以俟<sup>①</sup>。更须密室，不为风寒所侵。近墙凿井，具辘轳<sup>②</sup>，为窍引水以入。后为沟，引水以出。澡具巾帨<sup>③</sup>，咸具其中<sup>④</sup>。

**【注释】**

①薪：柴火。俟（sì）：等待。

②辘轳：利用轮轴原理制成的井上汲水的起重设置。

③巾帨（shuì）：手巾。帨，佩巾。

④咸：都。

**【译文】**

用墙将浴室分为前后两部分，前室砌铁锅盛水，后室砌炉灶烧水。浴室需要密闭起来，不让寒风侵入。浴室外面靠近墙边凿一口井，并安装辘轳用来提水，在墙上挖孔将水引入室内。室后挖一条沟，将水排出去。沐浴所需毛巾等用具都放置到浴室内。

# 街径　庭除

**【题解】**

街径指园林中的道路，它如脉络般把各个景点连成一体；庭除则为庭前阶下，供散步、游玩之处，二者都是供观赏景物、休闲游乐的驻足空间，并将整个园林的空间组织在一起。街径、庭除的装饰要与园林中的山水、建筑及植物等景观相协调。文震亨并没有讲二者的布局、设计、坡度等问题，而是重点讲了路面的铺设要与园林整体的风格相一致，要追求"自然古色"。道路、庭院用武康石铺地最佳，花间水边则以石子或碎瓦片砌地，经雨水久淋会长出苔藓，别具天然风味。文震亨对花巨额金钱打造才称得上美妙之境的审美趣味表示鄙薄，充满了文人雅士的优越感。

驰道广庭<sup>①</sup>，以武康石皮砌者最华整<sup>②</sup>。花间岸侧，以石子砌成，或以碎瓦片斜砌者，雨久生苔，自然古色。宁必金钱作埒<sup>③</sup>，乃称胜地哉！

**【注释】**

①驰道：古代供君王行驶马车的道路，此泛指供车马行驶的大道。

②武康石：浙江武康县产的石头。武康石至北宋时已具盛名，质地坚硬，不易磨损，颜色深赭，表面多细小蜂窝眼，状似朽木，用来铺地，古朴秀丽。

③金钱作埒（liè）：比喻生活豪侈。语出《世说新语·汰侈》："于时人多地贵，（王）济好马射，买地作埒，编钱匝地竟埒，时人号曰'金沟'。"埒，场地四周的土围墙。

**【译文】**

道路及庭院，用武康石来铺设最为华丽整洁。花木间及池水岸边，用石子砌成，或者用碎瓦片斜着铺砌，雨水经久就会生出苔藓，天然古雅。难道一定要用巨额金钱来打造才称得上美妙之境吗？

# 楼阁

**【题解】**

"楼"与"阁"所指并不相同，楼是多层建筑的房屋，阁则是四流水顶、四面开窗的房屋。但后来楼阁用来泛指楼房。文震亨首先指出楼阁建造的大致规则，用途不同，造型、规格也不一样。然后对窗户的设置、地板的铺设及一些忌讳做了说明。由于高度、体量远超过周围一般建筑，楼阁是园林中最重要的主体和景观建筑，用来藏书、远眺、饮宴、娱乐、休憩、观景等。城楼在战国时期即已出现，汉代城楼已高达三层。但文震亨认为三层的楼阁太俗气，在楼阁里铺上砖，也不合时宜，楼阁要有与众不同的样子。

承德避暑山庄的烟雨楼、嘉兴南湖的烟雨楼、昆明的大观楼、颐和园的佛香阁等都是现存著名的园林楼阁。楼阁离不开雕梁画栋、花窗青瓦，唐王勃《滕王阁序》曰："画栋朝飞南浦云，珠帘暮卷西山雨。"何等富丽堂皇！唐白居易《菩提寺上方晚眺》曰："楼阁高低树浅深，山光水色暝沉沉。"高高低低的楼阁，浅浅深深的树影，湖光山色，碧水连天，此时登楼远眺，多么地心旷神怡！

　　楼阁作房闼者[①]，须回环窈窕[②]；供登眺者，须轩敞宏丽[③]；藏书画者，须爽垲高深[④]。此其大略也。楼作四面窗者，前楹用窗，后及两傍用板。阁作方样者，四面一式。楼前忌有露台、卷篷[⑤]，楼板忌用砖铺。盖既名楼阁，必有定式。若复铺砖，与平屋何异？高阁作三层者最俗。楼下柱稍高，上可设平顶。

【注释】

①房闼(tà)：卧室。房，古代指正室旁边的房间，多用作卧室。闼，小门。

②窈窕(yǎo tiǎo)：深远。

③轩敞：宽敞明亮。宏丽：宏伟壮丽。

④爽垲(kǎi)：指高燥之地。

⑤露台：即今阳台。卷篷：即卷棚。中国古建筑中的一种形式。其屋面双坡，没有明显的正脊，即前后坡相接处不用脊而砌成弧形曲面。

【译文】

楼阁若用来做卧室，需要环绕幽深；用来登高远眺，需要宽敞明亮，宏伟壮丽；用来收藏书画，需要干燥透风，高大深邃。这是建造楼阁的大致规格。楼阁需要四面都开窗的,前面的做成透光窗,后面及两旁做成木板窗。楼阁做成四方形的,四面应该都一样。楼前忌讳设置露台、卷篷,楼板忌讳用砖来铺。既然称之为楼阁,就要有楼阁的样式。如果再铺上砖,与平房有什么差别呢? 楼阁做成三层最为俗气。楼下立柱要稍高,上面可设成平顶。

# 台

## 【题解】

台,指高而平的方形建筑物,供观察眺望用。台没有屋顶,最突出的特征是高。文震亨认为筑台没有固定模式,因地制宜就好,但是忌六角造型。《长物志》中多有"忌六",因为衙门为了显示威严,多开六扇门。文人雅士自然多避开"六",以避免沾染官府气。而用粗木做栏干不仅有气势,而且古雅。

台,最易让人发思古之幽情。陈子昂登幽州台而发现了时空之永恒与人类之渺小:"前不见古人,后不见来者。念天地之悠悠,独怆然而涕下!"杜甫满腹悲苦,登台叹息,《登高》诗曰:"万里悲秋常作客,百年多病独登台。"登"台"总是触发人类时空绵远、个体渺小的伤感,由"台"延伸的"平台",则有个人发挥才能的条件、环境的意思,这也跟"台"开阔的空间相关。

筑台,忌六角,随地大小为之。若筑于土冈之上,四周用粗木,作朱阑亦雅。

## 【译文】

筑台,忌讳筑成六角形,要根据地面大小来建筑。如果建筑在山冈上,四周用粗木做成栏杆,漆成朱红色,这样也很雅致。

# 海论

## 【题解】

海论,即总论。此篇乃文震亨为室庐建筑所做的总论,使用最多的字眼便是"忌"。在地板、帷帐、庭堂结构等细节上,文震亨并没有指明该用什么材料、结构形式、花纹图案,而是在诸多"忌讳"里面将他的审美标准与价值观念清楚地彰显了出来。

与卷首序言中对"栖岩止谷"生活的向往相一致,文震亨主张室庐建筑要远离官署与市井气息,追求隐逸风格。不能用天花板、前后厅堂忌用工字型相连接、室庐前忌有卷棚等,都是因为那是官府所用的材料与结构。甚至窗帘的设置也忌与官服上的图案相同。忌讳"寿山""福海"字眼,是因为沾染着世俗气息。不用布制的帷帐,是为了避免与游船、药店相似,表现出不屑与近俗为伍、要与市井俗众区别开来的心态。

"雅"与"古"是文震亨一贯的追求,乃是文人士大夫追求从容、悠然心态视角下的雅洁与古朴。用毛织物为地毯不如用细砖幽雅,将地砖铺砌成弯曲的图形为雅,这是对视觉效果的追求;剖开棕榈叶做盛水器具最为雅致,则是对闲情、趣味的发掘。虽也顾及实用,但并不从基本的实用功能入手,有时表现出对技术特性的反感。叉手笆的设置很实用,但文震亨认为不甚雅,以雅牺牲实用。同时提出雅是本性所致,表达出一种掌握了雅的标准的优越感。对"古"的追求也服从于"雅",经久的古屋,需要雕绘装饰,因为不够雅洁;古虽有题壁的传统,但不如素壁为佳,因为白色的墙壁作为背景存在,更简约干净,更能起到衬托周围环境的作用。虽也提出"须如古式为之""宁古无时",但以"雅"为前提。

晚明社会经济长足发展,都市生活崇尚奢华铺张,巨商富贾生活奢靡,园林、居家建筑富丽堂皇,这种风气日渐普遍化、平民化,俗文学、俗文化也开始繁荣,"以俗为美"的倾向蔓延开来,对物质消费和感官享受的追求得到普遍认可。作为正统士大夫的文震亨,虽出生"簪缨之族",

面对如此风潮,会不会有些焦虑呢? 他有无倡导雅致之风、塑造都市生活风尚的意图? 而对古、雅、隐的崇尚,是内化于传统士大夫心中的永恒追求,是文人知识积累、生活品位和生命追求的美学显现。

青砖檐瓦,石雕花窗,投射了文人的修养与本性,或有深意存焉。

忌用"承尘"①,俗所称"天花板"是也,此仅可用之廨宇中②。地屏则间可用之③。暖室不可加簟,或用氍毹为地衣亦可④,然总不如细砖之雅。南方卑湿,空铺最宜,略多费耳。室忌五柱,忌有两厢。前后堂相承,忌工字体,亦以近官廨也⑤。退居则间可用⑥。忌傍无避弄⑦。

【注释】

①承尘:《释名·释床帐》:"承尘,施于上,以承尘土也。"即今之天花板。

②廨(xiè)宇:官署。廨,官吏办事的地方。

③地屏:地板。

④氍毹(qú shū):一种毛织或毛与其他材料混织的毯子,可用作地毯、壁毯、床毯、帘幕等。地衣:地毯。

⑤官廨:官署。

⑥退居:临时休息的房屋。

⑦避弄:正屋旁侧的通行小巷。

【译文】

建造室庐忌用"承尘",就是俗称的"天花板",它只能用于官署之中。地板则可以间或用之。取暖的房屋不能用竹席,有人用毛织的毯子做地毯也是可以的,但是不如用细砖铺地雅致。南方地势低下潮湿,最适宜架空铺设,稍微多些花费而已。房屋忌讳用五根立柱,忌讳设两个厢房。前后厅堂忌讳采用工字型来连接，也是因为这种结构和官署很相似。休息室可间或使用这种结构。忌讳正房旁边没有小巷。

　　庭较屋东偏稍广，则西日不逼。忌长而狭，忌矮而宽。亭忌上锐下狭，忌小六角，忌用葫芦顶，忌以茆盖<sup>①</sup>，忌如钟鼓及城楼式。楼梯须从后影壁上<sup>②</sup>，忌置两傍，砖者作数曲更雅。临水亭榭，可用蓝绢为幔，以蔽日色；紫绢为帐，以蔽风雪。外此俱不可用，尤忌用布，以类酒船及市药设帐也<sup>③</sup>。

**【注释】**

①茆（máo）盖：茅草覆盖。

②影壁：大门或屏门内做屏蔽的墙壁。

③酒船：饮酒游乐之船。市药：卖药。

**【译文】**

　　房屋东边的庭院稍宽广些，这样西晒不会太逼近房屋。庭院忌讳长而狭，忌讳矮而宽。亭子忌讳上尖下窄，忌讳小六角形，忌讳用葫芦顶，忌讳用茅草覆盖，忌讳建成像钟鼓楼和城楼的样式。楼梯要从后庭的影壁后面上，忌讳设置在两旁，地砖铺设成弯曲的图形就更雅致了。邻水的亭台楼榭，可以用蓝绢做帷幕，用来遮挡阳光；用紫绢做帷帐，用来遮蔽风雪。除此之外的材料都不可用，尤其忌讳用布质的幔帐，因为那很像游船和药铺所用。

　　小室忌中隔，若有北窗者，则分为二室，忌纸糊，忌作雪洞，此与混堂无异<sup>①</sup>，而俗子绝好之，俱不可解。忌为卍字窗旁填板，忌墙角画梅及花鸟。古人最重题壁，今即使顾、陆点染<sup>②</sup>，锺王濡笔<sup>③</sup>，俱不如素壁为佳。忌长廊一式，或更互其制，庶不入俗。忌竹木屏及竹篱之属，忌黄白铜为屈戌④。

**【注释】**

①混堂：浴室。

②顾、陆点染：晋朝的顾恺之与南北朝的陆探微挥笔绘画。顾恺之（约345—406），字长康，小字虎头，晋陵无锡（今江苏无锡）人。因在文学和绘画方面成就颇高，被称为才绝、画绝和痴绝。顾恺之作品真迹没有保存下来，相传为顾恺之作品的摹本有《女史箴图》《洛神赋图》《列女仁智图》等。陆探微（？—约485），南朝宋吴（今江苏苏州）人。正式以书法入画的创始人，把东汉张芝的草书体运用到绘画上。唐张彦远在《历代名画记》中载有陆探微的画达七十余件，题材十分广泛，从圣贤图绘、佛像人物至飞禽走兽，无一不精。与顾恺之并称"顾陆"。代表作品有《竹林七贤》《宋孝武像》《宋明帝像》《孝武功臣》等。点染，点笔染翰。此指绘画。

③锺王濡（rú）笔：三国魏的锺繇与东晋的王羲之提笔写字。锺繇（151—230），字元常，颍川长社（今河南长葛）人。曹魏重臣。锺繇擅篆、隶、真、行、草等多种书体，尤精于楷、隶，被后世尊为"楷书鼻祖"。主要作品有《贺捷表》《力命表》《宣示表》《荐季直表》等。王羲之（303—361，一说321—379），字逸少，琅邪临沂（今山东临沂）人。有"书圣"之称。其书法兼善隶、草、楷、行各体，广采众长自成一家。代表作《兰亭序》被誉为"天下第一行书"。在书法史上，他与其子王献之合称为"二王"。濡笔，蘸笔书写。

④屈戌：即屈戍，门窗、屏风、橱柜等的环纽、搭扣。

**【译文】**

小室忌讳从中间隔开，如果有北窗，就分成二室，忌讳用纸糊墙，忌讳在墙上挖洞,如果那样就与浴室没什么差别了,但普通俗众很喜欢这样做,很难以理解。忌讳在卍字窗旁边做填板,忌讳在墙角画梅及花鸟。古人非常重视在墙上题诗作画,但现在即使顾恺之、陆探微来作画,锺繇、王羲之来题字,都不如白墙为佳。忌讳所有长廊同一样式,应该变换样式,以不落俗套。忌讳竹木屏风及竹篱笆这一类东西,忌讳用黄白铜做门窗、屏风等的环纽、搭扣。


庭际不可铺细方砖,为承露台则可①。忌两楹而中置一梁,上设叉手笆②,此皆元制而不甚雅。忌用板隔,隔必以砖。忌梁橼画罗纹及金方胜③。如古屋岁久,木色已旧,未免绘饰,必须高手为之。

**【注释】**

①承露台:屋顶的露台。

②叉手笆:横梁与脊梁之间的斜撑。

③罗纹:回旋的花纹。方胜:两个菱形部分重叠相连而成的一种首饰,后借指这种形状。

**【译文】**

庭院地面不能铺设细方砖,用来铺设屋顶的露台则可以。忌讳两根立柱当中的横梁与脊梁之间设置斜撑的木柱,这是元代旧式做法,不太雅致。忌讳用木板隔墙,凡是隔墙一定要用砖。忌讳在梁橼上描绘回旋花纹和金色方胜图案。若是年久的老屋,木柱颜色已旧,确实需要描绘修饰,一定要有手艺高超的工匠来操作。


凡入门处,必小委曲,忌太直。斋必三楹①,傍更作一室,可置卧榻。面北小庭,不可太广,以北风甚厉也。忌中楹设栏楯②，如今拔步床式③。忌穴壁为橱④，忌以瓦为墙，有作金钱、梅花式者，此俱当付之一击。又鸱吻好望⑤，其名最古，今所用者，不知何物，须如古式为之，不则亦仿画中室宇之制。

**【注释】**

①三楹（yíng）：三间。楹，量词。

②栏楯（shǔn）：栏杆。楯，栏杆。

③拔步床：明清时期流行的一种大型床。

④穴壁：在墙上设置的空框，用来装物。

⑤鸱（chī）吻：指建筑屋脊两端的装饰物，状如鸱鸟尾巴。好望：指鸱吻好像在屋脊两端瞭望一样。

**【译文】**

凡是进门的地方，一定要稍有曲折，忌讳太直。房屋厅堂要有三间，旁边再附一间小室，可以放置卧榻。朝北的庭院不可太宽大，因为北风非常猛烈。楹柱中间忌讳设置栏杆，就像如今的拔步床一样。忌讳在墙上设置空框当橱柜，忌讳用瓦来造墙，有人用瓦做成铜钱、梅花图案，都应该全部捣毁。还有屋脊两端的"鸱吻好望"装饰，它的名气最为古老，今天所制作的，不知道像什么，应该按照古制来制作，不然的话也应该按照画中房屋的样式来制作。

檐瓦不可用粉刷，得巨桥梧檗为承溜最雅①，否则用竹，不可用木及锡。忌有卷棚，此官府设以听两造者②，于人家不知何用。忌用梅花篛③。堂帘惟温州湘竹者佳，忌中有花如绣补④，忌有字如"寿山""福海"之类。

**【注释】**

① 栟（bīng）榈：即棕榈。常绿乔木，可用于四季观赏。擘（bò）：剖开。承溜：屋檐下取水之器。

② 两造：原告与被告。

③ 簥（tà）：窗扇，一种用于遮挡阳光的篾织物。

④ 绣补：明清官服的前胸及后背缀有补子，以金线或彩线绣成鸟兽图像，标志品级高下。

**【译文】**

屋檐下的瓦不能用白灰粉刷，用大的棕榈果实剖开做取水的器具最有雅趣，否则的话就用竹筒接水，不能用木和锡来制作。房屋前忌讳有卷棚，这是官府用来审讯原告、被告的地方，不知道对居家有什么用处。忌讳做梅花式的窗扇。厅堂前的帘子用温州的湘妃竹来制作最佳，忌讳有如补子上的鸟兽图案，忌讳有"寿山""福海"一类的字。

总之，随方制象，各有所宜。宁古无时，宁朴无巧，宁俭无俗。至于萧疏雅洁，又本性生，非强作解事者所得轻议矣。

**【译文】**

总的来说，应该根据物品的类别来制作不同的样式，各自相宜。宁可古旧不可时尚，宁可朴拙不可工巧，宁可简约不可俗气。至于清丽雅洁的趣味，是天性所致，不是自以为懂而妄加解释的人所能够轻易说清楚的。

# 卷二　花木

## 【题解】

　　此篇是园林花木设置的绪言，"皆入图画"是种植的总原则。或近观，或远望，或成林，或独秀，皆为入画。文震亨好像在将整个园林当作一幅山水画在描摹，不同时节，不同花木，有主体，有点缀。具有实用意味的豆棚、菜圃和人为加工的石墩、木柱则不在风雅之列。

　　从文震亨对花木的布局中，能看出他对花木属性之熟悉。他对花木也分出了等级，有主次，有高低，梅兰竹菊居首，不可或缺；而豆棚、菜圃则要远离有风雅意味的花木，显示出远实用、求风雅的心态。

　　清代张潮《幽梦影》曰："梅令人高，兰令人幽，菊令人野，莲令人淡，春海棠令人艳，牡丹令人豪，蕉与竹令人韵，秋海棠令人媚，松令人逸，桐令人清，柳令人感。"作为园林中最具生命灵性的要素，花木不仅赏心悦目，其色彩、风韵在文人笔下也具有隐喻意义，是解读文人心态的符码。或悠闲，或苦闷，或超脱，或执着，都投射于花木之上，也凝聚着生活的洞见与智慧。明屠隆《清言》曰："草色花香，游人赏其有趣。桃开梅谢，达士悟其无常。"明高濂《遵生八笺》曰："花之遭遇一春，是非人之所生一世同邪？"唐朝戴叔伦《南轩》诗曰："更爱闲花木，欣欣得向阳。"花木之"闲"正是诗人心境之悠闲。宋代曹彦约作《课花木》诗表达的也是"官居未胜闲居乐，乞得三年野兴来"的闲居乐趣。而柳宗元种植花木则是排遣愁闷，寻求心灵慰藉，《种木槲花》曰："上苑年年占物华，飘零今日在天涯。只应长作龙城守，剩种庭前木槲花。"人被贬谪，花被遗弃，木槲花绽放的正是柳宗元天涯飘零的悲情。

　　弄花一岁，看花十日。故帏箔映蔽①，铃索护持②，非徒富贵容也。第繁花杂木，宜以亩计。乃若庭除槛畔③，必以虬枝古干，异种奇名，枝叶扶疏④，位置疏密。或水边石际，横偃斜披⑤；或一望成林；或孤枝独秀。草木不可繁杂，随处植之，取其四时不断，皆入图画。又如桃、李不可植于庭除，似宜远望；红梅、绛桃，俱借以点缀林中，不宜多植。梅生山中，有苔藓者，移置药栏⑥，最古。杏花差不耐久，开时多值风雨，仅可作片时玩。蜡梅冬月最不可少。他如豆棚、菜圃，山家风味，固自不恶，然必辟隙地数顷，别为一区；若于庭除种植，便非韵事⑦。更有石磉木柱⑧，架缚精整者，愈入恶道⑨。至于艺兰栽菊，古各有方。时取以课园丁，考职事⑩，亦幽人之务也。志《花木第二》。

**【注释】**

①帏：帐幕。箔（bó）：帘子。

②铃索：系铃的绳索。此处指在花木上系以金铃，用来惊吓鸟雀。

③槛畔：栏槛旁边。

④扶疏：枝叶繁茂纷披。

⑤横偃（yǎn）：横而下卧。偃，仰卧。斜披：斜而下披。

⑥药栏：芍药之栏，泛指花栏。

⑦韵事：风雅之事。

⑧石磉（sǎng）：柱子下面的石墩。磉，柱下石墩。

⑨恶道：不正之道。

⑩考职事：考核技艺。

## 【译文】

养花一载，赏花十日。所以用帷幕、帘子来遮蔽，系金铃来养护，不只是为了花开时富贵的容貌。种植繁花杂木，应该以亩来计算。至于庭前阶下，栏槛旁边，应当是弯曲的枝叶、古老的树干，品种奇异，枝叶繁茂，疏密有致。或者在水边石下，横卧斜披；或者一望成林；或者一枝独秀。草木不能太繁杂，可以随处种植，使其四季不断，都可以进入图画。比如桃、李不能植于庭前阶下，只宜远观；红梅、绛桃，都是用来点缀树林的，不宜种植太多。梅花生于山中，将其中长有苔藓的移植到花栏，最为古雅。杏花花期不长久，开花时节，风雨正多，仅可作短时间的观赏。蜡梅在冬季最不能缺少。其他的如豆棚、菜圃，具有山野风味，也很不错，但是一定要专辟数顷空地来种植，使其自成一区；如果在庭院里种植，就有失风雅了。还有石墩、木柱，精心搭架绑缚的，更加恶俗了。至于种植兰草、菊花，古时候都有方法。现今用来教授园丁，考核技艺，是幽居之士首要的事情了。记《花木第二》。

# 牡丹　芍药

## 【题解】

牡丹与芍药均为富贵之花，有着硕大而艳丽的花朵。芍药花似牡丹，但牡丹是木本植物，芍药是草本植物；牡丹叶片宽阔，芍药叶片狭窄；二者花期均晚于其他花卉，牡丹则早于芍药半月左右开放。

作为百花之王的牡丹代表着富贵与圆满，是诗人们吟咏的对象。唐诗人刘禹锡《赏牡丹》："庭前芍药妖无格，池上芙蕖净少情。唯有牡丹真国色，花开时节动京城。"他认为芍药过于妖娆，芙蕖则清高冷漠，只有牡丹是真国色，开花时节举国狂欢。唐代皮日休《牡丹》诗："落尽残红始吐芳,佳名唤作百花王。竞夸天下无双艳,独立人间第一香。"虽然花期较晚,却是人间第一花。芍药以妖艳著称,还被称为爱情之花。宋代秦观《春日五首》咏芍药:"有情芍药含春泪,无力蔷薇卧晓枝。"芍药妖娆动人的姿态跃然纸上。而《红楼梦》中史湘云醉眠芍药园的镜头更让人难以忘怀,怒放的芍药映衬的正是史湘云那怒放的好年华。

天下名花,洛阳牡丹,扬州芍药。

牡丹称花王,芍药称花相,俱花中贵裔,栽植赏玩,不可毫涉酸气①。用文石为栏,参差数级,以次列种。花时设宴,用木为架,张碧油幔于上②,以蔽日色,夜则悬灯以照。忌二种并列,忌置木桶及盆盎中③。

**【注释】**

①酸气:寒酸气味。

②碧油幔:绿色的帷幔。

③盆盎(àng):较大的盛具。

**【译文】**

牡丹被称为花王,芍药被称为花相,均为花中贵族,栽种赏玩,不可有丝毫的寒酸之气。用带纹理的石块做成栏杆,参差排列,按照次序来种植。开花时节设置宴会,用木为架,罩上绿色的帷幔,用来遮蔽阳光,夜晚则悬挂灯烛来照明。忌讳将牡丹与芍药同排并列,忌讳将二者放置于木桶和盆盎当中。

# 玉兰

**【题解】**

玉兰在春秋时期已开始种植,以白色为主,淡雅清香,是庭院中名贵的观赏花木。文震亨并没有细说怎样种植玉兰，只是盛赞玉兰盛开时的洁白灿烂，并排斥与玉兰相似的木笔，认为它与王维辋川别业中的辛夷、木兰是不同品种。那到底是什么呢？却没有说明，只说是不同品种。这是因为文震亨对于白玉兰的钟爱和对辛夷不够高洁的偏见，也可看出他所代表的一类文人对"洁"的追求，反映在花木品种的鉴赏上，也是如此。

明代以后，逐渐将木兰、玉兰分开，玉兰称玉兰，而木兰多称辛夷，即文震亨所谓的木笔。明代王世贞《学圃杂疏》曰："玉兰早于辛夷，故宋人名以迎春，今广中尚仍此名。千干万蕊，不叶而花，当其盛时，可称玉树。"清朝吴其濬撰《植物名实图考》曰："辛夷即木笔花，玉兰即迎春。余关木笔、迎春，自是两种：木笔色紫，迎春色白；木笔丛生，二月方开，迎春树高，立春已开。""迎春是其本名，此地好事者美其花而呼玉兰。"


宜种厅事前[1]。对列数株，花时如玉圃琼林[2]，最称绝胜。别有一种紫者，名木笔[3]，不堪与玉兰作婢，古人称辛夷，即此花。然辋川辛夷坞、木兰柴不应复名[4]，当是二种。


**【注释】**

[1]厅事：本指官府问案的厅堂，后指私人住宅的堂屋。

[2]玉圃琼林：指花开时一片白色。玉圃，白玉做成的园圃。琼林，白色的花树。

[3]木笔：亦称辛夷、木兰，木兰科落叶大灌木，花瓣淡紫色。

[4]辋川：此指唐朝诗人王维的辋川别业，在陕西蓝田县辋川谷口，王维作有《辋川图》。辛夷坞、木兰柴：均为辋川别业中的一景。

**【译文】**

玉兰适宜种植在厅堂之前。排列数株，花开时好像玉圃琼林，一片洁白，最称绝妙胜景。另外有一种紫色的玉兰，名叫木笔，不配给玉兰做奴婢,古人称之为辛夷,就是此花。但是,王维辋川别业里的辛夷坞、木兰柴里种植的应该不是同种异名,而是两个不同品种。

# 海棠

## 【题解】

张爱玲《红楼梦魇》中曾经提到人生三件憾事:一恨鲥鱼多刺,二恨海棠无香,三恨《红楼梦》未完。从文震亨的介绍来看,张爱玲"海棠无香"的遗憾是可以消除的,只是后来有香的昌州海棠品种消亡了。在分类中,垂丝海棠品级在贴梗海棠与西府海棠之下,但文震亨偏爱垂丝海棠,认为它品类虽低,但姿态娇媚,应在最上乘。文震亨在此表达了一种与众不同的欣赏姿态,但最后却提出应该多种植的是秋海棠,因为在秋季花卉中它最为娇艳。

根据明代王象晋《群芳谱》记载,海棠分西府海棠、贴梗海棠、垂丝海棠、木瓜海棠四种。文震亨在文中则提出木瓜海棠是木瓜,而非海棠,花看上去相似,实则不同。

昌州海棠有香①,今不可得;其次西府为上②,贴梗次之③,垂丝又次之④。余以垂丝娇媚,真如妃子醉态⑤,较二种尤胜。木瓜花似海棠,故亦称木瓜海棠。但木瓜花在叶先,海棠花在叶后,为差别耳。别有一种曰"秋海棠",性喜阴湿,宜种背阴阶砌,秋花中此为最艳,亦宜多植。

## 【注释】

①昌州海棠:清朝陈淏子作《花镜》记载:"世谓海棠无香,而蜀之潼川、昌州海棠独香,不可一例论也。"

②西府：即西府海棠。海棠的一种，花淡红色。

③贴梗：即贴梗海棠。海棠的一种，花绯红色，亦有变为淡红至白色者。

④垂丝：即垂丝海棠。海棠的一种，花红色，花梗长而下垂。

⑤妃子醉态：杨贵妃醉酒的姿态。

**【译文】**

昌州的海棠有香气，但今天已经没有了；其次是西府海棠为上品，再次是贴梗海棠，最次是垂丝海棠。但我认为垂丝海棠很娇媚，真如杨贵妃醉酒的姿态一般，比西府海棠和贴梗海棠更美丽。木瓜花似海棠，所以也称为"木瓜海棠"。但木瓜是先开花，后长叶子，海棠则先长叶子后开花，这是二者的差别。另有一种"秋海棠"，喜欢阴凉潮湿，适宜种植在庭前阶下的背阴之处，秋季花卉中，它是最鲜艳的，适合多种植。

# 山茶

**【题解】**

文震亨提到的蜀茶、滇茶都是山茶花，产地不同。文震亨虽然也喜欢山茶花，但他不主张山茶花与白玉兰同种，虽然二者同时开放，非常艳丽，但俗气，他更喜欢雪中的醉杨妃。山茶花是传统的观赏花卉，在晚秋天气稍凉时开放，花色艳丽，凋谢时，不是整朵坠落，而是花片一瓣一瓣地飘飞。宋陆游《山茶花》诗曰："东园三日雨兼风，桃李飘零扫地空。惟有山茶偏耐久，绿丛又放数枝红。"在百花凋谢的寒冷冬日里，山茶花挟桃李之姿，具松柏之骨，不仅带来盎然生机，而且让人倍觉温暖。

蜀茶、滇茶俱贵①，黄者尤不易得。人家多以配玉兰，以其花同时，而红白烂然，差俗。又有一种名醉杨妃②，开白雪中，更自可爱。

**【注释】**

①蜀茶：又称山茶花、川茶花，因为很多品种来自四川成都，故称为蜀茶。滇茶：一种来自云南的山茶花。

②醉杨妃：蜀茶的一个变种。

**【译文】**

　　川茶花、滇茶花都很名贵，黄色的更加不易得到。普通人家大多用山茶花配玉兰，因为二者花期同时，红白相间，灿烂夺目，但有些俗气。还有一种名为醉杨妃的山茶花，在雪中开放，更加让人喜欢。

# 桃

**【题解】**

　　桃李并称，以华美显著，《诗经·国风·召南》中已有"何彼襛矣，华如桃李"的句子。文震亨介绍了桃树的特性，能制百鬼，却很短命。桃花虽美，和柳树相间种植却很俗气。

　　《诗经·国风·桃夭》里的"桃之夭夭，灼灼其华"写尽桃花的灿烂，晋陶渊明笔下的世外仙境里也是桃花纷飞："忽逢桃花林，夹岸数百步，中无杂树，芳草鲜美，落英缤纷。"而唐代诗人崔护《题都城南庄》中"去年今日此门中，人面桃花相映红。人面不知何处去，桃花依旧笑春风"的诗句又让人生出多少感慨和遗憾。桃花美丽，但花期短，多飘零，总是与红颜薄命联系在一起。春秋时期息国王后桃花夫人一边展露桃花般的笑容，一边咀嚼仇恨与悲伤，给后人留下无尽的遐想。

　　桃为仙木①，能制百鬼，种之成林，如入武陵桃源②，亦自有致，第非盆盎及庭除物。桃性早实，十年辄枯，故称"短命花"。碧桃、人面桃差之③，较凡桃更美，池边宜多植。若桃柳相间便俗。

**【注释】**

①仙木：明朝俞桢《种树书》："桃者五行之精，制百鬼，谓之仙木。"旧时迷信谓桃树能避邪、镇鬼。

②武陵桃源：晋陶渊明《桃花源记》中所描绘的世外仙境。武陵，郡名，在今湖南常德西部。

③碧桃：桃树的一种。花重瓣，不结实，供观赏和药用。一名千叶桃。人面桃：《群芳谱》记载："美人桃一名人面桃，粉红千瓣不实，二色桃，花开较迟，粉红千瓣，极佳。"

**【译文】**

桃树是仙木，能镇服百鬼，种植成林，就像进入了武陵桃花源一样，也很有风致，但不适宜种植于盆钵和庭前阶下。桃树的特性是早早结果实，但十年就枯了，所以被称为"短命花"。碧桃、人面桃成熟较晚，但比一般的桃花更美丽，池塘边适宜多种植。如果桃柳相间种植，就俗气了。

# 李

**【题解】**

桃李并称，文震亨此篇题目是"李"，但并没有介绍李树的特性和种植，而是别具匠心，将桃李以女性来做对比。他把桃花比作美女，把李花比作女道士，桃花宜在歌舞场，李花宜在烟霞泉石间。歌舞场繁华热闹，曲终人散更显凄凉，烟霞泉石间静谧孤独，却得享清净、永恒。将花木与女性相联系，其中隐含着一丝香艳的味道，但在传统文人却是惯用的修辞。

李花似雪，虽无桃花之娇媚，却也风姿绰约，唐代诗人吕温有《道州城北楼观李花》云："夜疑关山月，晓似沙场雪。"唐韩愈《李花赠张十一署》曰："江陵城西二月尾，花不见桃惟见李。"春寒料峭的二月，桃花还不曾开放，李花已经笑闹枝头了。

而李白笔下，桃李易谢，不可与松柏相比，《赠韦侍御黄裳》曰："桃李卖阳艳,路人行且迷;春光扫地尽,碧叶成黄泥。愿君学长松,慎勿作桃李。"当行人痴迷于明媚春光中的桃花、李花时,它已经开始飘零,不久便碧叶成泥。然桃李虽无青松之恒久,其短暂而绚烂的开放不也是青松所没有的吗?

桃花如丽姝<sup>①</sup>,歌舞场中,定不可少。李如女道士,宜置烟霞泉石间,但不必多种耳。别有一种名郁李子<sup>②</sup>,更美。

**【注释】**

①丽姝(shū):美女。

②郁李子:即常棣。花或红或白,两三朵为一簇,果实像李子而较小。

**【译文】**

桃花如美女,歌舞场中,必不可少。李花如女道士,适宜种植于烟霞缭绕的山泉石林之间,但不宜多种。还有一种叫郁李子的,更美。

# 杏

**【题解】**

文震亨对杏花的品鉴非常简略,筑一平台,和朱李、蟠桃混合种植即可,也不需多种植,数十棵即可。但从"花亦柔媚"的描写中能感受到他对杏花的喜爱。

杏花含苞待放时,朵朵艳红,花瓣绽放,色彩转淡,及至凋谢时,一片雪白。宋杨万里《咏杏五绝》描摹杏花:"道白非真白,言红不若红。请君红白外,别眼看天工。"但据《西京杂记》记载,杏花原本有五色:"东海都尉于台,献杏一株,花杂五色,六出,云仙人所食。"盛开的杏花艳态娇姿,占尽春风,不管是"一枝红杏出墙来",还是"红杏枝头春意闹",扑面而来的都是浓浓的春意。南宋诗词中多有"卖杏花"的字眼,如陆游

《临安春雨初霁》："小楼一夜听春雨,深巷明朝卖杏花。"史达祖《夜行船·正月十八日闻卖杏花有感》词云："小雨空帘,无人深巷,已早杏花先卖。"张炎《杏花天·赋疏杏》云："深巷明朝休起早,空等卖花人到。"足见南宋时候卖杏花是很常见的现象。老百姓或者用杏花来插头,或者插入瓶中,到处便洋溢着春的气息与生机。

　　杏与朱李、蟠桃皆堪鼎足<sup>①</sup>,花亦柔媚。宜筑一台,杂植数十本。

**【注释】**

①朱李:即红李、赤李,李之果皮红色者。蟠桃:桃的一种。果实扁圆,味甘美,汁不多。

**【译文】**

杏树与朱李、蟠桃堪称鼎足三立,杏花也很柔媚。适宜建筑一个平台,把这三种树混合种植几十株。

# 梅

**【题解】**

　　文震亨一开始便以"幽人花伴"来写梅,对梅花的鉴赏沿袭了传统文人的审美观,以古、雅、清、奇为标准。对梅花、蜡梅也分出了三六九等,绿萼梅为最上品,红梅稍嫌俗气。虬曲盘旋、附有地衣苔藓的枝干,最为古雅,因为带着岁月的痕迹。

　　作为古代文人最钟爱的花树之一,梅被赋予了冰清玉洁、孤高、坚韧等诸多寓意,历代咏梅诗词多不胜数,关于梅花的名画名家也层出不穷。文人对梅花的欣赏也呈现出审美定势,苍疏、瘦古、虬曲,被公认为美,为使梅树达到曲、疏、欹的效果,不惜砍斫摧残,越来越呈现出病态,对此晚清龚自珍在《病梅馆记》中大声疾呼还梅花以自然形态！龚自珍当然有寓意在：那扭曲的梅花枝干正是文人扭曲的心灵状态！

　　幽人花伴，梅实专房①。取苔护藓封②，枝稍古者，移植石岩或庭际，最古。另种数亩，花时坐卧其中，令神骨俱清。绿萼更胜③，红梅差俗④。更有虬枝屈曲，置盆盎中者，极奇。蜡梅磬口为上⑤，荷花次之⑥，九英最下⑦，寒月庭际，亦不可无。

【注释】

①专房：专宠，最受宠爱。

②苔护藓封：指梅树上寄生的地衣、苔藓类植物。

③绿萼：即绿萼梅。梅花之一种。萼片为绿色。宋范成大《梅谱》："绿萼梅。凡梅花跗蒂，皆绛紫色，惟此纯绿，枝梗亦青，特为清高，好事者比之九嶷仙人萼绿华。"

④红梅：梅树一种，花粉红色。

⑤蜡梅：即腊梅。落叶灌木。冬季开花，花瓣外层黄色，内层暗紫色，香味浓。供观赏。磬口：即磬口梅。腊梅品种之一。宋范成大《梅谱》："（蜡梅）经接，花疏，虽盛开，花常半含，名磬口梅，言似僧磬之口也。"亦省作"磬口"。

⑥荷花：即荷花梅。落叶灌木，花巨大，为腊梅变种。

⑦九英：即九英梅。落叶灌木，花小而香，为腊梅变种。

【译文】

　　幽居之士，以花为伴，梅花最受宠爱。取附有地衣和苔藓、枝干苍古的梅树移植到岩石或庭院之间，最为古雅。另外种植数亩，开花时节，坐卧其中，令人神骨清爽。绿萼梅最好，红梅稍逊之。有种植在盆盎中枝干盘曲者,特别奇丽。腊梅中,磬口梅为上品,荷花梅次之,九英梅最次,但是寒冬腊月,庭院里也不能没有。

# 瑞香

**【题解】**

文震亨引用宋代陶穀所著《清异录》记载,介绍了瑞香名字的由来,重点推荐了金边瑞香。瑞香早春开花,香味浓郁,其变种金边瑞香为瑞香中之佳品,香气浓烈。瑞香花虽小,却锦簇成团,极具观赏价值。宋苏轼《次韵曹子方龙山真觉院瑞香花》曰:"幽香结浅紫,来自孤云岑。骨香不自知,色浅意殊深。"瑞香一直被认为是富贵和祥瑞之花,在民间广泛种植。

相传庐山有比丘昼寝①,梦中闻花香,寤而求得之,故名"睡香"。四方奇异,谓"花中祥瑞",故又名"瑞香"②,别名"麝囊"。又有一种金边者③,人特重之。枝既粗俗,香复酷烈,能损群花,称为"花贼",信不虚也。

**【注释】**

①比丘:僧人。

②瑞香:也称"睡香"。常绿灌木,叶为长椭圆形,春季开花,花有红紫色或白色等,有浓香。

③金边:即金边睡香。瑞香的变种,叶缘金黄色。

**【译文】**

相传庐山有个僧人白日睡觉时,睡梦中闻到花香,醒来后找到了发出香气的花,所以称之为"睡香"。四周的人都觉得很奇怪,认为是"花中祥瑞",所以又称为"瑞香",别名"麝囊"。另有一种金边睡香,人们特别珍爱它。它枝干粗壮,香气浓烈,能减弱群花的香气,被称为"花贼",确实不假。

## 蔷薇　木香

### 【题解】

文震亨此文没有介绍种植蔷薇、木香的方法与环境,只简单介绍了蔷薇的两种珍贵品种黄蔷薇与野蔷薇,重点在嘲讽众人杂坐花棚下于喧闹中赏花的俗态。文震亨认为赏花乃雅事,此种赏花却似在酒肆。刻意地与俗众保持距离,是文震亨类文人日常的行为方式。俗众自有俗众的乐趣,文震亨又如何能领会?

蔷薇与木香同属蔷薇科花卉,都有着美丽的花朵和清新的芳香,都枝上密生小刺。木香又名七里香、锦棚儿,花有单瓣、复瓣与黄、白之别。蔷薇往往密集丛生,满枝灿烂。南朝江洪《咏蔷薇诗》曰:"当户种蔷薇,枝叶太葳蕤。"我们常常会在溪畔、路旁及园边、地角等处有偶遇蔷薇花的惊喜,有它的地方就有芳香。唐代高骈《山亭夏日》诗云:"水晶帘动微风起,满架蔷薇一院香。"阳光明媚的日子,树影婆娑,簇簇蔷薇,长条牵惹,花朵清新艳丽,幽居之士徜徉于花丛间,斯人独立,幽香默默。或许这才是文震亨所追求的赏花境界。

尝见人家园林中,必以竹为屏,牵五色蔷薇于上①。架木为轩,名"木香棚"。花时杂坐其下,此何异酒食肆中?然二种非屏架不堪植,或移著闺阁,供仕女采撷,差可。别有一种名"黄蔷薇",最贵,花亦烂漫悦目。更有野外丛生者,名"野蔷薇",香更浓郁,可比玫瑰。他如宝相、金沙罗、金钵盂、佛见笑、七姊妹、十姊妹、刺桐、月桂等花<sup>②</sup>，姿态相似，种法亦同。

**【注释】**

①五色蔷薇：蔷薇的一种，花多而小，有深红、浅红之别。

②宝相：蔷薇花的一种，有大红、粉红两种。金沙罗：似蔷薇，开单瓣花，有红、黄之分。金钵盂：似沙罗而花较小。佛见笑：蔷薇中花最大的品种。七姊妹、十姊妹：草花名。野蔷薇的变种，一个花蕾中开七朵或十朵花。刺桐：陈植先生疑此处当作"刺蘪"，亦称缫丝花，分枝灌木，花淡红色，其变种有重瓣、单瓣、毛叶之分，属蔷薇科。月桂：此指月季。福建及浙江温州口音中"季"读"贵"或"桂"音，故"月季"亦称"月贵"或"月桂"。译文从之。

**【译文】**

曾经见人家园林里，用竹编为篱笆，上面爬满了五色蔷薇。架木为亭子，名叫"木香棚"。开花时节，众人杂坐在花下，这与酒楼饭馆有什么区别呢？但是这两种花卉不依附篱笆棚架就不能种植，有人移植于闺房之中，供女子采摘，勉强可以。另外有一种叫"黄蔷薇"的，最珍贵，花也绚丽夺目。还有野外丛生的，叫"野蔷薇"，香气更加浓郁，可与玫瑰相比。其他如宝相、金沙罗、金钵盂、佛见笑、七姊妹、十姊妹、刺蘪、月季等花，姿态相似，种法也相同。

# 玫瑰

**【题解】**

与欣赏别的花卉不同，文震亨在此篇中表现出对玫瑰的排斥，认为它的枝条、花色都显俗气，对于吴地种植玫瑰获利之行为也颇含微词。清代蒲松龄《聊斋志异·黄英》中菊精黄英以贩花为业，蒲松龄借黄英

之口说出了"自食其力不为贪,贩花为业不为俗"的先进的经济思想,而
文震亨在此则表现出较为落后的一面。

古人就有食用玫瑰的传统,《红楼梦》中贾宝玉生病后服用的就是
玫瑰纯露。玫瑰在今天被作为爱情的象征,也被广泛用于化妆品、食品
制作等领域。可能正是因为玫瑰具有实际的应用价值,文震亨才觉得非
幽人所宜吧?

玫瑰一名"徘徊花",以结为香囊,芬氲不绝①,然实非
幽人所宜佩。嫩条丛刺,不甚雅观,花色亦微俗,宜充食品,
不宜簪带。吴中有以亩计者②,花时获利甚夥③。

【注释】

①芬氲(yūn):芬芳的气味。

②吴中:今江苏苏州,也泛指吴地。

③夥(huǒ):多。

【译文】

玫瑰又叫"徘徊花",用来做成香囊,芳香不断,但并不适宜幽居之
士所佩戴。玫瑰枝条柔嫩,丛生多刺,不甚雅观,花色也有些俗气,适合
做食品,不适合佩戴。吴地有种植数亩的,开花时节获利甚丰。

## 紫荆　棣棠

【题解】

文震亨品鉴草木充满诗意的追求,认为紫荆不如棣棠,因紫荆花朵
繁琐,缺乏诗意。文中提到的"京兆一事",来自南朝梁吴均的《续齐谐
记》,记载汉代京兆田真兄弟三人分财,欲将堂前一株紫荆树截为三段,
还未行动,树木枯死,于是领悟到"树本同株,闻将分斫,所以憔悴。是

人不如木也"。于是三人将财物合并,和睦相处。紫荆常被用来比拟亲情,象征兄弟和睦、家业兴旺。写手足亲情的诗歌里它便成为思念亲人的意象。

紫荆枝干枯索①,花如缀珥②,形色香韵,无一可者。特以京兆一事③,为世所述,以比嘉木④。余谓不如多种棣棠⑤,犹得风人之旨⑥。

**【注释】**

①紫荆:树名。落叶乔木或灌木。叶圆心形,春开红紫色花,供观赏。树皮、木材、根均可入药。

②缀珥(ěr):连缀珠玉的耳环。珥,以珠玉为耳饰。

③京兆一事:指汉代京兆田真兄弟共分一株紫荆树的故事。

④嘉木:美好的树木。

⑤棣棠:蔷薇科。落叶灌木。叶长椭圆状卵形,边缘有重锯齿。暮春开花,金黄色,单生于短枝顶端。栽培供观赏。

⑥风人:诗人。

**【译文】**

荆树枝干枯萎,花如连缀珠玉的耳环,花形、花色、花香、花韵,无一可取之处。只是因为汉代京兆田真兄弟共分一株紫荆树的故事,为世人所传,被比作美好的树木。我倒认为不如多种棣棠,还能体会到诗人的意图。

# 葵花

**【题解】**

文震亨介绍了四种葵花,对各自的花貌、特性也有所说明。他认为向日葵最差,秋葵最佳。至于为何最差、最佳,并无解说,彰显着浓厚的主观好恶色彩。向日葵约在明朝时引入中国,根据文献,最早记载向日葵的是明朝王象晋所著《群芳谱》,但该书中尚无"向日葵"一名,只在"菊"下面附带了"丈菊"。今天向日葵已被广泛种植,既可观赏,又可食用。

提到向日葵,自然要说凡·高笔下的向日葵,在光与色的深浅交错中,在艳丽与华美的色调下,向日葵拼足了力气,尽情地开放,展露着无比旺盛的生命力,那样疯狂而痴迷。《向日葵》系列中各种花姿都是凡·高内心的展示,是孤独内心最深层的呐喊。向日葵的花期并不长,就像凡·高短暂的人生一样。如果文震亨能够见到凡·高的《向日葵》,或许不会再把它列为葵中最差的了吧?

葵花种类莫定,初夏,花繁叶茂,最为可观。一曰"戎葵"①,奇态百出,宜种旷处;一曰"锦葵"②,其小如钱,文采可玩,宜种阶除;一曰"向日"③,别名"西番葵",最恶。秋时一种,叶如龙爪,花作鹅黄者,名"秋葵"④,最佳。

**【注释】**

①戎葵:即蜀葵。两年生草本植物。花瓣五枚,有红、紫、黄、白等颜色。供观赏。

②锦葵:蜀葵之一种。二年生或多年生草本植物。叶子肾脏形,夏天开花,紫红色。供观赏。

③向日:即向日葵。又名朝阳花或葵花。一年生草本植物,茎很高,开黄花,圆盘状头状花序,常朝向太阳,故名。种子叫葵花子,可以榨油。

④秋葵:亦称"黄蜀葵"。明李时珍《本草纲目》集解引寇宗奭曰:

"黄蜀葵与蜀葵别种,非是蜀葵中黄者也。叶心下有紫檀色。"

**【译文】**

葵花种类不定,初夏,花繁叶茂,最为可观。一种叫"戎葵",千姿百态,适宜种在空旷之地;一种叫"锦葵",小如铜钱,色彩可供玩赏,适宜种在庭前阶下;一种叫"向日",又叫"西番葵",最差。秋天有一种,叶子像龙爪,开鹅黄色花,叫"秋葵",最佳。

# 罂粟

**【题解】**

罂粟又叫米囊花,明朝时,它是园林中重要的花卉。本篇只有寥寥几句,指出其可作为园林中的观赏植物,也可以做菜肴。中医以罂粟壳入药,治疗各种疾病。罂粟是制作鸦片的原材料,久食易上瘾,危害身体。晚清厉行禁烟之后,严禁种植罂粟,于是此一物种遂在园林中绝迹。

以重台千叶者为佳①,然单叶者子必满,取供清味亦不恶②,药栏中不可缺此一种③。

**【注释】**

①重台千叶:指花瓣多重繁复。

②取供清味:用来做清淡的菜肴。清味,清淡的菜肴。

③药栏:花栏。

**【译文】**

罂粟以花瓣多重繁复者为佳品,但单叶花瓣的,种子一定多,取来做清淡的菜肴也不错,是花栏中不可缺少的一种花卉。

# 薇花

**【题解】**

　　文震亨介绍了四种颜色的薇花及其特性。薇花即紫薇花,也叫满堂红、百日红,落叶小乔木。民间传说紫微星下凡制伏凶恶的野兽年,为了监管年,化作紫薇花留在人间。紫薇花花期甚长,唐白居易《紫薇花》所谓"独占芳菲当夏景,不将颜色托春风"。

　　薇花四种:紫色之外,白色者曰"白薇",红色者曰"红薇",紫带蓝色者曰"翠薇"。此花四月开,九月歇,俗称"百日红"。山园植之,可称"耐久朋"①。然花但宜远望,北人呼"猴郎达树",以树无皮,猴不能捷也。其名亦奇。

**【注释】**

　　①耐久朋:此指紫薇的花期长。

**【译文】**

　　薇花有四种:除了紫色之外,白色的叫"白薇",红色的叫"红薇",紫中带蓝的叫"翠薇"。薇花四月开放,九月凋谢,俗称"百日红"。在山野种植,可称为"耐久朋"。但是薇花只适宜远观,北方人称之为"猴郎达树",因为没有树皮,猴子不能攀爬。这个名字也很奇特。

# 芙蓉

**【题解】**

　　芙蓉生于陆上者叫木芙蓉,生于水上者叫水芙蓉。此处所写乃木芙蓉,广植于庭院、坡地、路边等处。若植于水边,开花时波光花影,分外妖娆，所以文震亨说"邻水为佳"。但对于人为地改变花色，他则以"甚无谓"称之，许是追求天然的缘故吧？

木芙蓉晚秋开花，花期长，花大而艳丽，是很好的观花树种。宋苏轼《和陈述古拒霜花》："千林扫作一番黄，只有芙蓉独自芳。唤作拒霜知未称，细思却是最宜霜。"晚秋时节，众芳摇落，而木芙蓉经历严霜，却依然丰姿艳丽。

宜植池岸，临水为佳；若他处植之，绝无丰致①。有以靛纸蘸花蕊上②，仍裹其尖，花开碧色，以为佳，此甚无谓。

**【注释】**

①丰致：风采韵致。

②靛（diàn）纸：用靛汁染成的纸。宋吴怿《种艺必用》载："隔夜以靛水调纸，蘸花蕊上，以纸裹，来日开成碧色花，五色花皆可染。"靛汁为蓝色染料。

**【译文】**

芙蓉适宜种植在池塘岸边，靠近水边为佳；如果在别处种植，绝无风致。有人用靛蓝纸蘸花蕊里，花开时呈碧蓝色，以为好看，此举毫无意义。

# 萱花

**【题解】**

从文震亨对诸花乃萱草之附庸的口气来看，他对萱草极其喜爱，认为岩间墙角最适宜种植。萱草又叫谖草、金针、川花菜、忘忧草等，可作食品，可入药，食之能消烦恼、解忧愁。早在《诗经·卫风·伯兮》中已有记载："焉得谖草，言树之背。"《博物志》中载："萱草，食之令人好欢乐，忘忧思，故曰忘忧草。"唐白居易《酬梦得比萱草见赠》曰："杜康能散闷,萱草解忘忧。"萱草与酒一样驱遣人的忧愁。而更多的时候,忘忧草却是作为诗人惆怅的对比而存在,唐代陆龟蒙《庭前》诗:"合欢能解恚,萱草信忘忧。尽向庭前种,萋萋特地愁。"唐代李中《所思》曰:"门掩残花寂寂,帘垂斜月悠悠。纵有一庭萱草,何曾与我忘忧。"满庭的忘忧草,又如何让惆怅少了一丝呢?如果忧愁真能借忘忧草而消解,又怎能称得上忧愁呢?忘忧草,这名字灌注了人类多少的期待与愿望。

萱草忘忧,亦名"宜男",更可供食品。岩间墙角,最宜此种。又有金萱,色淡黄,香甚烈,义兴山谷遍满①,吴中甚少②。他如紫白蛱蝶、春罗、秋罗、鹿葱、洛阳、石竹③,皆此花之附庸也。

**【注释】**

①义兴:古县名,隋文帝开皇九年(589)废义兴郡,改称义兴县。县治在原义兴郡郡城(今江苏宜兴),宋避太宗赵光义讳改宜兴。

②吴中:指今天江苏苏州。

③紫白蛱(jiá)蝶:紫色或白色的蝴蝶花,多年生常绿草本,花黄瓣上有赤色斑,白瓣上有黄赤色斑,中心呈黄色。春罗:即剪春罗,石竹科。多年生草本,根簇生,细圆柱形,黄白色。秋罗:即剪秋罗,石竹科,多年生草本,全株被柔毛。鹿葱:草本,地生。鳞茎卵形。秋季出叶,叶带状,顶端钝圆。伞形花序,花淡紫红色。洛阳:即洛阳花,又叫锦团石竹。石竹的一种,重瓣,有红、紫、白各色及红紫斑者。石竹:又叫石菊。多年生草本,全株无毛,带粉绿色。

**【译文】**

萱草又叫忘忧,也叫"宜男",可作食品。岩间墙角,最适宜种植。又有金萱,花色淡黄,香气浓烈,江苏义兴一带漫山遍野都是,吴地很少。其他如紫白蛱蝶、春罗、秋罗、鹿葱、洛阳、石竹,都是萱草的附庸。

# 薝蔔

**【题解】**

薝（zhān）蔔通称黄兰花，乔木，花橙黄色。花色洁白，香气浓郁，是很好的观赏植物。文震亨指出了它的一些特性，并认为适宜放置在佛室，不宜在内室卧房。薝蔔来自西域，乃梵语 Campaka 的音译，西域乃佛教传入中土的必经之地，所以薝蔔又被称为"禅友"。唐代卢纶《送静居法师》诗曰："薝蔔名花飘不断，醍醐法味洒何浓。"薝蔔花飘，如饮醍醐，无上法味。

一名"越桃"①，一名"林兰"，俗名"栀子"，古称"禅友"，出自西域，宜种佛室中。其花不宜近嗅，有微细虫入人鼻孔，斋阁可无种也。

**【注释】**

①越桃：栀子的别名。宋陶榖《清异录·薝蔔馆》："按，《本草》：栀子一名木丹，一名越桃，然正是西域薝蔔。"

**【译文】**

薝蔔又叫"越桃"，也叫"林兰"，俗名"栀子"，古人称之为"禅友"，原产西域，适宜种植在佛室当中。它的花不适合近闻，因为有微细虫可以吸入鼻孔，内室卧房中不可种植。

# 玉簪

**【题解】**

文震亨根据玉簪花洁白如雪的特点，主张成片种植，使之像一片雪海。他不主张种植在盆中，并排斥紫色的玉簪。在文震亨眼里，玉簪并不入流，只是"不恶"而已。玉簪在古代其实是百姓种植很普遍的植物。明李时珍《本草纲目》记载："玉簪处处人家栽为花草……六七月抽茎，茎上有细叶，中出花朵十数枚，长二三寸，本小末大。未开时，正如白玉搔头簪形。"因形似玉搔头而得名。《群芳谱》记载汉武帝宠妃李夫人取玉簪花搔头，官人效仿，后来称此花为玉簪花。

　　洁白如玉，有微香，秋花中亦不恶。但宜墙边连种一带，花时一望成雪。若植盆石中，最俗。紫者名紫萼，不佳。

**【译文】**

　　玉簪花洁白如玉，有微香，在秋季花卉中也算不错的。但是适合沿着墙边栽种一大片，开花时，一眼望去像一片白雪。如果植于盆中，最俗。紫色的玉簪叫紫萼，不好看。

# 金钱

**【题解】**

　　从"种石畔，尤可观"来看，文震亨对金钱花充满了喜爱。金钱花又叫旋覆花，中午开放，夜间凋谢，这也是文震亨称之为"子午花"的缘故。金钱花在夏秋季节开花，花朵金黄色，圆而覆下，中央呈筒状，状如铜钱。明李时珍《本草纲目》："花状如金钱菊。水泽边生者，花小瓣单；人家栽者，花大蕊簇，盖壤瘠使然。"土壤肥沃，金钱花便硕大繁复，贫瘠则小而单瓣。所以唐白居易《牡丹芳》诗曰："石竹金钱何细碎，芙蓉芍药苦寻常。"与国花牡丹相比，金钱花自然便显得细碎微小。

　　午开子落①，故名"子午花"。长过尺许，扶以竹箭②，乃不倾欹③。种石畔，尤可观。

【注释】

①午开子落：午时开放，子时凋谢。午时，中午十一点至下午一点。
　子时，夜里十一点至凌晨一点。

②竹箭：细竹。

③倾攲（qī）：倾斜。

【译文】

金钱午时开花，子时凋落，所以又叫"子午花"。长到一尺多高后，用细竹子支撑，才不倾斜。种于石头旁边，更具观赏价值。

# 藕花

【题解】

藕花即荷花，又叫莲花、水芙蓉、芙蕖，是水生植物，多生长于沼泽、湖泊、池塘等处，也可作盆栽，文震亨讲的便是盆栽荷花。他提到了藕花的诸多品种，红、白藕花不只颜色不同，特性也相异。对于栽植藕花的用具及装饰，文震亨也提出了一些忌讳。

自北宋周敦颐《爱莲说》以"出淤泥而不染，濯清涟而不妖"形容荷花后，荷花便成为"君子之花"，寄寓着文人对自身品格的肯定。

藕花池塘最胜，或种五色官缸①，供庭除赏玩犹可。缸上忌设小朱栏。花亦当取异种，如并头、重台、品字、四面观音、碧莲、金边等乃佳②。白者藕胜，红者房胜③。不可种七石酒缸及花缸内④。

【注释】

①官缸：官窑所制的瓷缸。

②并头、重台、品字、四面观音、碧莲、金边：均为荷花的品种。并头，

又叫并蒂莲,并排地长在同一茎上的两朵莲花。是荷花中的偶然现象,一茎产生两花,花各有蒂,蒂在花茎上连在一起,所以也有人称它为并头莲。重台,是令人称奇的观赏荷名品,因花中长花而得名。花蕾圆桃形,花初开粉红色,盛开时粉白色,多不结籽。品字,三个花朵呈品字形排列,称"品字莲"。这种荷花出现概率极低,十分难遇。四面观音,花头瓣化成四个头。碧莲,花被呈白绿色,花千瓣重生,香浓郁。金边,即金边莲。又叫锦边莲,是我国莲种系中小株型重瓣类复色荷花。花色为极淡紫堇色,主要表现在瓣尖边缘,故称为锦边莲。

③房:此指花托。

④七石酒缸:可以贮酒七石之缸。花缸:瓦缸。

## 【译文】

藕花植于池塘最好,或者植于五色官窑瓷缸,供庭院赏玩也可以。缸上忌设朱红小栏杆。花也应该选择特别的品种,如并头、重台、品字、四面观音、碧莲、金边等才好。开白花的藕大,开红花的花托大。不可种于可贮酒七石的缸和瓦缸里面。

# 水仙

## 【题解】

水仙多为水养,花香浓郁,风姿绰约,素有"凌波仙子"的雅号。文震亨将水仙分为两种,认为花高叶短的单瓣者为优,适宜室内摆放,较差的只能置于室外山石之间了。他虽在介绍水仙的特性,但重点在讲水仙种植在怎样的环境里才适宜、优雅。

文震亨文中提到水仙名字的来历,即河伯服用了八石水仙花。关于水仙名字来历的传说有很多,最著名的一个就是希腊神话中美少年纳西塞斯因迷恋自己的倒影而在水边枯坐死去,爱神把他化成水仙花,盛开在有水的地方,让他永远看着自己的倒影。中国的传说中,水仙是尧帝的女儿娥皇、女英的化身。二人同嫁于舜,舜南巡驾崩,娥皇与女英双双殉情于湘江,上天将二人的魂魄化为江边水仙,她们也就成为腊月水仙的花神。水仙的很多美丽传说都与神仙有关,这可能与水仙飘逸的气质有关。宋代黄庭坚《王充道送水仙花五十枝,欣然会心,为之作咏》中用"凌波仙子生尘袜,水上盈盈步微月"来形容水仙花气韵高洁,超凡脱俗。

至于六朝人称水仙为"雅蒜",文震亨认为可笑,因为水仙"凌波仙子"的绝尘形象已深入人心。水仙的叶子很像蒜叶,它还被称作"天葱",不知文震亨闻之又做何感想。


水仙二种,花高叶短,单瓣者佳。冬月宜多植,但其性不耐寒,取极佳者移盆盎①,置几案间。次者杂植松竹之下,或古梅奇石间,更雅。冯夷服花八石②,得为水仙,其名最雅,六朝人乃呼为"雅蒜",大可轩渠③。

**【注释】**

①盆盎(àng):盆和盎。亦泛指较大的盛器。盎,盆类盛器。

②冯夷:传说中的黄河之神,即河伯。泛指水神。

③轩渠:欢悦貌,笑貌。

**【译文】**

水仙有两种,花高叶短的单瓣水仙最好。冬季适合多种植,但水仙性不耐寒,选取特别好的放入盆中,置于几案之上。较差的杂种于松树竹林之下,或者种于梅花怪石之间,更雅致。水神服用了八石这种花,因此得名水仙,这个名字很雅致,六朝人却呼之为"雅蒜",实在可笑。

# 凤仙

## 【题解】

凤仙，俗称指甲花、指甲草，花大、艳丽，可用来染指甲，在民间广泛种植。但文震亨认为其无一可观，对于别出心裁种出的五色凤仙，也嗤之以鼻，究其原因，乃是认为凤仙花太俗。清代李渔在《闲情偶寄》中也认为"凤仙，极贱之花，止宜点缀篱落"。文震亨对凤仙花持有偏见，自然也觉得凤仙花非美人所宜。其实凤仙花不仅极易生长，而且花朵繁盛鲜艳，夏季开花，殊为可观。养花、赏花本就是个人爱好，对于执着地追求"雅"的文震亨来说，不喜凤仙乃是他性情、偏见所致，凤仙花倒是很受百姓欢迎。

凤仙，号"金凤花"，宋避李后讳①，改为"好儿女花"。其种易生，花叶俱无可观。更有以五色种子同纳竹筒，花开五色，以为奇，甚无谓。花红，能染指甲，然亦非美人所宜。

## 【注释】

①宋避李后讳：宋代避讳李后的名字。李后，宋光宗的皇后，字凤娘。

## 【译文】

凤仙，别号"金凤花"，宋代避讳宋光宗李后的名字，改为"好儿女花"。凤仙容易生长，花叶都无可观之处。有人将五色种子一起装入竹筒内，开出五色花朵，认为新奇好看，其实很无聊。花为红色，能染指甲，但也不适合美女所用。

# 茉莉　素馨　夜合

## 【题解】

文震亨将茉莉、素馨、夜合放在一起，乃是因三者常被种植在一起，均开白色花朵,均有浓香。茉莉与夜合极香,素馨则花香清冽。文震亨讲述了怎样利用三种花香,所谓夏夜鼓风轮闻花香的做法来自宋代周密《武林旧事·禁中纳凉》:"又置茉莉、素馨、建兰、麝香藤、朱槿、玉桂、红蕉、阇婆、蒼蔔等南花数百盆于广庭,鼓以风轮,清芬满殿。"显然,古人早已有此方法。

　　夏夜最宜多置,风轮一鼓[①],满室清芬,章江编篱插棘[②],俱用茉莉[③]。花时,千艘俱集虎邱[④],故花市初夏最盛。培养得法,亦能隔岁发花,第枝叶非几案物,不若夜合[⑤],可供瓶玩。

**【注释】**

①风轮:古代夏天取凉用的机械装置。

②章江:即赣水,在江西。编篱插棘:此指编插篱笆。

③茉莉:常绿灌木。夏季开白花,有浓香。花可熏制茶叶,又为提取芳香油的原料。亦指这种植物的花。

④虎邱:即虎丘。山名,在今江苏苏州西北。

⑤夜合:百合的一种。多年生草本植物,白色,供观赏。其花日开夜合,故名。

**【译文】**

　　这些花夏季适合多种植一些,鼓动风轮,满屋清香,章江一带编插篱笆都用茉莉枝条。开花时节,上千艘船只聚集在虎丘,所以花市在初夏最繁荣。培养得法,也能隔年开花,不过茉莉的枝叶不适合放在几案上,不像夜合,可插于瓶中供玩赏。

# 杜鹃

**【题解】**

　　文震亨对杜鹃的特性做了简单介绍,以"花极烂漫"形容其美丽,见出喜爱之情。杜鹃花被誉为"花中西施"，管状的花，有深红、淡红、玫瑰、紫、白等多种色彩，文中提到的映山红是其代表品种。唐代李绅《新楼诗·杜鹃楼》有"杜鹃如火千房拆，丹槛低看晚景中"的诗句，形容杜鹃花开得鲜艳热烈。如血般的杜鹃花，不能不让人想起杜鹃啼血的故事，唐代诗人成彦雄《杜鹃花》中便写道："疑是口中血，滴成枝上花。"正因为它鲜艳烂漫，文震亨才会在开花时将它置于几案间吧？

　　花极烂漫，性喜阴畏热，宜置树下阴处。花时，移置几案间。别有一种名"映山红"，宜种石岩之上，又名"山踯躅"①。

**【注释】**

①山踯躅（zhí zhú）：杜鹃花的别称，也叫映山红。明李时珍《本草纲目》中记载："映山红亦称山踯躅。"

**【译文】**

　　杜鹃花色彩极其绚丽，喜阴凉怕炎热，适宜种植于树下阴凉处。开花时，移放到室内几案之上。另有一种叫"映山红"的，适宜种植于岩石之上，它又叫"山踯躅"。

# 秋色

**【题解】**

　　题目为"秋色"，文震亨所讲实为鸡冠、雁来红、十样锦三种花卉的组合效果。文震亨正是将整个园林设计作为一幅山水画来看待，所谓的"秋色"便都是画面上的点缀之物。因为是多种花色的组合，所以会显得芜杂，不适于幽室。

　　吴中称鸡冠、雁来红、十样锦之属①，名"秋色"。秋深，杂彩烂然，俱堪点缀。然仅可植广庭，若幽窗多种，便觉芜杂。鸡冠有矮脚者，种亦奇。

**【注释】**

①鸡冠：一年生草本。夏秋季开花，花多为红色，呈鸡冠状，故称。喜阳光充足、湿热，不耐霜冻，不耐瘠薄，喜疏松肥沃和排水良好的土壤。雁来红：一年生草本。耐干旱，不耐寒，喜湿润向阳及通风良好的环境。十样锦：即唐菖蒲，属多年生草本植物。花色有红、黄、紫、白、蓝等颜色。其原种来自南非好望角，经多次种间杂交而成，栽培品种广布世界各地。

**【译文】**

吴地称鸡冠、雁来红、十样锦这一类的花卉为"秋色"。深秋时节，这些花色彩斑斓绚丽，都可作为点缀之物。但仅可种植于宽阔的庭院，若在幽深的窗下多种，便显得芜杂。有一种很矮小的鸡冠花，品种也很奇特。

# 松

**【题解】**

　　松柏并称，但文震亨以松树最为高贵，松树中以天目松为最上等，天目松多用作盆景。明代屠隆《考槃余事》中记载了天目松："盆景以几案可置者为佳，其次则列之亭榭中物也。最古雅者，如天目之松，高可盈尺，其本如臂，针毛短簇。"最古雅的天目松不易种植，所以文震亨从种植环境、布局、周围的装饰等重点介绍了居家用的栝子松，并以各种花卉与松树相配。土冈之上则种山松，为的是听阵阵松涛，享受沐浴自然的惬意。

　　松树四季常青,被历代文人赋予了坚贞、高洁等诸多的品格,文震亨也不例外。与下一篇《木槿》对照阅读,更能看出文人固化的心理态势。

　　松、柏古虽并称,然最高贵者,必以松为首。天目最上①,然不易种。取栝子松植堂前广庭②,或广台之上,不妨对偶。斋中宜植一株,下用文石为台,或太湖石为栏俱可。水仙、兰蕙、萱草之属,杂莳其下③。山松宜植土冈之上,龙鳞既成④,涛声相应,何减五株九里哉⑤?

【注释】

①天目:即天目山。在今浙江西北部。此指天目山所产松树。

②栝(kuò)子松:松的一种,叶为三针。

③莳(shì):种植。

④龙鳞:松树,因树皮似龙鳞,故称。

⑤五株九里:是关于松树的故事。五株,指秦始皇所封泰山五大夫松。五大夫为秦官名,第九爵,后人误以为封五株松树,遂有此称。《史记》:"秦始皇上泰山,风雨暴至,休于树下,因封其树为五大夫。"九里,地名。在浙江杭州西湖北。唐刺史袁仁敬守杭时,于行春桥至灵隐、三天竺间植松,左右各三行,凡九里,苍翠夹道,人称九里松。后即以九里松名其地。

【译文】

　　松、柏虽古时并称,但最高贵的,当然是松列为首位。天目山的松树为最上乘,但不易种植。把栝子松种在堂前庭院,或者广阔的台子上,不妨成对种植。居家屋舍中间也可种一株,下面用有纹理的石头做成台子,或用太湖石做栏杆,皆可。水仙、兰蕙、萱草一类的,杂种于树下。山松适宜种于土冈之上,松树成林之后,松涛阵阵,回荡山谷,哪里比不上五株、九里的名贵呢?

# 木槿

## 【题解】

与上一篇《松》对照阅读，能看出文震亨所承袭的文化积淀。他以"高贵"形容松树，却以"最贱"来说明木槿，对松树的种植介绍较为详细，居家用栝子松，土冈之上用山松，各有讲究；而认为木槿不过植于篱笆及野外而已，并将之从园林佳友中排除。

松树四季常青，木槿花朝开夕落；松树被赋予了坚贞、高洁等品格，木槿花则用以形容人心易变；历代文人对松树吟咏不绝，对木槿偶有吟咏，却贬多于褒。文震亨正是在历代文人吟咏的传统里做出了"高贵"与"最贱"的评价，松树与木槿身上投射了文人自身的心情与品格。然而松树与木槿不过以自己的天性存于天地之间，与文人何干？常青固然可贵，朝开暮落不也是生生不息？耐寒让人生出敬意，朝夕之间的摇落不也让人心生怜惜？唐李商隐《槿花》诗曰："风露凄凄秋景繁，可怜荣落在朝昏。未央宫里三千女，但保红颜莫保恩。"凄凄风露中，木槿花尽情地开放，黄昏时刻，却无奈地凋谢。易落的木槿花不正是红颜易老的隐喻？而四季轮转，木槿花还会在下一个朝阳升起的时刻吐露芬芳，三千宫女的红颜却永远地消逝在岁月的长河里。与人生的脆弱、短暂相比，木槿的生命又何其坚韧、长久。

花中最贱，然古称"舜华"①，其名最远，又名"朝菌"。编篱野岸，不妨间植，必称林园佳友②，未之敢许也。

## 【注释】

①舜华：即木槿花。落叶灌木或小乔木。夏秋开花，花钟形，有白、红、紫等色，朝开暮落。栽培供观赏兼作绿篱。树皮和花可入药，茎的纤维可造纸。

②林园：即园林。

**【译文】**

　　木槿是花中最贱的品种，但古代称之为"舜华"，是最早的名称，又称"朝菌"。篱笆及野外的水边，不妨种一些，一定称它为园林佳友，我就不敢认同了。

# 桂

**【题解】**

　　文震亨此文不是讲桂树的各种习性，也没讲桂花的分类，而是在讲如何在桂花盛开的季节舒适优雅地享受桂树的芬芳。他主张在桂树丛中建一小亭，给小亭取一个脱俗的名字，躺在树下，花香四溢，或清谈，或小憩，以天地为庐，以桂花为食品，当然不可让俗人来打扰。

　　中秋前后，桂花绽放黄色或白色花朵，香气绝佳，有浓香，有清香。北周庾信《山中》诗曰："涧暗泉偏冷，岩深桂绝香。"再幽深的地方，只要有桂花开放，香气便四处飘溢。因其浓香，用于食品，味道鲜香，有桂花酒、桂花饼、桂花糖等食物。宋虞俦《有怀汉老弟》诗："芙蓉泣露坡头见，桂子飘香月下闻。"文震亨在桂花丛中建一亭，一边赏花，一边以花为食，浪漫、悠闲，怎是今天的我们所可奢望得到的享受？文震亨的这种享受本也就是将俗众拒之门外的。

　　丛桂开时①，真称"香窟"②。宜辟地二亩，取各种并植，结亭其中，不得颜以"天香""小山"等语③，更勿以他树杂之。树下地平如掌，洁不容唾，花落地，即取以充食品。

**【注释】**

　　①桂：即桂花，亦称木樨。常绿灌木或小乔木。秋季开花，极芳香，

故又称"九里香"。为珍贵的观赏芳香植物。花可提取芳香油或用作食品、糖果等的调料。

②香窟:香之所生处。

③天香、小山:皆指桂树。天香,语见唐代宋之问《灵隐寺》:"桂子月中落,天香云外飘。"小山,语见南北朝庾信《枯树赋》曰:"小山则丛桂留人,扶风则长松系马。"

**【译文】**

一丛丛的桂树开花时,真称得上是"香窟"。适合选地二亩,种上各种桂树,在里面建一亭子,不可取"天香""小山"这类的名字,更不要杂种其他树种。树下收拾得像手掌一样平整,洁净得不容唾液溅落,桂花落到地上,就可用来作食品。

# 柳

**【题解】**

《诗经·小雅·采薇》中已有"昔我往矣,杨柳依依;今我来思,雨雪霏霏"的诗句,借杨柳与雨雪的情景叹息个体生命的流逝。但古代杨、柳指的均是柳树,和今天的杨树无关。文震亨钟爱垂柳,认为应将它种在池塘边,意态婀娜,很有风致。他提到不入品的白杨、风杨,也都是柳树的一种。

柳树枝条细长柔软,风中飘拂,似有无限情意,又因"柳"与"留"同音,所以常与离别联系在一起。宋柳永《雨霖铃》中"杨柳岸,晓风残月"便是离别的场面。宋秦观《江城子》曰:"西城杨柳弄春柔,动离忧,泪难收。"春风拂柳,牵惹离愁。宋周邦彦《兰陵王·柳》一词曰:"柳阴直,烟里丝丝弄碧。隋堤上,曾见几番,拂水飘绵送行色。""长亭路,年去岁来,应折柔条过千尺。"可见当时有折柳送别的风俗,柳树"拂水飘绵"也似有依依惜别之情。所以闺中少妇才会有"忽见陌头杨柳色,悔教夫婿觅封侯"的伤感,曾折杨柳送别,又见杨柳青青,所有的离愁别恨便涌上了心头。

　　顺插为杨①,倒插为柳,更须临池种之。柔条拂水,弄绿搓黄,大有逸致。且其种不生虫,更可贵也。西湖柳亦佳②,颇涉脂粉气③。白杨、风杨④,俱不入品。

【注释】

①杨:古代的"杨"是柳的一种,即蒲柳,又叫水杨。一种入秋就凋零的树木。

②西湖柳:即柽柳。落叶灌木,老枝红色,叶子像鳞片,花淡红色。

③脂粉气:胭脂香粉的气味,旧时借指妇女。

④白杨:树名。又名毛白杨,俗名大叶杨。风杨:即枫杨。胡桃科枫杨属植物。

【译文】

　　枝叶向上的是蒲柳,枝叶下垂的是垂柳,垂柳最好种在池塘旁边。柔条轻拂水面,绿叶、黄叶相互映衬,很有超凡脱俗的意态。而且柳树不生虫,这一点更可贵。西湖柳也很好,颇有女子风韵。白杨、风杨,都不入品。

# 黄杨

【题解】

　　文震亨介绍了黄杨的特性,但认为它不宜盆栽,一丈多长者才可玩赏。实际上黄杨生长缓慢,寿命长,四季常青,于是常被制作成盆景。宋苏轼《监洞霄宫俞康直郎中所居退圃》诗曰:"园中草木春无数,只有黄杨厄闰年。"自注:"俗说,黄杨一岁长一寸,遇闰退三寸。"遇闰年退三寸的说法虽不正确,但黄杨与厄闰便联系在一起。明代南潜《感怀》诗:

"妄想延龄栽白术,伤心厄闰抚黄杨。"诗人自身处境艰难,便抚黄杨而叹息,生同病相怜之感。

黄杨未必厄闰①,然实难长。长丈余者,绿叶古株,最可爱玩,不宜植盆盎中。

**【注释】**

①厄闰:旧说谓黄杨遇闰年不长,因以"厄闰"喻指境遇艰难。

**【译文】**

黄杨不一定闰年不长,但确实难长高。一丈多高的,绿叶古干,最宜赏玩,不适宜植于盆钵之中。

## 芭蕉

**【题解】**

文震亨提到人们对芭蕉的使用,充满了不屑,认为芭蕉不如棕榈雅致。原因应该是芭蕉具有做拂尘、蒲团的实用功能,而文震亨追求的是观赏、脱俗的雅致。

在古典诗词中,芭蕉总是与雨声、愁苦联系在一起。如文震亨所言,芭蕉总是种在窗下,雨打芭蕉,让人夜不成寐。宋李清照《添字采桑子·芭蕉》:"伤心枕上三更雨,点滴霖霪,点滴霖霪,愁损北人,不惯起来听。"坐听雨打芭蕉那单调而凄凉的声音,满腹辛酸,无从表述。而唐李商隐《代赠二首》曰:"芭蕉不展丁香结,同向春风各自愁。"更是描绘出思妇愁肠百结的怨念。

绿窗分映,但取短者为佳,盖高则叶为风所碎耳。冬月有去梗以稻草覆之者,过三年,即生花结甘露①,亦甚不必。

又有作盆玩者,更可笑。不如棕榈为雅②,且为麈尾蒲团③,
更适用也。

【注释】

①甘露:此指花苞中积水,很甘甜。

②棕榈:常绿乔木。干直立,呈圆柱形,不分枝,为叶鞘形成的棕衣
所包。花黄色。棕衣可制绳索、毛刷、地毯、床垫等。

③麈(zhǔ)尾:因外形与扇相似,故又名"麈尾扇"。汉至南北朝
时,为文士清谈所执之物,用大鹿的尾毛装柄制成。扇用麈尾,一
说能拂蝇,又说拂毡类能使不蠹;再者麈似鹿而大,其尾能辟尘,
群鹿随麈而行,皆视其尾为准,故谈者执之以挥。习俗所及,一些
附庸风雅的武将,亦喜欢摆弄之。柄一般用竹、木制,亦有用玉、
象牙、犀角等制成者。蒲团:用蒲草编成的圆形坐具,僧人坐禅及
跪拜时用之。

【译文】

芭蕉,植于窗下,绿色映衬着窗户,但以矮小的为佳,因为高大的,叶
子容易被风刮碎。冬天有人去掉它的梗茎,用稻草覆盖起来,三年后,长
出的花苞便含有甘露,这也没什么必要。还有将它制成盆景的,更可笑。
芭蕉不如棕榈雅致,并且更适合做拂尘、蒲团。

# 槐　榆

【题解】

槐树、榆树都是古老而常见的树木,文震亨看中的是将它们种在门
庭之际具有极好的观赏作用,而未提及其余。实际上,槐花、榆钱是很受
老百姓喜欢的食物,而槐树和榆树又都是很好的木材,制作成家具,坚固
耐用。

宜植门庭,板扉绿映①,真如翠幄②。槐有一种天然樛屈③,枝叶皆倒垂蒙密,名"盘槐",亦可观。他如石楠、冬青、杉、柏④,皆丘垄间物⑤,非园林所尚也。

**【注释】**

①板扉:板门。

②翠幄:翠色的帐幔。

③樛(jiū)屈:树木向下弯曲。

④石楠:植物名。花供观赏,叶可入药。冬青:常绿乔木。木材坚韧,种子和树皮可入药。杉:常绿乔木。木材质轻,耐朽,供建筑和制器具用。柏:常绿乔木。木质坚硬细致,有芳香。球果、根、枝、叶均可入药。

⑤丘垄:坟墓。

**【译文】**

槐树、榆树,适合种于门庭,门口绿叶掩映,真像绿色的帷帐一样。槐树中有一种天然向下弯曲的,枝叶都茂密倒垂,名叫"盘槐",也值得观赏。其他的如石楠、冬青、杉、柏,都是坟墓间种植的树木,不适合园林种植。

# 梧桐

**【题解】**

文震亨不仅论到梧桐的观赏作用,有佳荫,而且注意到梧桐树的实用性,即种子可泡茶,可榨油,这一点与其他篇目不同。

梧桐树植株高大,枝叶繁茂,可作林荫道。在古典诗词中,梧桐是表现愁情的物象,总是与夜雨相联系。唐温庭筠《更漏子》曰:"梧桐树,三更雨,不道离情正苦。"雨滴梧桐,淅淅沥沥,唤起离人的愁情。宋代张炎《清平乐》:"只有一枝梧叶,不知多少秋声。"愁闷之情跃然纸上。李清照在梧桐细雨中咀嚼无奈的人生况味,《声声慢》:"梧桐更兼细雨,到黄昏,点点滴滴。"与李清照一样细听梧桐细雨的,还有一个帝王,那就是白朴所作元杂剧《梧桐雨》中的唐明皇,在雨滴梧桐之夜,愁肠百转,任思念、愧疚之情在夜雨中弥漫。

　　青桐有佳荫①,株绿如翠玉,宜种广庭中。当日令人洗拭,且取枝梗如画者,若直上而旁无他枝,如拳如盖,及生棉者②,皆所不取。其子亦可点茶③。生于山冈者曰"冈桐",子可作油。

【注释】

①青桐:即梧桐。因其皮青,故称青桐。落叶乔木。种子可食,亦可榨油,供制皂或润滑油用。木质轻而韧,可制家具或乐器。古时以为系凤凰栖止之木。

②生棉:生有飞絮。

③点茶:犹泡茶。古人常将其他果物与茶叶同用沸水泡饮。

【译文】

　　梧桐树有很好的树荫,枝叶青翠如碧玉,适合种植在宽广的庭院之中。每天让人清洗擦拭,只取枝梗形态优美的,不取树干光秃无别枝的、枝叶像拳头和伞盖以及生出飞絮的。它的种子可用来泡茶。生在山冈上的叫"冈桐",种子可榨油。

# 椿

【题解】

文震亨用寥寥语言介绍了椿树,也就是香椿树,并没有提其观赏价值,只说其种植以食用为目的。

香椿被称为"树上蔬菜",谷雨前后,其嫩芽可做成各种菜肴,不仅营养丰富,且香味浓郁,营养之丰富远高于其他蔬菜,为食用之佳肴。

椿树高耸而枝叶疏①,与樗不异②,香曰"椿",臭曰"樗"。圃中沿墙宜多植以供食。

**【注释】**

①椿树:落叶乔木。嫩枝叶有香味,可以吃。清潘荣陛《帝京岁时纪胜·三月·时品》:"香椿芽拌面筋,嫩柳叶拌豆腐,乃寒食之佳品。"

②樗(chū):即臭椿。落叶乔木。抗旱性强,生长快。子可榨油,根、皮供药用。

**【译文】**

香椿树枝干高耸,枝叶稀疏,与臭椿没什么区别,有香气的叫"椿",有臭气的叫"樗"。园子中可沿墙多种一些香椿以供食用。

## 银杏

**【题解】**

银杏是世界上最古老的树种之一,生长缓慢,寿命极长,树姿雄伟壮丽,叶形秀美。文震亨最喜其枝叶新绿时,实际上秋天的银杏树一片金黄,更加美丽。文中提到吴地的寺院有大的需要人合抱的银杏树,现今留存的古老的银杏树也多在寺庙之内。山东日照浮来山定林寺内的银杏树相传是商代种植,距今有三千五百余年。

银杏株叶扶疏①,新绿时最可爱。吴中刹宇及旧家名园②,

大有合抱者,新植似不必。

**【注释】**

①扶疏:枝叶繁茂分披貌。

②刹宇:寺庙。

**【译文】**

银杏树枝叶繁茂纷披,刚长新绿叶子时最让人喜爱。吴地的寺院和旧时大家名园里,大的有需要人合抱的银杏树,新种银杏树似无必要。

# 乌臼

**【题解】**

乌臼,又叫乌柏、木梓树等。明李时珍在《本草纲目》中解释了乌柏名字的来源:"乌喜食其籽,其木老则根下黑烂如臼,因以名之。"乌柏的果实很多鸟都喜欢吃。乌柏树冠整齐,叶形秀丽,春秋季叶色红艳,经霜后如火如荼,文震亨将它与枫叶相比,认为丝毫不逊于"红于二月花"的枫树,而且比枫叶更耐久。但文震亨并不主张大片种植,在园林中种一两株作为点缀即可。

江南水乡多邻水植乌柏树,经过霜降,红于枫叶的乌柏多入于诗人笔下。宋杨万里《秋山》曰:"乌臼平生老染工,错将铁皂作猩红。"明吴梅村《圆圆曲》叙述陈圆圆经历劫难,进入吴三桂的平西王府时写道:"传来消息满江乡,乌柏红经十度霜。"以乌柏经霜表达沧桑之感。南朝乐府民歌《西洲曲》唱道:"日暮伯劳飞,风吹乌柏树。"以风吹乌柏树表达凄凉之感。

秋晚,叶红可爱,较枫树更耐久,茂林中有一株两株,不减石径寒山也①。

## 【注释】

①石径寒山：来自唐杜牧的《山行》诗："远上寒山石径斜，白云生处有人家。停车坐爱枫林晚，霜叶红于二月花。"

## 【译文】

晚秋的乌臼树，叶红可爱，比枫树更耐久，茂密的树林中有一株两株，不亚于杜牧《山行》诗中的霜叶。

# 竹

## 【题解】

"四君子"梅兰竹菊里有竹，"岁寒三友"梅松竹里也有竹，竹是古代文人最喜爱的植物之一。文震亨对竹的叙述也较详细，种植的环境、竹的种类、种法等都一一讲说，何种优雅，何种不入品，了然于胸。

既然是文人最钟爱的植物，文震亨自然花费的笔墨也多。先从种竹子的环境写起，有诸多苛刻要求，然后是竹子的选种，毛竹是首选，其余多种则不入品，最后介绍竹子的四种栽种方法，精心呵护之情跃然纸上。

竹子被历来文人墨客吟咏不绝，爱竹成了一种品位的象征。宋苏轼《於潜僧绿筠轩》一诗被后人津津乐道："可使食无肉，不可居无竹。无肉令人瘦，无竹令人俗。人瘦尚可肥，士俗不可医。"无竹便俗，种竹画竹咏竹便成为一种时尚。文人为何对竹如此钟情？竹子挺拔修长却不易折，四季青翠而凌霜傲雨，所以文人将之人格化，并赋予了它有气节、高雅、淡泊等品质。然而，我们看看历史上钟爱竹子的文人们，却不能不心生感慨。不管是《竹里馆》里"独坐幽篁里，弹琴复长啸"的王维，还是《清水驿丛竹天水赵云余手种一十二茎》中"檐下疏篁十二茎，襄阳从事寄幽情"的柳宗元，抑或是《予告归里，画竹别潍县绅士民》中"写取一枝清瘦竹，秋风江上作渔竿"的郑板桥，带着一腔热血与满怀抱负，然而与社会交手没几次便败下阵来，只留下了苦吟和孤独的背影，哪里能见到竹子的坚韧与刚强？而苏轼能成为后世文人的精神导师，不仅在于有竹子"萧然风雪意，可折不可辱"（《竹》）的高贵，更在于逆境中的达观与坚持。

　　种竹宜筑土为垒①，环水为溪，小桥斜渡，陟级而登②，上留平台，以供坐卧，科头散发③，俨如万竹林中人也。否则辟地数亩，尽去杂树，四周石垒令稍高，以石柱、朱栏围之，竹下不留纤尘片叶，可席地而坐，或留石台、石凳之属。竹取长枝巨干，以毛竹为第一，然宜山不宜城。城中则护基笋最佳④，余不甚雅。粉、筋、斑、紫四种俱可⑤，燕竹最下⑥。慈姥竹即桃枝竹⑦，不入品。又有木竹、黄菰竹、箬竹、方竹、黄金间碧玉、观音、凤尾、金银诸竹⑧。

**【注释】**

①垒：高台。

②陟（zhì）：由低处向高处走。

③科头：不戴帽子。

④护基笋：护居竹之笋。护居竹为嘉定独有，枝高叶大，挺拔修长，常于屋后种植以为屏障，故名"护居竹"。

⑤粉：即粉竹。具体不详。筋：即筋竹。一种中实而强劲的竹，竹梢尖锐，可作矛用。斑：即斑竹。一种茎上有紫褐色斑点的竹子，也叫湘妃竹。紫：即紫竹。亦名黑竹。茎成长后为紫黑色，故称。可制笙、竽、箫、管、手杖、几架等。

⑥燕竹：即雷竹。又名早竹、早园竹，别名雷公竹，燕来时出笋，故名燕竹。是优良的笋用竹，笋粗壮洁白，甘甜鲜嫩，味美可口。

⑦慈姥（mǔ）竹：又称"子母竹"。产于安徽当涂慈姥山而得名。秆

圆筒形，每节分多枝，因枝秆森束如母子相依，常用以比喻母亲的抚爱。是做箫、笛较好的竹种。

⑧木竹：禾本科，秆孔甚小，近于实心。生于丘陵旷地或村落附近，分布于福建、广东、广西、四川等地。黄蓲竹：即黄姑竹。劲直，幼竿微被白粉，老竿灰绿色。分布于河南、江苏、浙江等地。箬竹：叶大秆细而矮，叶片可制箬笠，故名。一般为绿色，竿下部者较窄，竿上部者稍宽。分布于浙江西天目山、衢江区和湖南零陵阳明山。方竹：又叫四方竹。秆方形，四季出笋。分布于江苏、安徽、浙江、江西、福建、台湾、湖南和广西等省区。黄金间碧玉：又叫金镶碧嵌竹、金竹、槽里黄刚竹，南方大型丛生竹，竹竿金黄色，节间带有绿色条纹，具有很高观赏价值。分布于华北以南地区，尤以江苏、浙江最为常见。观音：秆叶细密，竿实心，姿态优雅，常用作绿篱和盆景。多生于丘陵山地、溪边。耐寒性较强，喜光而耐半阴。生长快，耐修剪。凤尾：又叫凤凰竹。植株较高大，竿中空，小枝梢下弯，下部挺直，竿壁稍薄，节处稍隆起，无毛。金银：即金竹、银竹。黄枯竹称为金竹，幼时无毛，微被白粉，绿色，成长的竿呈绿色或黄绿色，产于江浙地区。银竹，笋长三四尺，肥白而脆，产于西宁。

【译文】

竹子适宜种植在用土垒筑的高台之上，周围环绕溪水，设置一小桥斜渡溪水，然后拾级而上，上面留平台供人坐卧，披头散发，俨然置身于万丛竹林中。或者辟地数亩，将杂树除尽，四周垒砌石头，使之稍高，用石柱、木栏围起来，竹子下面不留一点尘土和一片叶子，可以席地而坐，或者留置一些石台、石凳类的东西。选取长枝巨干的竹子，毛竹为首选，但毛竹适合山野不适合城中栽种。城中以护基笋最佳，其余的不太雅致。粉竹、筋竹、斑竹、紫竹，四种都行，燕竹最差。慈姥竹即桃枝竹，不入品。另有木竹、黄蓲竹、箬竹、方竹、黄金间碧玉、观音、凤尾、金银竹这类竹子。

忌种花栏之上及庭中平植。一带墙头，直立数竿。至如小竹丛生，曰"潇湘竹"①，宜于石岩小池之畔，留植数枝，亦有幽致。

【注释】

①潇湘竹：又名斑竹，竹竿布满褐色的云纹紫斑。产于湖南、河南、江西、浙江等地。

【译文】

竹子忌讳在花栏之上及庭院平地中种植。沿着墙边，种植数株。至于丛生的小竹，叫"潇湘竹"，宜于在岩石小池旁边，栽植几株，也很幽雅别致。

种竹有"疏种""密种""浅种""深种"之法。疏种谓："三四尺地方种一窠①，欲其土虚行鞭②。"密种谓："竹种虽疏，然每窠却种四五竿，欲其根密。"浅种谓："种时入土不深。"深种谓："入土虽不深，上以田泥壅之。"如法，无不茂盛。

【注释】

①窠（kē）：量词。用同"棵"。多用于植物。

②鞭：竹根。

【译文】

种竹有"疏种""密种""浅种""深种"四种方法。疏种即："三四尺地方种一窠，空出地方让竹根延伸。"密种即："虽然种的稀疏，但每一窠却种四五株，使竹根紧密。"浅种即："种植时入土不深。"深种即："入土虽也不深,但上面用泥土培植。"照这四种方法,竹子没有不茂盛的。

又棕竹三等<sup>①</sup>:曰筋头<sup>②</sup>,曰短柄<sup>③</sup>,二种枝短叶垂,堪植盆盎;曰朴竹<sup>④</sup>,节稀叶硬,全欠温雅,但可作扇骨料及画义柄耳<sup>⑤</sup>。

**【注释】**

①棕竹:又称观音竹、筋头竹、棕榈竹、矮棕竹,为棕榈科棕竹属常绿观叶植物。

②筋头:棕竹的一种,常绿棕榈类植物,丛生。

③短柄:棕竹的一种。

④朴竹:棕竹的一种,节稀叶硬。

⑤扇骨:我国传统的折扇,扇子两端的两片骨为大骨,大骨间的若干骨为小骨,大、小骨数目之和即为此扇的挡数。扇骨一般用竹、木制作。画义柄:画轴。

**【译文】**

棕榈竹分为三等:筋头和短柄,这两种竹子枝短叶垂,可植于盆中;朴竹,枝节稀落,叶子较硬,完全缺少温雅,但可以做扇子的筋骨和画轴。

# 菊

**【题解】**

在对菊花的品鉴中,文震亨文人的优越感表露无遗。他先从赏菊写起,批评吴地的赏菊方式是炫耀富贵,然后将赏花之人分为好事家与真能赏花者,认为吴地只是好事家。元代夏文彦《图绘宝鉴》曰:"米元章谓好事家与赏鉴家自是两等。家多资力,贪名好胜,遇物收置,不过听声,此谓好事。"与附庸风雅的好事家相对的是真能赏花者,即文震亨所谓的在花间坐卧把玩、能得花之性情的人。不言而喻,文震亨是将自己归于会赏花之人的行列。然会赏花却不需要会种花,在提到养育菊花的"六要""二防"后,文震亨认为此乃园丁之事,"又非吾辈事也"。对于以低劣用具养花者,文震亨更觉得是对花的侮辱。此文与其说在赏菊花,不如说在谈论赏菊花之人。行文中有对富贵好事者的轻视,有对贫贱不懂花者的鄙弃,也有对修剪劳作的不屑,最津津乐道的则是自己的坐卧把玩。宋朱淑真《菊花》诗中"宁可抱香枝头老,不随黄叶舞秋风"的菊花还真带着文人清高孤独的影子。

　　吴中菊盛时,好事家必取数百本,五色相间,高下次列,以供赏玩,此以夸富贵客则可①。若真能赏花者,必觅异种,用古盆盎植一枝两枝,茎挺而秀,叶密而肥,至花发时,置几榻间,坐卧把玩,乃为得花之性情。甘菊惟荡口有一种②,枝曲如偃盖③,花密如铺锦者,最奇,余仅可收花以供服食。野菊宜著篱落间④。种菊有六要二防之法:谓胎养、土宜、扶植、雨旸、修葺、灌溉⑤,防虫,及雀作窠时必来摘叶。此皆园丁所宜知,又非吾辈事也。至如瓦料盆及合两瓦为盆者,不如无花为愈矣⑥。

**【注释】**

①客:他本作"容"。

②甘菊:多年生草本植物。叶深绿而厚,味极苦。甘菊花可入药。
　荡口:此指江苏无锡的荡口镇。

③偃盖:枝叶横垂,张大如伞盖之状。

④野菊:多年生草本植物。野菊的叶、花及全草皆可入药。

⑤胎养:养育。土宜:土壤适宜。扶植:栽培扶植。雨旸(yáng):谓

雨天和晴天。旸,晴朗。

⑥愈:胜过。

## 【译文】

吴地菊花盛开时,多事之人一定会采集数百株,五颜六色,高低排列,以供赏玩,这只能用来夸耀富贵而已。若真是会赏花的人,一定要寻觅独特品种,用古色盆钵种一株两株,茎干挺拔而茂盛,叶子茂密肥硕,等到开花时,置于几案卧榻之间,坐卧把玩,这样才是真正领会到了菊花的秉性与情致。甘菊只有无锡荡口镇这一种,枝干弯曲如伞盖,花朵密集如锦缎铺陈,十分奇异,其余的甘菊只能采集花朵以供饮用。野菊适合种植在篱笆间。种菊有"六要""二防"之法:育苗培养、土壤适宜、扶植栽培、阳光雨露、修剪、灌溉为六要,二防为防止病虫害,防止雀鸟做窝时来衔枝叶。这些都是园丁应该了解的,而不是我等要做的事。至于用瓦料盆及用两块瓦合拢作花盆的,还不如不养花为好。

# 兰

## 【题解】

与竹一样,兰也是花中君子。文震亨用详细的笔墨来介绍兰,先从各地品种说起,介绍它们各自的特性。对养育兰花的盆钵也提出了很高的要求,要用名贵的,不可用俗品,并详细介绍对兰花四季的养育方法,不同的季节、天气,兰花的状态不同,要用不同的培养方法。明张谦德《瓶花谱》说到花的滋养:"瓶花每至夜间,宜择无风处露之,可观数日,此天与人参之术也。"在养花时参悟天人感应,怎样去除蚂蚁、叶虱,也要费劲心力,细心呵护。养花的闲情逸致变为小心翼翼地养护,也只有文震亨这类的文人能做到吧?

兰最典型的意象是空谷幽兰。《孔子家语》中曰:"芝兰生于深林,不以无人而不芳;君子修道立德,不为穷困而改节。"君子要像芝兰一样高洁,但在文人笔下空谷幽兰带有孤芳自赏的味道,也展示着自己的人生困境。唐李白《古风》:"孤兰生幽园,众草共芜没。"以孤兰自喻,表达孤独与不得志。唐陈子昂《感遇》:"兰若生春夏,芊蔚何青青。……岁华尽摇落,芳意竟何成。"展示的是遗世独立的凄凉。宋陆游《兰》诗云:"生世本幽谷,岂愿为世娱? 无心托阶庭,当门任君锄。"表达的是清高与不肯媚俗。

　　兰出自闽中者为上,叶如剑芒,花高于叶,《离骚》所谓"秋兰兮青青,绿叶兮紫茎"者是也。次则赣州者亦佳①,此俱山斋所不可少,然每处仅可置一盆,多则类虎丘花市②。盆盎须觅旧龙泉、均州、内府、供春绝大者③,忌用花缸、牛腿诸俗制④。

【注释】

①赣州:今江西赣州。兰之出江西赣州者名"赣兰"。

②虎丘:地名,又称海涌山。在江苏苏州城区西北侧,春秋时吴王阖闾葬此。传葬后有白虎踞其上,故名。

③龙泉:即龙泉窑。是中国历史上的一个名窑,宋代六大窑系之一,因其主要产区在浙江龙泉市而得名。它开创于三国两晋,结束于清代,生产瓷器的历史长达一千六百多年,是中国制瓷历史上最长的一个瓷窑系。均州:即均州窑。在北宋阳翟(今河南禹县),因其地有钧台,故名钧窑,俗作均窑。金改阳翟为钧州(即均州),历代制造瓷器。内府:即内窑。南宋青瓷名窑之一,宋室南渡后袭旧制置窑于修内司,造青瓷,又叫官窑。供春:也作龚春。明代宜兴著名的陶工。供春跟僧人学做紫砂壶,推广紫砂壶。宜兴的紫砂壶从粗糙的手工艺品发展到工艺美术创作,应该

归功为供春。

④牛腿：花缸的一种，口大，下部略尖。

【译文】

福建出产的兰最佳，叶如剑刃，花高于叶，《离骚》所谓"秋兰兮青青，绿叶兮紫茎"说的就是这种兰花。其次赣州的兰花也不错，这些兰花都是山斋中不可缺少的，但是每处只可种一盆，多了就像虎丘的花市。盆钵要挑选龙泉、均州、内府、供春等出产的最大型号的，忌讳使用花缸、牛腿缸这类俗品。

四时培植。春日叶芽已发，盆土已肥，不可沃肥水，常以尘帚拂拭其叶，勿令尘垢。夏日花开叶嫩，勿以手摇动，待其长茂，然后拂拭。秋则微拨开根土，以米泔水少许注根下，勿渍污叶上。冬则安顿向阳暖室，天晴无风舁出①，时时以盆转动，四面令匀，午后即收入，勿令霜雪侵之。若叶黑无花，则阴多故也。

【注释】

①舁（yú）出：抬出来。

【译文】

四季培育之法。春天发芽后，盆土已经肥沃，不能再施肥，经常以尘帚擦拭叶子，使之不染尘垢。夏季花开叶子娇嫩，不能用手摇动，等到它长得繁茂，然后再擦拭。秋天则轻轻松开根部泥土，将稍许淘米水注入根下，不要溅洒到叶子上。冬天则安放到向阳的暖房里，天晴无风的时候搬出去，时时转动花盆，让它四面均匀接受阳光，午后就搬回屋内，不让霜雪侵袭。如果叶子发黑不开花，是光照太少的缘故。

治蚁虱，惟以大盆或缸盛水，浸逼花盆，则蚁自去。又治叶虱如白点，以水一盆，滴香油少许于内，用绵蘸水拂拭，亦自去矣。此艺兰简便法也。又有一种出杭州者，曰"杭兰"；出阳羡山中者①，名"兴兰"；一干数花者，曰"蕙"②。此皆可移植石岩之下，须得彼中原本，则岁岁发花。珍珠、风兰，俱不入品。箬兰③，其叶如箬，似兰无馨，草花奇种。金粟兰名"赛兰"④，香特甚。

【注释】

①阳羡：今江苏宜兴县。

②蕙：即蕙兰。多年生草本植物。叶丛生，狭长而尖，初夏开花，色黄绿，有香味，庭园栽植，可供观赏。

③箬（ruò）兰：亦称"白芨"。叶如箬，花紫，形似兰而无香，四月开，与石榴红同时，好生海岛阴谷间，江、浙、闽、广等省均有分布。箬，竹笋外壳。

④金粟兰：常绿小灌木。叶对生，椭圆形，边缘有钝锯齿。初夏开花，穗状花序，呈圆锥形，花小，黄绿色，极芳香。我国广东、福建等地均有栽培。供观赏和熏茶用。又称珠兰、珍珠兰。

【译文】

治理蚂蚁和虱子，只能以大盆或缸盛水，浸泡花盆，则蚂蚁会自己跑走。治理像白点一样的叶虱，端一盆水，里面滴入稍许香油，用绵蘸水擦拭，叶虱也会自己跑走。这些都是种植兰花的简便方法。有一种杭州产的，叫"杭兰"；出自阳羡山中的，名叫"兴兰"；一株开数朵花的，叫"蕙"。这些都可以移植到岩石之下，必须使用它原生之本，就会年年开花。珍珠、风兰，都不入品。箬兰，叶子像竹笋，似兰而无香，是奇特的花卉。金粟兰名"赛兰"，特别香。

# 瓶花

## 【题解】

文震亨对瓶花的介绍较简单,多引用自稍早问世的明人张谦德所著《瓶花谱》一书。他提出瓶花要高瓶大枝,并说了诸种忌讳。这些忌讳明代高濂《遵生八笺》讲瓶花时也提到过:"如缚成把,殊无雅趣。""瓶忌有环,忌放成对。"明代袁宏道《瓶史》将花当作美人照顾,细心之至,认为花有"晓""夕""喜""愁""梦""醒",要了解花的生命节奏,还要与花同喜悦、共悲伤,连花瓶也以玉环、飞燕作比。能够看出来,对瓶花的鉴赏,晚明文人有着相同的趣味。他们不仅在瓶花上寻找到快乐,也寻找到生命的意义,体验到生命的真实时刻,所以甘愿被花役使,用心如此之深。

堂供必高瓶大枝,方快人意。忌繁杂如缚,忌花瘦于瓶,忌香、烟、灯煤熏触,忌油手拈弄,忌井水贮瓶,味咸不宜于花,忌以插花水入口,梅花、秋海棠二种,其毒尤甚。冬月入硫黄于瓶中,则不冻。

## 【译文】

厅堂陈列的瓶花要高瓶大枝才让人赏心悦目。忌讳繁杂束缚,忌讳花比瓶瘦,忌讳香、烟、灯火熏染,忌讳用油手抚弄,忌讳瓶里装井水,因为水发咸不适合插花,忌讳将插花瓶里的水误入口中,梅花、秋海棠两种花毒性尤其大。冬天把硫黄加入花瓶中,水就不会结冰。

# 盆玩

## 【题解】

相对于瓶花的简单介绍,文震亨对盆玩则细加品评,排列盆栽植物的等次,否定时尚的盆栽方法,辨别雅俗,提出宜忌。因"花木"卷中诸多花卉是盆栽植物,所以本文有为本卷做总结的意味。

　　文震亨提到宋代、元代诸多画家的盆玩图画,以之为盆玩修剪的参照标准。提到诸多的盆玩栽种方法,认为无趣、俗气。盆玩当然少不了花盆,他对花盆的材质、形状、点缀都有各种要求。

　　瓶花摆置在厅堂要高瓶大枝才显得大气,置于书房卧室则要精巧雅致,人处居室而花香缭绕,人融于花卉之中,但瓶花并不长久。植物盆栽则是通过攀扎、修剪、整形等技术加工和园艺栽培而成。但这样已是加入了人类意志的自然,所以晚清的龚自珍才在《病梅馆记》中决心终生疗梅,还梅花以自由。


　　盆玩①,时尚以列几案间者为第一,列庭榭中者次之,余持论则反是。最古者以天目松为第一,高不过二尺,短不过尺许,其本如臂,其针若簇,结为马远之"欹斜诘屈"②,郭熙之"露顶张拳"③,刘松年之"偃亚层迭"④,盛子昭之"拖拽轩翥"等状⑤,栽以佳器,槎牙可观⑥。又有古梅,苍藓鳞皴⑦,苔须垂满,含花吐叶,历久不败者,亦古。若如时尚作沉香片者,甚无谓。盖木片生花,有何趣味?真所谓以"耳食"者矣⑧。


**【注释】**

①盆玩:盆景,盆栽。

②马远(1140—1225):字遥父,号钦山,原籍河中(今山西永济)。出身绘画世家,南宋宋光宗、宋宁宗两朝画院待诏。擅画山水、人物、花鸟。存世作品有《踏歌图》《水图》《华灯侍宴图》等。欹(qī)斜:倾斜不平。诘(jié)屈:屈曲,曲折。

③郭熙（1023—约1085）：字淳夫，河阳温县（今河南温县）人。北宋杰出画家、绘画理论家。熙宁元年（1068）召入画院，后任翰林待诏直长。山水师法李成，山石用状如卷云的皴笔，后人称为"卷云皴"。有《早春图》《关山春雪图》《窠石平远图》《幽谷图》《古木遥山图》等传世。露顶张拳：粗豪之态。

④刘松年（约1131—1218）：号清波，临安钱塘（今浙江杭州）人。工山水人物，山水皴法受李唐影响，画风笔精墨妙，变雄健为典雅，水墨青绿兼工。传世作品有《四景山水图》《天女献花图》《西湖春晓图》《便桥见虏图》《溪亭客话图》等。偃亚层迭：僵硬丑怪、层见叠出。

⑤盛子昭：即盛懋。字子昭，元嘉兴（今浙江嘉兴）人。善画人物、山水、花鸟。画山石多用披麻皴或解索皴，笔法精整，设色明丽。主要代表作有《秋林高士图》《秋江待渡图》《沧江横笛图》《溪山清夏图》和《松石图》等。拖拽轩翥（zhù）：既有拖拽不起之状，又有轩昂高举之态。翥，向上飞。

⑥槎（chá）牙：形容错落不齐之状。

⑦苍藓鳞皴（cūn）：苔藓斑驳，树皮皴皱。

⑧耳食：谓不加省察，徒信传闻。

## 【译文】

盆景，时尚以陈列于几案之上的为第一，陈列在庭院台榭中次之，我的观点正相反。最古朴的以天目松为第一，高不过二尺，矮不低于一尺，树干像手臂，针叶如簇，形成画家马远笔下的"倾斜弯曲"，郭熙笔下的"粗豪之态"，刘松年笔下的"丑怪层叠"，盛子昭笔下"低拽高飞"这些姿态，用上等盆钵栽植，参差错落，十分可观。另有古梅，苔藓斑驳，树皮皴皱，含花吐叶，经久不败，也很古雅。如果像时尚那样做些沉香片，没什么意思。木片生花，有什么趣味？这不过是徒信传闻而已。

又有枸杞及水冬青、野榆、桧柏之属①,根若龙蛇,不露束缚锯截痕者,俱高品也。其次则闽之水竹②,杭之虎刺③,尚在雅俗间。乃若菖蒲九节④,神仙所珍,见石则细,见土则粗,极难培养。吴人洗根浇水,竹剪修净,谓朝取叶间垂露,可以润眼,意极珍之。余谓此宜以石子铺一小庭,遍种其上,雨过青翠,自然生香。若盆中栽植,列几案间,殊为无谓,此与蟠桃、双果之类⑤,俱未敢随俗作好也。他如春之兰蕙⑥,夏之夜合、黄香萱、夹竹桃花⑦,秋之黄密矮菊,冬之短叶水仙及美人蕉诸种,俱可随时供玩。

### 【注释】

①水冬青:又称"水蜡树",即小叶女贞,落叶灌木。桧柏:桧的一种。常绿灌木,俗称子孙柏。《尔雅翼·释木一》:"桧,今人亦谓之圆柏,以别于侧柏。又有一种别名桧柏,不甚长,其枝叶乍桧乍柏,一枝之间屡变,人家庭宇,植之以为玩。"

②水竹:竹的一种。生于河岸、湖旁、灌丛中或岩石山坡。竹材甚韧,宜劈篾编器物,笋可食。

③虎刺:常绿灌木。枝叶繁茂,茎上密生细刺。初夏枝梢开淡黄色或白色小花。可供观赏,亦可入药。

④菖蒲九节:此指供观赏用的石菖蒲。叶剑状而细,初夏开花,花小淡黄色,生于溪流中。明王世懋《学圃杂疏》:"菖蒲以九节为宝,以虎须为美,江西种为贵。"

⑤蟠桃:是蔷薇科、桃属植物桃的变种。属于观赏桃花类的半重瓣及重瓣品种,统称为碧桃。双果:此指桃之结双果者。

⑥兰蕙:兰草和蕙草,都是香草。

⑦夜合:落叶灌木。叶椭圆形,至长圆形。色白,极香。黄香萱:即

开黄色花萱草,萱草花有红、黄、紫三种,多年生草本。夹竹桃:常绿直立大灌木。花大、艳丽、花期长,常作观赏。叶、树皮、根、花、种子均毒性极强,人、畜误食能致死。

**【译文】**

还有枸杞及水冬青、野榆、桧柏这一类,根如龙蛇,不露束缚锯截痕迹的,都是上品。其次是福建的水竹,杭州的虎刺,还在雅俗之间。至于九节的菖蒲,为神仙所喜爱,栽在石块间长得瘦弱,栽在土壤里就很粗壮,极难培养。吴地的人洗根浇水,修剪干净,认为取早晨叶子间的晨露可以润眼,非常珍贵。我认为应该用石子铺设一个小庭院,遍植菖蒲,雨后青翠欲滴,自然生香。若种植在盆钵中,陈列几案间,非常无趣,它与蟠桃、双果一类的东西,都不能趋俗迎合时尚。其他的如春之兰蕙,夏之夜合、黄香萱、夹竹桃花,秋之黄密矮菊,冬之短叶水仙及美人蕉诸种,都可随时供把玩。

盆以青绿古铜、白定、官哥等窑为第一<sup>①</sup>,新制者五色内窑及供春粗料可用<sup>②</sup>,余不入品。盆宜圆,不宜方,尤忌长狭。石以灵璧、英石、西山佐之<sup>③</sup>,余亦不入品。斋中亦仅可置一二盆,不可多列。小者忌架于朱几,大者忌置于官砖,得旧石凳或古石莲礎为座<sup>④</sup>,乃佳。

**【注释】**

①白定:白色定窑瓷,宋代建于定州,有素凸花、划花、印花诸种,多牡丹、萱草、飞凤等花,样色分红白两种,以白色滋润或釉色若丝竹白纹者为真,俗称"粉定",亦称"白定"。以政和、宣和年间造者为最多。官哥:即官窑与哥窑瓷。官窑,宋代著名瓷窑之一。北宋大观、政和年间,宫廷自建瓷窑烧造瓷器,故称。其色以粉青

为上，其纹以冰裂鳝血为高。南渡后，又于杭州别建新窑。明清两代景德镇御器厂所烧瓷器，一般亦称官窑。哥窑瓷，南宋龙泉青瓷窑系中一些技术力量很强的作坊，受官窑工艺的影响，生产出的一种釉面满布碎片纹的青瓷。哥窑，宋代著名瓷窑之一，在今浙江龙泉大窑、溪口一带。相传南宋时章氏兄弟二人在龙泉烧造瓷器，兄名生一，所烧者称哥窑；弟名生二，所烧者称弟窑。

②五色内窑：此指五彩官窑瓷器。

③灵璧：即灵璧石。产于安徽灵璧县。灵璧石质地细腻温润，滑如凝脂，石纹褶皱缠结、肌理缜密。英石：产于广东英德，俗称"广东白石"，以其为石英质，色白，故名。西山：即西山石。明代燕中（今北京房山区）的西山产黑石，可作砚台者多，石性松脆。

④石莲磉（sǎng）：雕有莲花的石墩。

**【译文】**

花盆以青绿古铜及定窑、官窑、哥窑等窑所产为第一，新窑产的五彩官窑及供春所产的粗料可用，其余的都不入品。花盆宜圆不宜方，尤其忌讳狭长。用灵璧石、英石、西山石这些石块点缀，其余的都不入品。居室内也可放置一两盆，不可多放。小盆景忌讳放置在红色几案上，大盆景忌讳放置在官窑砖上，用旧石凳或古旧的莲花石墩为座，最好。

# 卷三　水石

## 【题解】

　　水、石为园林建筑中必不可少的点缀。明陈继儒《岩栖幽事》中写道："香令人幽，酒令人远，石令人隽，琴令人寂。"与文震亨所谓的"石令人古，水令人远"相一致。此文为本卷序言，文震亨并没有概括水石设置的原则，而是举例道出了水石设置要达到的效果。整个园林在文震亨笔下就是一幅山水画，水石设置就是画作中浓墨重彩的一笔，"一峰则太华千寻，一勺则江湖万里"正是整个古代园林设计所追寻的效果。

　　水与石的完美设置能让园林风景大为增色，北宋诗人穆修在《鲁从事清晖阁》中吟咏道："水石精神出，江山气色来。"唐王维《山居秋暝》中"明月松间照，清泉石上流"的画面更是充满了诗情画意。在山水画中，水与石常常交融在一起，动静有致，意在画外。水与石看上去毫不相干，石至刚，水至柔，石至静，水至动，然而水与石却常常不可分割，石的静默烘托了水的流动，水的柔弱显示了石的刚强。"水滴石穿"比喻长久坚韧的努力，"水落石出"则喻示事物真相的完全显露。水石相击，浪花朵朵，漱石枕流，何等逍遥。


　　石令人古，水令人远，园林水石<sup>①</sup>，最不可无。要须回环峭拔<sup>②</sup>，安插得宜。一峰则太华千寻<sup>③</sup>，一勺则江湖万里。

又须修竹、老木、怪藤、丑树交覆角立④,苍崖碧涧,奔泉汛流,如入深岩绝壑之中,乃为名区胜地。约略其名,匪一端矣。志《水石第三》。

**【注释】**

①水石:流水及水中之石。

②峭拔:高而陡。

③太华:即西岳华山,在陕西华阴。寻:长度单位,一寻为八尺。

④角立:特出,独立。

**【译文】**

石让人觉得古雅,水让人觉得悠远,园林中,水、石最不可或缺。水、石的设置需要回环峭拔,布局得当。造一山则有华山壁立千寻的险峻,设一水则有江湖万里之浩渺。还需要修竹、老木、怪藤、丑树交错突兀,苍崖碧水,飞泉激流,似入高山深壑之中,这才能称之为名区胜地。这只是略举概要,并非都要如此。记《水石第三》。

# 广池

**【题解】**

池塘是小于湖泊的水体,有天然形成的,也有人工开凿的。文震亨所讲乃园林中人工开凿的池塘,有广池,有小池。本文讲的是广池,越大越好。文震亨仿若一个设计师,放眼园林,先从布局开始,何处建楼台水榭,何处筑长堤,怎样种植花木,水上养何种生物,又有哪些忌讳,一一道来。而且讲求生机勃勃,有自然之趣,不可过于静默而缺乏生命活力,更不可俗气。

池塘是园林中重要的水体,可将江河湖海的自然之水引进自家宅院,构筑美丽的水景。以池塘为中心,岸边堆叠山石,杂种花草,点缀藤萝,池中蓄养金鱼、野鸭、大雁,极具观赏价值。而季节转换也鲜明地反映在池塘的一草一木上,南朝谢灵运《登池上楼》诗曰:"池塘生春草,园柳变鸣禽。"虽自然平淡却清新,充满了望见春天的惊喜。

　　凿池自亩以及顷,愈广愈胜。最广者,中可置台榭之属,或长堤横隔,汀蒲、岸苇杂植其中①,一望无际,乃称巨浸②。若须华整,以文石为岸③,朱栏回绕,忌中留土,如俗名战鱼墩④,或拟金、焦之类⑤。池傍植垂柳,忌桃杏间种。中畜凫、雁⑥,须十数为群,方有生意。最广处可置水阁,必如图画中者佳。忌置簰舍⑦。于岸侧植藕花,削竹为阑,勿令蔓衍。忌荷叶满池,不见水色。

**【注释】**

①汀(tīng)蒲:即菖蒲。多年生水生草本,有香气。初夏开花,淡黄色。全草为提取芳香油、淀粉和纤维的原料。根茎亦可入药。汀,水中的小洲。岸苇:高高的芦苇。岸,高。

②巨浸:指大的湖泽。

③文石:有纹理的石头。

④战鱼墩:陈植《长物志校注》:"苏州俗名。平地有堆曰'墩'。所谓'战鱼墩',盖土墩之在水中,而便于撒网捕鱼者。"

⑤金、焦:指江苏镇江市的金山、焦山。金山,古名氏父山。又名获苻山、浮玉山、伏牛山、龙游山。在今江苏镇江市西北隅。与焦山、北固山合称京口三山。焦山,亦名谯山、樵山。在今江苏镇江市东九里江中。与金山对峙,相距十五里。

⑥凫、雁:指野鸭、大雁。

⑦簰(pái)舍:在竹排或木排之上搭建的小屋。簰,竹排或木排。

**【译文】**

开凿池塘小则一亩,多则一顷,越大越好。最大的,中间可建楼台水榭,或者筑长堤横隔,堤上夹杂种植菖蒲、芦苇,一望无际,才称得上大泽。如求华丽整齐,可用有纹理的石头砌岸,木栏环绕,忌讳池塘中间留土堆,就像俗称的战鱼墩,或者模仿金山、焦山对峙那样。池塘旁边种植垂柳,忌讳桃树、杏树间种。水中养野鸭、大雁,需要数十只一群,这样才有生气。最宽阔处可设置水中楼阁,就像图画中的样式才好。忌讳设置搭建在木排上的小屋。在岸边种植一些荷花,削竹为栏杆,不使其蔓延。忌讳荷叶覆盖住水池,看不到水色。

# 小池

**【题解】**

本文讲的是小池。广池越大越好,小池则要精致幽雅。广池、小池形式、周围环境不同,布置方式也不一样,但相同的是都要有自然之趣,而无实用之俗气。不同于设计广池时的放眼整个园林,文震亨对小池的设计则是聚焦眼前,具体细致地安排开凿成什么形状、怎样砌边、养什么鱼类、怎样引水入池。

南宋杨万里《小池》一诗写出小池的幽静惬意:"泉眼无声惜细流,树阴照水爱晴柔。"白居易也曾作《小池》诗:"昼倦前斋热,晚爱小池清。映林余景没,近水微凉生。"与广池的宽阔宏大相比,小池的静谧美好更受诗人的青睐。

阶前石畔凿一小池,必须湖石四围,泉清可见底。中畜朱鱼、翠藻①,游泳可玩②。四周树野藤、细竹,能掘地稍深,引泉脉者更佳③。忌方、圆、八角诸式。

【注释】

①朱鱼:金鱼。翠藻:水草类的藻类植物。

②游泳:此指金鱼等水中动物在池中嬉戏。

③泉脉:泉水。

【译文】

台阶前、山石旁边开凿一小池塘,四周一定要用太湖石砌边,池水清澈见底。池中饲养金鱼、水草,池中之物可以嬉戏。四周种上野藤、细竹,如果能掘地再深一些,将泉水引入池中就更好。池塘忌讳方、圆、八角等这类形状。

# 瀑布

【题解】

瀑布本是由于流动的河水突然而近似垂直跌落自然形成的,造成跌水的悬崖在水流的强力冲击下不断地坍塌,使得瀑布向上游方向后退并降低高度,最终又导致瀑布自然消失。河床平缓无法形成瀑布,瀑布奇观的形成都需要遇见悬崖。

文震亨提到园林中营造人工瀑布水源的两种方法:一种是以天然雨水作为水源,一种是在山顶人工蓄水。很显然,他喜欢以雨水营造瀑布,下雨时能形成一大奇观,而且雅致、自然。实际上,人工瀑布已经不自然,而且在园林中接引山泉水形成瀑布也并不容易。

山居引泉,从高而下,为瀑布稍易,园林中欲作此,须截竹长短不一,尽承檐溜①,暗接藏石罅中②,以斧劈石垒高③,下凿小池承水,置石林立其下,雨中能令飞泉溃薄④,潺湲有声⑤,亦一奇也。尤宜竹间松下,青葱掩映,更自可观。亦有蓄水于山顶,客至去闸,水从空直注者,终不如雨中承溜为雅,盖总属人为,此尤近自然耳。

**【注释】**

①檐溜:檐沟流水。

②石罅(xià):石头的缝隙。

③斧劈石:此指假山石。

④濆(pēn)薄:冲激,激荡。

⑤潺湲(chán yuán):水流貌。

**【译文】**

在村野山居,接引山泉从高而下形成瀑布比较容易,在园林中想这样做,就需要用长短不一的竹子,承接檐沟流水,隐蔽地引入岩石缝隙,用假山石重叠垒高,下面开凿小池承水,安放一些石头在池子里面,下雨的时候能让飞泉激荡,流水潺湲,也是一大奇观。尤其适宜在竹间松下,青翠掩映,更加可观。也有人在山顶蓄水,客人到的时候打开水闸,水从高空直流而下,但终究不如雨中承接流水更雅致,因为山顶蓄水总归属于人为,雨中承溜还算接近自然。

# 凿井

**【题解】**

古代的风水理论中,凿井有诸多宜忌,讲究日子、位置等,但文震亨没有从世俗实用的角度来讲,而是从审美趣味出发,主张凿井在竹林之下,设置辘轳汲引井水,并设计古朴典雅的井栏杆。有趣的是,文章最后文震亨言之凿凿,说井水有神灵,建议逢年过节以泉水祭奠之。神灵有无暂且不论,古人确实相信井水能带来福泽。虽然文震亨说井水有异味,不可烹煮,但明李时珍《本草纲目》中记载井水能消热解毒,多喝对人体益处多多。

井水味浊，不可供烹煮，然浇花洗竹，涤砚拭几，俱不可缺。凿井须于竹树之下<sup>①</sup>，深见泉脉，上置辘轳引汲<sup>②</sup>，不则盖一小亭覆之。石栏古号"银床"<sup>③</sup>，取旧制最大而古置其上。井有神，井旁可置顽石，凿一小龛，遇岁时奠以清泉一杯<sup>④</sup>，亦自有致。

**【注释】**

①竹树：竹与树木。

②辘轳（lù lú）：一种滚筒形的木制轮轴，加柄，系以绳，多作起重汲水用。

③银床：井栏。

④岁时：一年，四季。岁，年。时，春夏秋冬四季。

**【译文】**

井水味道不好，不可以用作烹煮饮用，但是浇灌花木竹子，洗涤砚台几案，都不可缺少。挖掘水井要在竹林或树木之下，深挖见泉水，上面设置辘轳汲引井水，也可以盖一小亭遮挡起来。石栏杆古称"银床"，取旧制最大而古朴的放置在井台上。井有神灵，井旁可放置顽石，凿一小神龛，逢年过节时祭以清泉一杯，也很有情致。

# 天泉

**【题解】**

泉水本是指从地下流出来的水，《诗经·小雅·四月》曰："相彼泉水，载清载浊。"文震亨笔下有天泉、有地泉。雨水、雪水从天而降，即天泉。对于雨水、雪水的味道，文震亨辨别之细致幽微，令人叹服。秋水胜于梅水,春水胜于冬水。雪水最清冽,新鲜的雪水却不好喝。用怎样的容器承接雨水、雪水也有讲究,用错容器则不可饮用。

由于工业污染,我们今天已不能直接饮用雨水、雪水,但古人一直有用雨水、雪水煎茶的风俗。唐人陆龟蒙在《煮茶》诗中曰:"闲来松间坐,看煮松上雪。"唐白居易《晚起》诗中也有"融雪煎香茗"的句子,宋代辛弃疾《六幺令》道:"细写茶经煮香雪。"他们都用雪水来煮茶。《红楼梦》中这样的描写也非常多。薛宝钗所服的冷香丸,调服的药水便是四时的雨雪霜露。而妙玉不仅用旧年的雨水招待贾母,还用藏了五年的雪水招待林黛玉等人。曹雪芹显然对雨水、雪水煎茶非常熟悉。文人用雨水、雪水烹茶,也有一种雅趣在里面。


秋水为上①,梅水次之②。秋水白而冽,梅水白而甘。春冬二水,春胜于冬。盖以和风甘雨,故夏月暴雨不宜,或因风雷蛟龙所致③,最足伤人。雪为五谷之精,取以煎茶,最为幽况④,然新者有土气,稍陈乃佳。承水用布,于中庭受之,不可用檐溜。


**【注释】**

①秋水:秋季所降的雨水。

②梅水:黄梅季节所降的雨水。农历四、五月间,江南多雨,正值梅子黄熟之时,此时所下之雨称梅雨。

③风雷:风和雷。蛟龙:古代传说的两种动物,居深水中。相传蛟能发洪水,龙能兴云雨。

④幽况:清冽。况,寒冷。

**【译文】**

天泉以秋天的雨水为最佳,黄梅季节的稍次之。秋水洁净清澈,梅水洁净甘甜。春季、冬季的水,春天的胜于冬天的。因为春季风和雨润,而夏季狂风暴雨,不适合饮用,或者是因为风雷蛟龙所导致的,对人伤害很大。雪为五谷之精华,用来煎茶,最为清冽,但是新降的雪有土腥气,稍微放置一段时间才好喝。雨水要用布在院子中间露天承接,不可用屋檐取水。

# 地泉

## 【题解】

天泉是雨水和雪水,地泉则是从地下涌出的水。文震亨认为地泉的味道以惠山泉最为甘美,其次则以清寒、甘香取胜。清凉难于清澈,清香难于甘甜。

《说文解字》曰:"泉,水原也。"不同地方的泉有不同的水质,不同的泉水养育了不同的人,中国的乡土观念向来与山与水有莫大的关系。佳美的泉水给我们的古人带来了灵感,也留住了他们美好的记忆,宋代欧阳修《醉翁亭记》曰:"酿泉为酒,泉香而酒冽。"清代俞樾《茶香室丛钞·取第一泉水》曰:"予急回岸,烹泉与僧共饮,清香透骨,非复人间味。"酒香与茶香的底色,正是甘甜的泉水。泉水也让风景有了生命的灵动,宋代楼匙《游惠山》曰:"泉水泓澄风拂拂,洞门幽杳昼沉沉。"因为有泉水,清风才吹起了涟漪。

乳泉漫流如惠山泉为最胜[1],次取清寒者。泉不难于清,而难于寒。土多沙腻泥凝者,必不清寒。又有香而甘者。然甘易而香难,未有香而不甘者也。瀑涌湍急者,勿食,食久令人有头疾。如庐山水帘、天台瀑布[2],以供耳目则可,入水品则不宜。温泉下生硫黄,亦非食品。

## 【注释】

①乳泉:甘美而清冽的泉水。惠山泉:即天下第二泉,又称二泉、陆子泉,在江苏无锡惠山山麓,相传经唐代陆羽品题而得名。开凿于唐大历元年(766)至十二年(777)。水质甘香醇滑,唐人以其宜茶,品为天下第二。宋徽宗时成为宫廷贡品。惠山泉分上池、中池和下池,上池水质最好。

②庐山水帘:指江西庐山康王谷的水。天台瀑布:指浙江天台山的瀑布。

## 【译文】

地下涌出的甘美清冽的泉水,以惠山泉为最胜,其次以清凉的为佳。泉水清澈并不难,难的是清凉。土多沙细、泥土凝结的地方,泉水必不清凉。还有清香而甘甜的泉水。但是甘甜容易,清香很难,很少有泉水清香而不甘甜的。喷涌湍急的泉水不能饮用,经常饮用会头疼。如庐山水帘、天台瀑布,供观赏还行,用来饮用就不行。温泉水富含硫黄,也不能作为饮用水。

# 流水

## 【题解】

流水即流动的水。文震亨以远离人烟的江水为佳,因为洁净,没有人为污染。他称扬子江南泠泉的水为极品。南泠泉在江苏镇江,被称为天下第一泉。因流水被石山所阻挡,水势曲折转流,泉水清香甘冽。文震亨是江苏苏州人,对江苏境内的泉水比较熟悉。实际上,济南的趵突泉、江西的谷帘泉、杭州的虎跑泉等都以泉水甘冽著名。

江水取去人远者,扬子南泠①,夹石渟渊②,特入首品。河流通泉窦者③,必须汲置④,候其澄澈,亦可食。

【注释】

①扬子南泠：指扬子江南泠泉。

②夹石渟（tíng）渊：石间所涌出的泉水。渟，水停滞。

③泉窦：泉眼。窦，洞穴。

④汲置：汲水后放置。

【译文】

江水应该取远离人烟之处的，扬子江的南泠泉，从岩石间涌流而出，可列为极品。与河流相通的泉眼，汲水后必须放置，等到它清澈之后，也可以饮用。

# 丹泉

【题解】

文震亨此文讲含有丹砂的泉水，他的观点很难得到今人的认可。丹砂又称朱砂、辰砂，主要成分是硫化汞，为古代方士炼丹的主要原料，也可制作颜料、药剂。道教徒以朱砂炼丹，认为它是具有神奇效用的长生不死之药。文震亨也说含有丹砂的泉水具有却病延年的功效，很少见，并称之为"自然之丹液"。实际上，科学研究证明，朱砂具有毒性，多食或者炼制不当都能让人丧命。《红楼梦》中贾敬服了丹药，以为自己得道升仙了，实际上是中毒而死。

名山大川，仙翁修炼之处①。水中有丹，其味异常，能延年却病，此自然之丹液，不易得也。

【注释】

①仙翁：道士。

**【译文】**

名山大川，是道士修炼的地方。这里的泉水含有丹砂，味道不同寻常，能够延年益寿，去除疾病，这是天然的丹液，不容易得到。

# 品石

**【题解】**

此篇开始转入园林中的用石，品石即对石头的品评观赏。自古文人爱顽石，书房几案上总有一方奇石，画作中也总有冷硬清瘦的竹石图，欣赏、把玩、摩挲、吟咏奇石是一种流行风尚。文震亨对奇石抱着非同寻常的热情，他将各品种的石头分出高下，何为上品、珍品、极品，一一列举，同时也表达了与俗众不同的审美趣味。

石是园林风景中重要的点缀，园林无石则不秀，不雅。古人对奇石的欣赏有着悠久的历史，石也被赋予了人格化的精神，或挺拔峻秀，或阴柔秀丽，或浑朴敦厚，石之美的多样变幻，加上观赏者的联想和审美心理的差异，更是呈现出千姿百态的美。

石以灵璧为上<sup>①</sup>，英石次之<sup>②</sup>，二种品甚贵，购之颇艰，大者尤不易得，高逾数尺者，便属奇品。小者可置几案间，色如漆，声如玉者最佳。横石以蜡地而峰峦峭拔者为上<sup>③</sup>，俗言"灵璧无峰""英石无坡"。以余所见，亦不尽然。他石纹片粗大，绝无曲折、岈嵲、森耸崚嶒者<sup>④</sup>。近更有以大块辰砂、石青、石绿为研山、盆石<sup>⑤</sup>，最俗。

**【注释】**

①灵璧：即灵璧石。产于安徽灵璧的磬石山。此石埋在深山沙土

中，掘之乃见。色如漆，间有细白纹如玉，叩之声音清越。以其形
状奇特，常用以装点假山。

②英石：产于广东英德山溪中的一种石头，有微青、灰黑、浅绿、灰白
等数种颜色。其形如峰峦峻峭，岩穴宛转，千姿百态。大者可用
来垒叠公园假山，小者可用来制作几案盆景，颇多奇观。

③蜡地：蜡色的质地。

④屼嵂（wù lù）：耸立貌。森耸：众多而高峻。崚嶒（líng céng）：高。

⑤辰砂：即朱砂。赤红色。石青：蓝铜矿，色青翠。石绿：即孔雀石。
研山：砚台的一种。利用山形之石，中凿为砚，砚附于山，故名。
盆石：置于盆中供清玩之石。

**【译文】**

园林用石，以灵璧石为上，英石次之，但二者品种珍贵，很难购买到，
高大的，尤其不易得到，几尺高的，就算珍品了。小的可放置在几案之
上，颜色如漆般光亮，声音如玉石般清脆的最佳。横石，以蜡色质地、形
状如峰峦峻峭者为上品，俗话说"灵璧无峰""英石无坡"。依我所见，也
不尽然。其他石头纹理粗大，绝无曲折、高耸、陡峭之势。现在有人以大
块朱砂、石青、孔雀石为砚台、盆石，最为俗气。

# 灵璧石

**【题解】**

灵璧石亦称磬石，现在还被誉为"天下第一石"，居我国四大名石之
首。出自安徽灵璧县之磬石山，质密而脆，磨之有光，扣之声音清越。其
质、形、色、纹皆有很高的艺术欣赏价值。文震亨将灵璧石列为最上品，
欣赏其卧牛、蟠螭等奇异的形状。灵璧石小者如拳，大者高数丈，无论大
小，皆可天然成形。其肌肤往往巉岩嶙峋、沟壑交错，具有苍古的气韵；
色彩艳丽丰富，音质"玉振金声"，轻击微扣，即可发出玎琮之声，余韵悠

长。不管是放置在园林还是室内，灵璧石都能带来悠远的意境。明代王世贞《题轩中灵璧石》曰："有石高仅尺，宛尔巫山同。许借从吾弟，移来仗小童。雨垂青欲滴，云过碧争雄。安得壶公引，轻身住此中。"灵璧石以细腻温润的质地与苍古的气韵吸引着世人。

　　出凤阳府宿州灵璧县①，在深山沙土中，掘之乃见。有细白纹如玉，不起岩岫②。佳者如卧牛、蟠螭③，种种异状，真奇品也。

【注释】

①凤阳府：明太祖朱元璋改中立府为凤阳府，凤阳是朱元璋出生并生长的地方，凤阳府治即今凤阳县城。宿州：明代隶属凤阳府，今安徽地级市，位于长江三角洲地区，地处安徽北部，皖、苏、鲁、豫四省交界。灵璧县：隶属宿州，因境内有石如璧，故得名。

②岩岫（xiù）：洞穴。

③蟠螭（pán chī）：盘曲的无角之龙。常用作器物的装饰。

【译文】

　　灵璧石产自凤阳府宿州的灵璧县，在深山的沙土中，挖开沙土就显露出来。有洁白如玉的细白纹，没有孔眼。其中佳者如卧牛、弯曲的无角之龙，有各种奇异的形状，堪称奇品。

## 英石

【题解】

　　英石也是文震亨视为珍品的奇石。宋代杜绾《云林石谱》记载英石："又一种色白，四面峰峦耸拔，多棱角，稍莹彻，面面有光可鉴物，扣之有声。"英石,产自广东英德,由于当时交通尚不发达,所以文震亨说它产地太远,不易获得。

经大自然千百年的骤冷、曝晒、箭雨、风刀等神工鬼斧般的雕塑,英石玲珑剔透,千姿百态,具有"皱、瘦、漏、透"等特点,大的可作园林风景,小的可作案几间盆景,极具观赏和收藏价值。

出英州倒生岩下<sup>①</sup>,以锯取之,故底平起峰,高有至三尺余者。小斋之前,叠一小山,最为清贵<sup>②</sup>。然道远不易致。

**【注释】**

①英州:今广东英德。位于南岭山脉东南部,广东中北部,北江中游。

②清贵:清雅。

**【译文】**

英石产自英州倒生岩下,在岩石上锯下来,所以呈底部平坦的峰峦形状,高的有三尺多长的。小的屋室之前,用英石堆一个小山,最为清雅。但是英石产地太远,不易得到。

# 太湖石

**【题解】**

太湖石又叫窟窿石、假山石,文震亨将之分为水石与旱石,以水石为贵。水石产于太湖,旱石产于吴兴卞山,太湖诸山亦有之。宋代杜绾《云林石谱》记载:"平江府太湖石,产洞庭水中,性坚而润,有嵌空穿眼,宛转嵌怪势。"太湖石色泽以白石为多,少有青黑石、黄石,黄石更为稀少。在漫长的岁月里,石灰岩长期经受波浪的冲击及溶蚀,形成了千疮百孔的太湖石,印证着自然界的沧桑,也彰显着大自然精雕细琢、曲折圆润的美。唐白居易曾作《太湖石记》阐述太湖石的收藏、鉴赏,还有《太湖石》诗曰:"烟翠三秋色,波涛万古痕。削成青玉片,截断碧云根。风气通岩穴,苔文护洞门。三峰具体小,应是华山孙。"波涛涤荡,造就了千形万状的太湖石。

太湖石是大自然的恩赐,人类无尽的欲望却潜藏在这恩赐之下,太湖石背后有多少贪婪焦灼的目光。宋徽宗痴迷于花木奇石,在江南搜罗殆尽,千里迢迢运往京城,耗费大量财力、物力。后得一六仞高的太湖石,载以巨舰,役夫数千人,所经州县,民不聊生,终于引发了农民起义,这就是北宋末年的"花石纲"事件。太湖石带着大自然的沧桑静观世事的变迁,不管谁占有了它,都只是一时的,正应了宋苏轼《赤壁赋》中所谓的"哀吾生之须臾,羡长江之无穷"。

石在水中者为贵,岁久为波涛冲击,皆成空石,面面玲珑。在山上者名旱石,枯而不润,赝作弹窝<sup>①</sup>,若历年岁久,斧痕已尽,亦为雅观。吴中所尚假山,皆用此石。又有小石久沉湖中,渔人网得之,与灵璧、英石亦颇相类,第声不清响<sup>②</sup>。

**【注释】**

①赝(yàn):伪造。弹窝:洞孔。

②第:不过。

**【译文】**

太湖石生在水中者最为珍贵,经年被波涛冲激腐蚀,形成许多洞孔,面面玲珑剔透。生在山上的叫旱石,干枯不温润,如果人为地开凿洞孔,经历较长岁月,凿痕消失,也雅观。吴地一带所喜欢的假山,用的都是旱石。还有一类小石久沉湖中,被渔夫捕捞获得,与灵璧石、英石非常相像,只是声音不清脆。

# 尧峰石

## 【题解】

尧峰石产于苏州尧峰山,据文震亨的记载,明代的时候才发现不久,所以山中很多,不像之前提到的灵璧石、太湖石,因为历史悠久,开采很普遍。文震亨在此处提出了一个独特的欣赏视角:尧峰石正因为不精致,所以才美。

这个提法并非文震亨所独有,而是晚明文人一种流行的观念,张岱《祁止祥癖》品评人物时说:"人无癖不可与交,以其无深情也;人无疵不可与交,以其无真气也。"人正因为有缺点,才是一个有真性情的人,不完美的人才是真实的人。这与晚明追求真、奇、性灵等个性解放的文艺思潮紧密相关,开始关注并包容人性中的弱点。反映到对物的鉴赏上面,便是追求自然美,看到不完美当中的美。

近时始出,苔藓丛生,古朴可爱。以未经采凿,山中甚多,但不玲珑耳。然正以不玲珑,故佳。

## 【译文】

尧峰石是近年才发现的,石头上苔藓丛生,古朴可爱。因为以前未经开凿,所以山中很多,但都不精致玲珑。但正因为不精致,所以才好。

# 昆山石

## 【题解】

昆山石又称玲珑石,与灵璧石、太湖石、英石同被誉为"中国四大名石"。文震亨并不欣赏昆山石,认为昆山石中的一些形状有些俗气,不能将昆山石置于几案之上。明代计成在《园冶》一书中描述昆山石:"其质磊块,巉岩透空,无耸拔峰峦势,扣之无声。其色洁白。"昆山石天然多窍,色泽白如雪、黄似玉,晶莹剔透,形状无一相同。清代归庄作《昆山石歌》曰:"昔之昆山出良璧,今之昆山产奇石。……神工鬼斧斫千年,鸡骨桃花皆天然。侧成堕山立成峰,大盈数尺小如拳。"

　　出昆山马鞍山下①,生于山中,掘之乃得,以色白者为贵。有鸡骨片、胡桃块二种②,然亦俗尚,非雅物也。间有高七八尺者,置之古大石盆中,亦可。此山皆火石③,火气暖,故栽菖蒲等物于上,最茂。惟不可置几案及盆盘中。

**【注释】**

①昆山马鞍山:即今江苏昆山市城西北隅之马鞍山。

②鸡骨片:此指像鸡骨片的形状。胡桃块:此指像胡桃块的形状。

③火石:即燧石。古时用以取火,多为制造玻璃的材料。

**【译文】**

　　昆山石产自昆山的马鞍山下,在山中挖开泥土就可得到,以白色的为珍贵。有鸡骨片、胡桃块两种,但都俗气,并非雅物。间或会有七八尺高的,放置在古旧的大石盆中,也可以。马鞍山上都是火石,火气暖,所以栽种其上的菖蒲等植物,非常茂盛。只是这样就不能将石头放在几案上及盆盘中了。

# 锦川　将乐　羊肚

**【题解】**

　　锦川石产于辽宁锦州,石身细长如笋,上有层层纹理和斑点,纳五彩于一石之上,大者可点缀园林庭院,小者亦可清供欣赏。将乐石产于福建将乐一带,色黑,质硬,内部及表面依稀可见银色闪光点,可制作砚台。羊肚石为白色小石,多植竹蒲盆中。

以上所述三者均有观赏价值,而文震亨将之列为石中最末等,介绍极为简单,字里行间充满厌恶之情。文震亨以清奇、雅致为美,显然这三种石头不符合他的审美标准。奇石本是大自然的产物,而鉴赏则多少带有主观色彩。

石品惟此三种最下,锦川尤恶。每见人家石假山,辄置数峰于上,不知何味。斧劈以大而顽者为雅<sup>①</sup>,若置立一片,亦最可厌。

**【注释】**

①斧劈:即斧劈石,假山石。

**【译文】**

石头的品种中,锦川石、将乐石、羊肚石这三种最差,锦川石尤其差。每每看到别人家的假山顶上,放置许多这类石头,不知是何趣味。假山石以高大朴拙为雅,如果直立一片,也非常难看。

# 土玛瑙

**【题解】**

石子之纹似玛瑙者,被称为土玛瑙。文震亨主要介绍了三种土玛瑙:红丝石、竹叶玛瑙石、五彩石,前两种可做板材,非贵品,以最后一种为贵,形状奇异,图案多样,可供玩赏。清代蒲松龄《聊斋杂记·石谱》记载沂州土玛瑙:"红多,细润,不搭粗石者,佳;胡桃花者佳;大云头及缠丝者,次之;红、白粗花,又次之。可锯板,嵌桌面、床屏。"可作为对本篇土玛瑙介绍的补充。文震亨的鉴赏中,对官府气、商业气充满排斥,所以再名贵的物品也不能在室中罗列太多,否则有商贾气。

　　出山东兖州府沂州①,花纹如玛瑙,红多而细润者佳。有红丝石,白地上有赤红纹。有竹叶玛瑙,花斑与竹叶相类,故名。此俱可锯板,嵌几、榻、屏风之类,非贵品也。石子五色,或大如拳,或小如豆,中有禽、鱼、鸟、兽、人物、方胜、回纹之形②,置青绿小盆,或宣窑白盆内③,斑然可玩。其价甚贵,亦不易得,然斋中不可多置。近见人家环列数盆,竟如贾肆④。新都人有名"醉石斋"者⑤,闻其藏石甚富且奇。其地溪涧中,另有纯红纯绿者,亦可爱玩。

**【注释】**

①兖州府:明洪武十八年(1385)升兖州置,属山东省。沂州:北周宣政元年(578)改北徐州置,治所在即丘县(今山东临沂西二十里)。

②方胜:两个菱形部分重叠的形状。回纹:指编织物上回旋曲折的纹理。

③宣窑:窑名,明代宣德年间造,其瓷精致细巧。

④贾肆:商店。

⑤新都:此指北京。因为明代都城本在南京,成祖时迁往北京。

**【译文】**

土玛瑙出产于山东兖州府的沂州,花纹像玛瑙,红色多并且质地细润的为佳品。有种红丝石,白色质地上有赤红色花纹。有种竹叶玛瑙,花纹与竹叶相似,因而得名。这两种都可以锯成薄板镶嵌在几案、卧榻、屏风之类的器物上面,不是名贵的品种。有一种五彩的土玛瑙石,有的大如拳,有的小如豆,石头上有禽、鱼、鸟、兽、人物、方胜、回纹这样的形状,放到青绿色小盆中,或是宣窑白盆内,色彩斑斓,值得赏玩。只是价格昂贵,不易得到,但屋室之内也不宜多放。最近看见有人在家中陈列数盆,完全像商店一样。北京有一个称为"醉石斋"的地方,听说藏石丰富并且品种奇绝。沂州的山涧溪流中,还有纯红、纯绿色的石头,也可以作为赏玩之物。

# 大理石

## 【题解】

文震亨笔下的大理石产自云南大理,有珍品,有下品,也有仿品。今天所谓的大理石指的是一切有各种颜色花纹用来做建筑装饰材料的石灰岩,白色大理石一般称为汉白玉。大理石刚性好,硬度高,耐磨性强,温度变形小,剖面可以形成一幅天然的水墨山水画。古人常选取具有成型花纹的大理石制作成画屏或镶嵌画,今人则加工成各种形材、板材,作建筑物的墙面、地面、台、柱,也雕刻成工艺美术品。文人对大理石也情有独钟,清代阮元在任云、贵总督时,曾在许多具有天然图画的各色大理石上题识,后来编成《石画记》一书。

出滇中,白若玉,黑若墨为贵。白微带青,黑微带灰者,皆下品。但得旧石,天成山水云烟,如"米家山"①,此为无上佳品。古人以相屏风②,近始作几榻,终为非古。近京口一种③,与大理相似,但花色不清,用药填之为山云泉石④,亦可得高价。然真伪亦易辨,真者更以旧为贵。

## 【注释】

①米家山:宋米芾善以水墨点染山川岩石。虽不求工细,但云烟连

　　绵、林木掩映,别具疏秀脱俗之风格。其子米友仁继承家学,并在
　　山水技法上有所发展。世因称其父子所画山水为"米家山"。

②相:当作"镶"。

③京口:今江苏镇江市。

④用药:陈植《长物志校注》认为当作"石药"。译文从之。

## 【译文】

　　大理石出产于云南,以洁白如玉、漆黑如墨者珍贵。白色中微带青
色、黑色中微带灰色的都是下品。但如果能得到一种旧石,它天然形成
山水云烟的画面,如米芾的山水画一样,则是无可比拟的佳品。古人用
大理石来镶嵌屏风,近时才开始用于制作几案、卧榻,但终究不是古法。
最近京口有一种石头,与大理石相似,只是花色不清,用石药填充在空隙
里,做成山云泉石的画面,也能卖得高价。但是真假也容易分辨,真的更
以旧石为珍贵。

# 永石

## 【题解】

　　永石即祁阳石,产于湖南祁阳,质地细滑而沉,可用于琢制砚台,成
品砚称"祁阳石砚"或"祁阳砚",肌理清晰,莹润透彻。文震亨说大的
祁阳石用来制屏风很雅致。清代的祁阳石插屏很有名气,清朝同治年版
的《祁阳县志》上记载,永石产邑之东隅,工人采择,取其石之有纹者,随
其石之大小,凿锯成板,彩质黑文如云烟状俗称花石板,以镶器皿亦颇
俗。无纹者有紫、绿两种,可以为砚。祁阳石资源奇缺,在民国时期几乎
开采殆尽,今天已很难见到了。

　　即祁阳石①,出楚中。石不坚,色好者有山、水、日、月、
人物之象。紫花者稍胜,然多是刀刮成,非自然者,以手摸

之，凹凸者可验。大者以制屏亦雅。

**【注释】**

①祁阳石：即永州石。产自湖南永州。

**【译文】**

永石即祁阳石，出产于湖南。石质不坚硬，花色好的有山、水、日、月、人物的形象。紫色花纹的稍微好一些，但多是用刀刮成的，并非自然形成，用手触摸，石头表面凹凸不平可以证明。大块的永石用来制屏风，也雅致。

# 卷四　禽鱼

**【题解】**

此篇为卷四序言。文震亨的描绘充满了诗情画意，他借禽鱼来避开世俗名利，展现山林学问，追求高雅生活。对于园林禽鱼的养殖，文震亨提出了两点要求：一是要品种雅洁，二是要熟悉禽鱼的性情，悉心爱护。因为是为"幽人会心"所设计的园林，所以凡俗之品不可入。

飞禽游鱼能点缀园林，身处其中的人可游目骋怀，极视听之娱。同时飞禽游鱼也营造充满生机的氛围，并给园林中人带来感慨与思考。宋周邦彦《苏幕遮》中"燎沉香，消溽暑。鸟雀呼晴，侵晓窥檐语"，便是人与鸟之间的熟悉与亲密，温馨而宁静。宋赵师秀《春晚即事》诗："春深禽语改，溪落岸沙高。"唐杜甫《遣兴》诗："仰看云中雁，禽鸟亦有行。"在禽鸟的唧唧啾啾中，诗人感受到了季节的变换，并由禽鸟联系到自己。仰看飞禽，俯视游鱼，俯仰之间，或生出"死生亦大矣"的无限感慨。

语鸟拂阁以低飞①，游鱼排荇而径度②，幽人会心，辄令竟日忘倦。顾声音颜色，饮啄态度。远而巢居穴处，眠沙泳浦③，戏广浮深④；近而穿屋贺厦⑤，知岁司晨啼春噪晚者⑥，品类不可胜纪。丹林绿水，岂令凡俗之品阑入其中⑦。故必

疏其雅洁，可供清玩者数种，令童子爱养饵饲，得其性情，庶
几驯鸟雀，狎凫鱼⑧，亦山林之经济也⑨。志《禽鱼第四》。

【注释】

①语鸟：善鸣之鸟。

②荇（xìng）：多年生水生草本植物，叶呈对生圆形，嫩时可食，亦可
　　入药。径度：径直度过。

③浦：水边，河岸。

④戏广：游戏于宽广之处。

⑤穿屋：指雀。语出《诗经·国风·行露》："谁谓雀无角，何以穿我
　　屋。"贺厦：指燕雀。语出《淮南子·说林训》："大厦成而燕雀相贺。"

⑥知岁：指喜鹊。语出《淮南子·人间训》："夫鹊，先识岁之多风
　　也，去高木而巢扶枝。"司晨：指鸡。语出《襄阳记》："鸡主司晨。"
　　啼春：指黄莺。语出《礼记·月令》："仲春之月，仓庚鸣。"仓庚即
　　黄莺。噪晚：指乌鸦。唐代钱起《送崔十三东游》诗曰："丹凤城
　　头噪晚鸦。"

⑦阑：任意。

⑧狎（xiá）：戏弄。

⑨山林之经济：此指隐居者之学识。

【译文】

　　鸟儿掠檐低飞，游鱼穿荇畅游，与幽雅之士心意契合，就让人整日流
连，忘记倦意。品赏禽鱼的声音、颜色，饮水啄食、神情姿态。远的，有栖
息巢穴的飞禽，有浮沉嬉戏的游鱼；近的，有燕雀、鹊鸟、雄鸡、黄莺、乌鸦
等，种类繁多，不可胜数。红叶之林、碧绿之水，哪能让凡品俗物任意进
入其中。所以一定要制备数种雅洁的品种，以供观赏，让童子爱护喂养，
熟悉禽鱼的性情，能够驯养鸟雀，戏弄游鱼，这也是隐居山林者所应具备
的学识。记《禽鱼第四》。

# 鹤

## 【题解】

早在《诗经》中已有"鹤鸣九皋,声闻于天"的记载,秀美俊逸的鹤在文人笔下一直是高洁、俊雅的象征,是文人清高个性、不与浊世同流合污的象征。文震亨认为旷野隐居最适宜有鹤为伴,并从体态、声音、风格等方面提出了相鹤的标准,选定品种后,要有优美的环境来养鹤,知道怎样喂食鹤,然后驯化鹤,让旷野山居的生活充满情趣。

鹤是祥瑞之物,与长寿永生、羽化升仙、平安祥和等寓意相伴随。文人爱鹤,不仅因为鹤有着漂亮的外形,还因为鹤寄寓着文人傲然脱俗的处世心态。文震亨说"空林别墅,白石青松,惟此君最宜"。每当晴日,鹤便展翅起舞。南朝鲍照写有《舞鹤赋》,可见训练鹤起舞古已有之。南朝宋林洪写的《山家清事》叙述了鹤舞训练的方法:"欲教以舞,俟其馁而置食于阔远处,拊掌诱之,则奋翼而唳,若舞状。久则闻拊掌而必起,此食化也。"这就是文震亨在文中所谓的食化驯鹤。食化不是文震亨的发明,也是古已有之。饥饿的野鹤在食物的诱惑下翩翩起舞,美则美矣,追求自然的文人的清高在哪里?文震亨在寻求人与鹤的互动与和谐,但说到底,还是难以脱俗,还是违背自然。

华亭鹤窠村所出[1],其体高俊,绿足龟文,最为可爱。江陵鹤津、维扬俱有之[2]。相鹤但取标格奇俊[3],唳声清亮[4],颈欲细而长,足欲瘦而节,身欲人立,背欲直削。蓄之者当筑广台,或高冈土垄之上,居以茅庵,邻以池沼,饲以鱼谷。欲教以舞,俟其饥,置食于空野,使童子拊掌顿足以诱之[5]。习之既熟,一闻拊掌,即便起舞,谓之食化[6]。空林别墅,白石青松,惟此君最宜,其余羽族[7],俱未入品。

**【注释】**

①华亭:今上海松江区。康熙《松江府志》:"《忘怀录》:'鹤,惟华亭鹤窠村所出为得地,他虽有,凡骨也。'"

②江陵:今湖北江陵县。鹤津:应为"鹤泽",江陵多鹤,被称为"鹤泽"。维扬:今江苏扬州。

③标格:风标,风格。奇俊:杰出。

④唳(lì)声:鹤鸣声。

⑤拊(fǔ)掌:拍手。

⑥食化:用喂养的办法驯化。

⑦羽族:飞禽。

**【译文】**

华亭窠村所产的鹤,体态高大俊秀,绿足龟纹,非常可爱。江陵鹤泽、扬州也产鹤。挑选鹤的标准是:风格杰出,叫声清亮,颈项细长,足瘦而有力,身材挺拔,背部平直。养鹤的人应该建筑广阔的平台,或者在高冈土坡之上,以茅庵为居住地,临近水沼池塘,喂以鱼虫谷物。如果教鹤舞蹈,等到它们饥饿的时候,将食物放置在空阔之地上,让童子拍手顿足诱惑它们。练习熟悉以后,它们一听到拍手,就会翩翩起舞,这就是所谓的食物驯化。旷野山居,岩石松林间,只有鹤最适宜,其余的飞禽都不入品。

# 鸂鶒

**【题解】**

鸂鶒是一种像鸳鸯的水鸟,体形略大于鸳鸯,多为紫色,据说在水中能敕邪逐害。文震亨介绍了它的生活特性,成群结队的鸂鶒紫色的身体,绿毛红嘴,形成灿烂的景观。鸂鶒又有"紫鸳鸯"之称,唐李白《古风》诗中所谓"七十紫鸳鸯,双双戏庭幽",说的应是这种水鸟。但古书中对此鸟记载不一,具体文震亨要养的为何种水鸟,仍需存疑。

　　鸂鶒能敕水①，故水族不能害。蓄之者，宜于广池巨浸，十数为群，翠毛朱喙，灿然水中。他如乌喙白鸭②，亦可蓄一二，以代鹅群，曲栏垂柳之下，游泳可玩。

【注释】

①鸂鶒（xī chì）：一种类似鸳鸯的水鸟。敕水：整饬流水。

②乌喙（huì）：黑嘴。

【译文】

　　鸂鶒能整饬流水，所以水中动物都不能伤害它。适宜喂养在宽广的池塘水域，数十只为一群，绿毛红嘴，水中一片灿烂。其他的如黑嘴白鸭，也可喂养一两只，代替鹅群，曲栏垂柳之下，游水嬉戏时可供玩赏。

## 鹦鹉

【题解】

　　鹦鹉以艳丽的羽毛和善学人语被人们喜爱。然在文震亨看来，鹦鹉为闺阁之物，不应是他所代表的"幽人"所应该饲养的。他经常提起"幽人"，与之相对的便是"闺阁"。在他笔下的"物"似乎也有性别差异。清代吴兰修《黄竹子传》也说："竹窗昼静，鹦鹉呼茶，香奁之福地也。"鹦鹉似乎总与女性联系在一起，在闺怨相思词中多有鹦鹉的意象。唐朱庆余《宫中词》："寂寂花时闭院门，美人相并立琼轩。含情欲说宫中事，鹦鹉前头不敢言。"寂寞美人，满怀幽情，想要说说内心的愁苦，却怕鹦鹉学话，只能将一切埋在心底。而鹦鹉常锁笼中，也与古代女性处境相似，相思的女性在藉鹦鹉消愁时也难免生出同病相怜的感慨。

　　鹦鹉能言，然须教以小诗及韵语，不可令闻市井鄙俚之谈，聒然盈耳①。铜架食缸，俱须精巧。然此鸟及锦鸡、孔雀、倒挂、吐绶诸种<sup>②</sup>，皆断为闺阁中物，非幽人所需也。

**【注释】**

①聒（guō）然：声音嘈杂。

②锦鸡：一种鸟。形状与雉相似，雄的头上有金色的冠毛，颈橙黄色，背暗绿色，杂有紫色，尾巴很长，雌的羽毛暗褐色。多饲养来供玩赏。倒挂：即倒挂鸟。嘴形短，与鹦鹉相似。吐绶：即吐绶鸡。亦称火鸡。体型比普通火鸡略小些。

**【译文】**

鹦鹉能学人说话，但必须教它小诗及韵语，不可让它听闻学习市井鄙俗之语，嘈杂刺耳。铜架、食缸都要精巧。但是鹦鹉和锦鸡、孔雀、倒挂鸟、吐绶鸡这一类飞禽，都是闺阁中的玩物，而不是幽雅之士所需要的。

# 百舌　画眉　鸜鹆

**【题解】**

百舌又叫翠碧鸟，善效其他飞鸟鸣叫。画眉善鸣，形似山雀。鸜鹆俗名八哥，可教以人语。三者都是声音婉转的鸣禽，文震亨虽然觉得它们叫声很悦耳，但认为与鹦鹉一样，作为景色点缀即可，三者均为幽斋所不宜，因为不具备野鹤之清雅飘逸。他不喜欢一种黄头的小鸟，也是因为其好斗的天性与文人雅趣不符。宋欧阳修《画眉鸟》诗曰："百啭千声随意移，山花红紫树高低。始知锁向金笼听，不及林间自在啼。"这与文震亨的追求一样，若真喜欢听鸟鸣，应舍弃笼中物，到茂林高树间用心去聆听自然之音。

　　饲养驯熟，绵蛮软语<sup>①</sup>，百种杂出，俱极可听，然亦非幽斋所宜。或于曲廊之下，雕笼画槛，点缀景色则可，吴中最

尚此鸟。余谓有禽癖者②,当觅茂林高树,听其自然弄声,尤
觉可爱。更有小鸟名黄头③,好斗,形既不雅,尤属无谓。

**【注释】**

①绵蛮:鸟的叫声。

②禽癖:养鸟的癖好。

③黄头:黄雀。

**【译文】**

　　饲养百舌、画眉、鹦鹉,把它们训练熟练后,能发出婉转温软的叫声,
有数百种之多,都非常悦耳,但这些也不适宜在幽静之室养殖。或者在
曲径回廊之下,有朱栏画槛,加上雕琢精致的鸟笼,用来点缀景色还可
以,吴地之人最爱此鸟。我认为有养鸟癖好的人,应当去寻找茂密的树
林、高大的树木,去听鸟雀们自然的鸣叫,那才是特别有趣可爱。另有名
叫黄头的小鸟,生性好斗,外形也不雅观,更加无趣。

# 朱鱼

**【题解】**

　　朱鱼即金鱼,也称作"锦鱼""金鲫鱼",有红、白、紫、黄等色,变种较
多,是很好的观赏鱼类。金鱼身姿奇异,色彩绚丽,穿梭在清水绿藻间,
能点缀庭院风景。中国人养金鱼的历史很悠久,至少在宋朝时已开始家
养,文震亨说金鱼最宜盆养,实际上之前一直养在水池中,只是到文震亨
的时代才开始流行盆养。明朝李时珍《本草纲目》集解记载:"金鱼有
鲤、鲫、鳅、鳖数种,鳅、鳖尤难得,独金鲫耐久,前古罕知。"我们现在观
赏的金鱼即由金鲫培育而来。

　　朱鱼独盛吴中,以色如辰州朱砂故名①。此种最宜盆

蓄,有红而带黄色者,仅可点缀陂池<sup>②</sup>。

**【注释】**

①辰州朱砂:湖南辰州所产的朱砂。

②陂(bēi)池:池塘。

**【译文】**

朱鱼盛行于吴地一带,因为它的颜色像辰州朱砂,所以得名。朱鱼最适宜盆中饲养,有一种红中带黄的,仅仅可以点缀池塘而已。


# 鱼类

**【题解】**

文震亨列出了一大堆金鱼的名字,从对金鱼的分类中,不难看出他对金鱼之熟悉,对流行文化之了解。文震亨是从金鱼花纹、眼睛和背部颜色的不同来给金鱼分类的,这也是古人传统的分类法,与今天以头部、身体、尾鳍等特征来区分为文系、龙系、蛋系三种金鱼不同。一方面因为古人缺乏我们今天的科学知识,另一方面也是古人对色彩的敏感,所以能在五颜六色的金鱼中做出细微的区分并予以恰切而诗意的名字。


初尚纯红、纯白,继尚金盔、金鞍、锦被<sup>①</sup>,及印头红、裹头红、连腮红、首尾红、鹤顶红<sup>②</sup>,继又尚墨眼、雪眼、朱眼、紫眼、玛瑙眼、琥珀眼、金管、银管<sup>③</sup>,时尚极以为贵。又有堆金砌玉、落花流水、莲台八瓣、隔断红尘、玉带围、梅花片、波浪纹、七星纹种种变态<sup>④</sup>,难以尽述,然亦随意定名,无定式也。

**【注释】**

①金盔：白身，头顶有红朱王字。金鞍：首尾俱白，腰围呈金带状。锦被：背部花纹红白相错如锦的金鱼。

②印头红：白身，头顶朱砂如方印。裹头红：白身，头部作红色。连腮红：白身，头部连身为红色。首尾红：首尾俱红。鹤顶红：白身，头顶有一方红色。

③墨眼：眼睛呈墨色红纹的金鱼。雪眼：眼睛呈白色红彩者。朱眼：眼睛呈红色红彩者。紫眼：眼睛呈紫色红彩者。玛瑙眼：眼睛呈玛瑙色红彩者。琥珀眼：眼睛呈琥珀色者。金管：金尾金鱼。银管：银尾金鱼。

④堆金砌玉、落花流水、莲台八瓣、隔断红尘、玉带围、梅花片、波浪纹、七星纹：都属于金鱼的不同变种。

**【译文】**

鱼类，人们最初尊崇纯红、纯白，后来尊崇金盔、金鞍、锦被，以及印头红、裹头红、连腮红、首尾红、鹤顶红，再后来是尚墨眼、雪眼、朱眼、紫眼、玛瑙眼、琥珀眼、金管、银管，时尚认为极为珍贵。另外有堆金砌玉、落花流水、莲台八瓣、隔断红尘、玉带围、梅花片、波浪纹、七星纹等多样变种，难以全部说出来，但是也随意定名，并无固定格式。

# 蓝鱼　白鱼

**【题解】**

在金鱼诸多种类中，文震亨只简介了蓝鱼和白鱼。二者均为金鱼的变种，蓝鱼莹灰色，鳞不透明，透明的称为"水晶蓝"，此处的蓝鱼即指"水晶蓝"。白鱼，鱼鳞透明，即今天所谓的"玻璃鱼"，文震亨文中说"肠胃俱见"。但二者是珍贵的品种，对水质、温度的要求也较高，并不易养活。

蓝如翠<sup>①</sup>,白如雪,迫而视之<sup>②</sup>,肠胃俱见,即朱鱼别种<sup>③</sup>,亦贵甚。

**【注释】**

①翠:青绿色。

②迫:逼近,接近。

③即:他本作"此即",这里应该是脱了一个"此"字。

**【译文】**

蓝鱼接近碧绿色,白鱼色白如雪,凑近观看,能见其肠胃,这是金鱼的变种,也很珍贵。

# 鱼尾

**【题解】**

文震亨说鱼尾从二尾到九尾,实际上金鱼二尾居多,三尾以上的不多见。虽在讨论鱼尾,但文震亨认为美丽集中于鱼尾并不好,身材均匀、纤秾合度才美,体现的正是中庸、健康的审美观念。文震亨同时追求的也是一种玲珑的秀美,因为秀美才雅致。鱼尾也用来指线装书书页中缝的鱼尾形的标志,人眼角与鬓角之间的皱纹因形似鱼尾也被形象地称为鱼尾纹。

自二尾以至九尾,皆有之,第美钟于尾<sup>①</sup>,身材未必佳。盖鱼身必洪纤合度<sup>②</sup>,骨肉停匀<sup>③</sup>,花色鲜明,方入格。

**【注释】**

①钟:聚集。

②洪纤合度:大小适度。

③停匀：均匀。

**【译文】**

　　鱼的尾巴，从二尾到九尾的都有，只是将美丽集中在尾巴了，身材就不一定好。所以鱼身要大小适度，骨肉均匀，花色鲜明，才能入品级。


# 观鱼

**【题解】**

　　文震亨讲了观鱼的时间、天气、水纹、声音与姿态，时间宜在日出之前或凉天夜月，地点是在泉水潺潺、碧波荡漾之处，鱼儿快乐畅游之时的声音、姿态佳。文震亨用诗化的语言描述观鱼的时间和环境，给读者营造了一种诗意的想象空间。

　　由观鱼也能看出文人对于"闲"与"趣"的沉溺，他们隐藏与陶醉于自己的趣味之中，远离世俗，沉溺于一个自在的小世界中。但现实社会的残酷不会因为躲避而改变，文震亨最终也要直面国破家亡的残局，温暖的小世界终究要遭遇残酷的大世界，那时或许有美好的记忆，也许更多的是苦涩的内疚。


　　宜早起，日未出时，不论陂池、盆盎，鱼皆荡漾于清泉碧沼之间。又宜凉天夜月，倒影插波①，时时惊鳞泼剌②，耳目为醒。至如微风披拂，琮琮成韵③，雨过新涨，縠纹皱绿④，皆观鱼之佳境也。


**【注释】**

　　①插波：穿入水中。

　　②泼剌：鱼跃水的声音。

③琮琮（cóng）：象声词。此指水流的声音。

④縠（hú）纹：绉纱似的皱纹。常用以喻水的波纹。縠，绉纱。皱绿：绿色的皱纹。

**【译文】**

观鱼应当早起，日出之前，不论是在池塘、鱼盆，鱼都在碧绿的清水里来回游动。也适宜在凉爽的月夜观鱼，月光洒在碧波之上，鱼儿时时穿梭腾跃，令人耳目惊醒。至于微风吹拂，水流琮琮，雨后池塘水涨，绿波轻晃，这都是观鱼的绝佳环境。

# 吸水

**【题解】**

"吸水"即清除鱼缸内的污垢，让鱼儿在清洁的环境中生存。吸水的方法是用一段斑竹作为吸筒。今天虽有鱼缸吸水器、吸水泵，要方便得多，但我们的心境远不如古人悠然惬意。

　　盆中换水一两日，即底积垢腻①，宜用湘竹一段，作吸水筒吸去之。倘过时不吸，色便不鲜美。故佳鱼，池中断不可蓄。

**【注释】**

①垢腻：不洁之物。

**【译文】**

鱼盆里的水换过一两天之后，盆底就积满污垢，应该用一段斑竹作吸筒将它们吸出来。如果过时不吸，水色就不新鲜美观。所以，珍贵的鱼种绝不能养在池中。

# 水缸

## 【题解】

　　"吸水"讲的是鱼儿生存的环境,"水缸"讲的是养鱼的外在装饰。吸水是要保持水的新鲜清洁,讲究水缸则是为了满足养鱼人的审美趣味。养鱼的水缸与栽花的盆盎一样,是古雅趣味的形式之一,不能俗气。古铜水缸最古雅,民间用的花缸则粗俗。但文震亨也指出他所说只是举例而已,重要的是要领会他说的古雅的精神实质。不过再雅致的鱼缸也比不上广阔的江河,那才是鱼儿遨游的地方。

　　有古铜缸,大可容二石①,青绿四裹②,古人不知何用?当是穴中注油点灯之物,今取以蓄鱼,最古。其次以五色内府、官窑、瓷州所烧纯白者③,亦可用。惟不可用宜兴所烧花缸,及七石牛腿诸俗式④。余所以列此者,实以备清玩一种,若必按图而索⑤,亦为板俗⑥。

## 【注释】

　　①石:古代计量单位,十斗为一石。
　　②青绿四裹:四周被氧化铜的青绿色所覆盖。
　　③内府:内库。官窑:宋代著名瓷窑之一。北宋大观、政和年间,宫廷自建瓷窑烧造瓷器,故称。其色以粉青为上,其纹以冰裂鳝血为高。南渡后,又于杭州别建新窑。又明清两代景德镇御器厂所烧瓷器,一般亦称官窑。瓷州:此指磁州窑,因在磁州(今河北磁县)境内,故名。建于宋代,所烧器物纯供民间使用,品种繁多,以白地黑花为主要特征。
　　④七石牛腿:装七石水的牛腿缸。

⑤按图而索：即按图索骥。比喻拘泥、不灵活。

⑥板俗：死板庸俗。

**【译文】**

　　有一种古铜水缸，大的能装两石水，通身布满绿铜，不知古人用它来做什么？应该是洞穴中用来盛油点灯的，现在用来养鱼，最为古雅。其次用内库、官窑、瓷州所产的纯白色水缸，也可以。但不可用宜兴产的花缸和七石牛腿缸这些粗俗的制品。我之所以列出这些，是为玩赏提供一些例子，如果按图索骥，也太死板庸俗了。

# 卷五　书画

## 【题解】

此卷所论为书法与绘画。本篇是关于书画收藏的绪论，主要有两个方面：俗人的收藏是对书画的亵渎，雅人该如何收藏书画。

正像文震亨所论，名人艺士，不能复生，其书画作品不可复制，比黄金、珍珠更珍贵，所以收藏书画是人类保存和发展文化的活动。愈古的书画，愈为稀缺，价值愈高。文震亨明确地提出以古为贵，收藏书画一定要有晋、唐、宋、元的真迹，并且要求能够独具慧眼，具有鉴别眼光，分得出等级差别。还提出了"真赏"的要求，即能够真正地去沉潜把玩这些书画，而不是只论真伪贵贱，流于表面的收藏。

然而纵观人类书画收藏的历史，却不得不承认书画收藏与金钱、权力相联系，能够鉴别、赏玩的人不一定能收藏，能够收藏的人也不一定懂得它的好。书画收藏的历史与附庸风雅相伴生，与财富相伴生。名贵书画最终都是进入荣华富贵之家，但在荣华富贵衰落之时，最先走出家门的也是它。不管多么珍贵的书画，也只能伴人一程。从保存文化的角度来说，个人收藏不仅受到财富、社会变动等各种因素的影响，也会埋没书画的价值。博物馆类的公共收藏则有利于书画的收藏与价值的彰显，世界的很多名画也都是因为藏于公共空间才能被世人观览。如果只是个人收藏，或许我们永远也不会看到蒙娜丽莎那神秘的微笑，永远也不知道凡·高笔下灿烂的星空与疯狂的花朵。

　　金生于山，珠产于渊，取之不穷，犹为天下所珍惜，况书画在宇宙，岁月既久，名人艺士，不能复生，可不珍秘宝爱？一入俗子之手，动见劳辱①，卷舒失所②，操揉燥裂③，真书画之厄也。故有收藏而未能识鉴④，识鉴而不善阅玩⑤，阅玩而不能装褫⑥，装褫而不能铨次⑦，皆非能真蓄书画者。又蓄聚既多，妍媸混杂⑧，甲乙次第⑨，毫不可讹。若使真赝并陈⑩，新旧错出，如入贾胡肆中⑪，有何趣味？所藏必有晋、唐、宋、元名迹，乃称博古⑫。若徒取近代纸墨，较量真伪，心无真赏，以耳为目，手执卷轴，口论贵贱，真恶道也。志《书画第五》。

【注释】

①劳辱：频繁取置，不加爱护。

②卷舒：卷起来、打开。

③操揉：把持，摩擦。

④识鉴：识别鉴定。

⑤阅玩：展阅玩赏。

⑥装褫（chǐ）：装裱。

⑦铨（quán）次：选择分别等次。

⑧妍媸（chī）：美恶。媸，丑陋，丑恶。

⑨甲乙次第：分别等级。

⑩真赝（yàn）并陈：真伪并列。赝，伪物，假造的。

⑪贾胡肆：胡人所开之古玩铺。

⑫博古：通晓古代的事情。

## 【译文】

黄金产自深山，珍珠生于深潭，取之不尽，尚且为天下人所珍惜，何况书画存于天地之间，岁月经久，名人艺士，不能复生，能不珍藏爱惜吗？一旦落入俗人之手，动辄随意取置，卷页不整，揉搓破裂，这真是书画的灾难。所以能收藏而不能鉴别，能鉴别而不能赏玩，能赏玩而不能装裱，能装裱而不能分别等次，都不算真正能收藏书画的人。收藏书画多了以后，优劣混杂，所以分别等次，一点也不能出错。如果真假并列，新旧错陈，犹如进入了胡人开的书画铺中，有何趣味可言？所收藏的必须有晋、唐、宋、元时期的名品真迹，才算得上博古。如果只是收藏些近代的纸墨，考量真伪，无心真正地去欣赏，以耳代目，手执书画，空谈贵贱，这真是恶趣。记《书画第五》。

# 论书

## 【题解】

题目为"论书"，文震亨实际在讲述怎样辨别书法的真伪与好坏，教人学会辨别，主要是从笔法结构、自然与否、印章绢素等大的方面辨别，然后对摹本、临本、集书、双钩、伪作加以说明，指出它们各自的特点。文震亨本人是书画大家，鉴赏收藏自然也是行家里手。

书法伴随着汉字的产生而产生，作为一种艺术形式，它具有丰富的形象特征，书法家充分发挥毛笔等书写工具的性能和书写技巧，用线条创造出各种风格的作品来。清代刘熙载《艺概》中说："书如也，如其学，如其才，如其志。总之曰，如其人而已。""笔性墨情，皆以其人之性情为本，是则理性情者，书之首务也。"某种程度上，书法艺术的境界就是人的精神、气质的一种抽象体现与表露，体现着作者的精神、胸襟、气质与修养。好的书法作品在后世往往价值不菲，或者在流传中销声匿迹，所以相对于真迹，就出现了文震亨所提到的摹本、临本、集书、双钩、伪作。

观古法书,当澄心定虑,先观用笔结体①,精神照应②;次观人为天巧、自然强作③;次考古今跋尾④,相传来历;次辨收藏印识、纸色、绢素⑤。或得结构而不得锋芒者,模本也⑥;得笔意而不得位置者,临本也⑦;笔势不联属,字形如算子者,集书也⑧;形迹虽存,而真彩神气索然者,双钩也⑨。又古人用墨,无论燥润肥瘦,俱透入纸素⑩,后人伪作,墨浮而易辩。

**【注释】**

①用笔结体:笔法与结构。

②精神照应:意境和联系。

③人为天巧:人工和天然。

④跋尾:题文字于书画之后。

⑤印识:印章与题字。绢素:此指古人书画所用之白绢。

⑥模本:即摹本。仿摹翻刻之本。

⑦临本:谓摹写出来的书画复制本。

⑧集书:集合古碑帖字而成。

⑨双钩:摹写的一种方法。用线条钩出所摹的字笔画的四周,构成空心笔画的字体。

⑩纸素:供书写或绘画用的纸张或绢帛。素,古人用绢帛书写,故亦以为书籍或信件的代称。

**【译文】**

观赏古代书法,应当心静神定,先看笔法结构,意境呼应;次看人为或天成,自然或勉强;再看古今题跋,相传来历;接着辨识印章题字、纸张、绢素。有的有间架结构没有锋芒,是摹本;有的有笔下意境却位置不当,是临本;有的笔势不连贯,字如算珠,是集书;有的只存形似,精神气韵却毫不存在,是双钩。古人用墨,无论燥润肥瘦,都浸透纸张、绢素,后人的伪作,笔墨漂浮,容易辨别。

# 论画

**【题解】**

中国古人的论画文字卷帙浩繁,南北朝时谢赫的《古画品录》提出了绘画的六法,即气韵生动、骨法用笔、应物象形、随类赋彩、经营位置、传移模写。文震亨不是教授画法,而是鉴别画作,但依然是继承了古人对绘画的一贯看法。全文用诗一般的语言描摹各种内容的画面,正体现了诗画的不分家,诗中有画,画中有诗。山水画被他列为第一,这也是古代画作最主要的内容。

他先描摹了"妙手"的画作,然后否定了"俗笔"之作,他所认为的好画即生动、神似的画作,而俗笔是只求形似、无神似的呆板之作。实际上这也是中国画作一直追求的目标:气韵生动,即画作有内在的神气和韵味,有一种鲜活的生命洋溢的状态。其实文震亨引用的是北宋韩拙《山水纯全集》的提法:"凡画有八格:石老而润,水净而明,山要崔嵬,泉宜洒落,云烟出没,野径迂回,松偃龙蛇,竹藏风雨也。"

谢赫提出的"六法"中,"气韵生动"为"六法"的灵魂。气韵不仅是画面上的勃勃生机和元气淋漓,更是熔铸在艺术手段中的生命力的律动。所以书画不仅是娱乐,也融入了古人的性灵与人生体验,彰显着画家的人格精神。不管是明末的八大山人朱耷,还是清代的"扬州八怪",不仅在绘画中显示技艺与创新,更表达了鲜明的个性与人生态度,有内心的激愤与苦闷,也有对美好理想的追求与向往。至今我们还能感受到那怪异的风格中,有一种倔强与不肯媚俗。

山水第一,竹、树、兰、石次之,人物、鸟兽、楼殿、屋木小者次之，大者又次之。人物顾盼语言，花果迎风带露，鸟兽虫鱼精神逼真，山水林泉清闲幽旷，屋庐深邃①，桥彴往来②，石老而润，水淡而明，山势崔嵬③，泉流洒落，云烟出没，野径纡回④，松偃龙蛇⑤，竹藏风雨，山脚入水澄清，水源来历分晓，有此数端，虽不知名，定是妙手。若人物如尸如塑，花果类粉捏雕刻，虫鱼鸟兽但取皮毛，山水林泉布置迫塞⑥，楼阁模糊错杂，桥彴强作断形，径无夷险⑦，路无出入，石止一面，树少四枝，或高大不称，或远近不分，或浓淡失宜，点染无法⑧，或山脚无水面，水源无来历，虽有名款⑨，定是俗笔，为后人填写。至于临摹赝手⑩，落墨设色，自然不古，不难辨也。

**【注释】**

①深邃：深远。

②桥彴（zhuó）：独木桥，小桥。彴，独木桥。

③崔嵬（wéi）：高耸貌，高大貌。

④纡回：迂回曲折。

⑤松偃（yǎn）龙蛇：这里指苍劲粗壮的松树皮如同龙鳞，弯曲盘旋的树枝好像卧于林间的蟒蛇。偃，倒卧。

⑥迫塞：逼近，阻塞。

⑦夷险：平坦与险阻。

⑧点染：点缀，装点。

⑨名款：在书画上题名。

⑩赝手：指伪造古名人手笔者。

**【译文】**

山水为画中第一，竹、树、兰、石次之，人物、鸟兽、楼殿、屋木画小幅的次之，大幅的又次之。人物顾盼生辉形象生动，花果随风扶摇含珠带露,鸟兽虫鱼栩栩如生,山水林泉清幽空旷,屋庐深远,小桥横渡,山石古老润泽,流水潺湲明亮,山势险峻,泉流洒落,云烟出没,野径迂回曲折,松树枝干苍劲屈曲,竹子隐藏于风雨之中,山脚入水澄清,水源来历分明,有这些特征的画作,虽不著名,也定是高手所为。如果人物如死尸、雕像,花果像面塑、雕刻,虫鱼鸟兽仅有形似,山水林泉布局阻塞,楼阁模糊错杂,小桥强作断形,径无平坦险峻,路无出入踪迹,石头单调,树木少枝叶,或者高大不相称,或者远近不分,或者浓淡失宜,点缀无法,或者山脚无水面,水流无来源,虽有名人题款,也是平庸之作,为后人添加而成。至于专事临摹伪造者,落墨设色,自然不古雅,这不难辨识。

# 书画价

## 【题解】

即便是探讨书画的价格,文震亨也显示出文化素养,里面多用书法字画的典故。他对书画价格的界定是以内容、格式来说的,并把书法与绘画作品的价格进行了比对,可见对收藏的行情相当熟悉。

文震亨对书画价格的评定中也暴露出他的局限,他站在儒家文化的立场,反对牛鬼蛇神式的画作,认为荒诞无据。但中国画中一直有画鬼怪的传统,《钟馗图》历代都有,"扬州八怪"也多有鬼神之作,清罗聘更是以画鬼出名,他的《鬼趣图》在今天也卖出了天价。

书价以正书为标准①,如右军草书一百字②,乃敌一行行书,三行行书,敌一行正书。至于《乐毅》《黄庭》《画赞》《告誓》③,但得成篇,不可计以字数。画价亦然。山水竹石,古名贤像,可当正书。人物花鸟,小者可当行书;人物大者,及神图佛像、宫室楼阁、走兽虫鱼,可当草书。若夫台阁标功臣之烈④，宫殿彰贞节之名⑤，妙将入神，灵则通圣，开厨或失、挂壁欲飞⑥，但涉奇事异名，即为无价国宝。又书画原为雅道，一作牛鬼蛇神⑦，不可诘识⑧，无论古今名手，俱落第二。

**【注释】**

①正书：书体名，也叫楷书、真书。

②右军：即王羲之（303—361，一作321—379）。晋朝书法家，曾为右军将军，故称王右军。

③《乐毅》：即《乐毅论》。魏夏侯玄作，晋王羲之书，后人奉为小楷典范。《黄庭》：即《黄庭经》。王羲之书，小楷，一百行，据说王羲之以之换鹅，俗称《换鹅帖》。《画赞》《告誓》：西汉东方朔作《画像赞》《告墓文》（亦称《誓墓文》），均王羲之书。

④台阁标功臣之烈：绘制在台阁上的文武功臣。

⑤宫殿彰贞节之名：宫殿中绘制的贞女贤妇。

⑥开厨或失：《晋书·顾恺之传》记载，顾恺之曾将一柜书画寄存桓玄处，桓玄开柜取出书画后封闭如初，后归还顾恺之，说不曾打开过。顾恺之说妙画通灵，变化而去，如人登仙境。挂壁欲飞：《神异记》中记载张僧繇在金陵安乐寺画四龙而不点睛，说点睛就会飞走，人们以为他故弄玄虚，请他试一试，他便给龙点睛，顷刻间雷电破壁，二龙飞去。这只是附会之说，做不得真。

⑦牛鬼蛇神：牛首之鬼和蛇身之神。形容作品虚幻怪诞。

⑧诘识：追溯，认识。

**【译文】**

书法作品的价格以楷书为标准，如王羲之的草书一百字，只能当一行行书，三行行书只能当一行楷书。至于《乐毅论》《黄庭经》《画像赞》

《告墓文》，只要能成篇，不能以字数来计算。画的价格，也是如此。山水石竹，古代名人贤士的肖像，相当于楷书。人物花鸟，小幅的可当行书；大幅的人物画像和神图佛像、宫室楼阁、走兽虫鱼，可当草书。至于在台阁上绘制的文臣武将，在宫殿中绘制的贞女贤妇，能通神灵，打开橱柜会丢失，挂到墙壁上会飞走，只要涉及奇闻轶事的画作，就是无价的国宝。而且书法、绘画本为风雅之事，一涉及虚幻怪诞，无所依据，不论是出自古代还是现在的名家，都要降低一个等次。

# 古今优劣

【题解】

　　论书法，文震亨还是贵古贱今，但在绘画上却分出古今各有优劣。文震亨罗列了一大串的画家名单，提到明朝的名画家时，文震亨认为他们画艺达到了极致，并不无自豪地提到自己的先祖文徵明与文嘉。文徵明、沈周、唐寅、仇英在画史上合称"吴门四家"。今天我们最熟悉的可能是唐寅，唐伯虎点秋香的故事老少皆知，但实为后人戏说，于史无证。唐寅才华横溢，一生却遭际坎坷，远没有文学作品中演绎得那么风流潇洒。明代还有一个独特的画家，文震亨却没有提到，即徐渭，徐渭擅长水墨花卉，用笔放纵，文震亨推崇"纯重雅正"，应是不喜欢徐渭的风格。

　　文震亨提到的明代之前的一些画家，不仅画艺高超，而且在绘画发展史上多具有里程碑式的作用。东晋顾恺之在当时被人称为"才绝，画绝，痴绝"，可惜无真迹流传，流传至今的《女史箴图》《洛神赋图》《列女仁智图》等均为唐宋摹本。唐代吴道子被后世尊称为画圣，是中国山水画的祖师，创造了笔间意远的山水"疏体"。唐阎立本流传下来的《步辇图》现在是无价之宝。宋代的米芾书法、绘画堪称一绝，可惜绘画没有留存下来。文震亨对名家书画一一道来，不知生活于明代的他是否见到了哪些真迹呢？

　　书学必以时代为限,六朝不及晋魏,宋元不及六朝与唐。画则不然,佛道、人物、仕女、牛马,近不及古;山水、林石、花竹、禽鱼,古不及近。如顾恺之<sup>①</sup>、陆探微<sup>②</sup>、张僧繇<sup>③</sup>、吴道玄<sup>④</sup>,及阎立德、立本<sup>⑤</sup>,皆纯重雅正,性出天然。周昉<sup>⑥</sup>、韩幹<sup>⑦</sup>、戴嵩<sup>⑧</sup>,气韵骨法,皆出意表,后之学者,终莫能及。至如李成<sup>⑨</sup>、关仝<sup>⑩</sup>、范宽<sup>⑪</sup>、董源<sup>⑫</sup>、徐熙<sup>⑬</sup>、黄筌<sup>⑭</sup>、居寀<sup>⑮</sup>、二米<sup>⑯</sup>,胜国松雪<sup>⑰</sup>、大痴<sup>⑱</sup>、元镇<sup>⑲</sup>、叔明诸公<sup>⑳</sup>,近代唐、沈及吾家太史、和州辈<sup>㉑</sup>,皆不藉师资,穷工极致,借使二李复生<sup>㉒</sup>,边鸾再出<sup>㉓</sup>,亦何以措手其间?故蓄书必远求上古,蓄画始自顾、陆、张、吴,下至嘉隆名笔<sup>㉔</sup>,皆有奇观。惟近时点染诸公,则未敢轻议。

【注释】

①顾恺之(约345—406):字长康,小字虎头,晋陵无锡(今江苏无锡)人。因在文学和绘画方面成就颇高,被称为三绝:才绝、画绝和痴绝。

②陆探微(?—约485):南朝宋吴(今江苏苏州)人。正式以书法入画的创始人,把东汉张芝的草书体运用到绘画上,与顾恺之并称"顾陆"。

③张僧繇:吴(今江苏苏州)人。南北朝梁画家。长于写真,并擅画佛像、龙、鹰,多作卷轴画和壁画。与顾恺之、陆探微、吴道子并称为画家四祖。主要作品有《二十八宿神形图》《梁武帝像》等。

④吴道玄:即吴道子(约680—759)。又名道玄,阳翟(今河南禹县)人。唐代著名画家,画史尊称"画圣"。开元年间以善画被召入宫廷,曾随张旭、贺知章学习书法,通过观赏公孙大娘舞剑,体会用笔之道。擅佛道、神鬼、人物、山水、鸟兽、草木、楼阁等,尤

精于佛道、人物,长于壁画创作。主要作品有《送子天王图》等。

⑤阎立德（约596—656）：本名阎让，字立德，雍州万年（今陕西西安）人。阎立德曾受命营造唐高祖山陵，督造翠微、玉华两宫，营建昭陵，主持修筑唐长安城外郭和城楼等。绘画以人物、树石、禽兽见长。主要作品有《文成公主降蕃图》《王会图》《古帝王图》等。阎立本（？—673）：阎立德之弟，雍州万年（今陕西西安）人。善于图画，工人物、车马、台阁，尤擅写真，笔力圆劲雄浑，长于刻画人物性格神情。代表作品有《步辇图》《历代帝王图》《凌烟阁功臣二十四人图》等。

⑥周昉：字仲朗、景玄，京兆（今陕西西安）人。出身显贵，先后任越州、宣州长史。能书，擅画人物、佛像，尤其擅长画贵族妇女，容貌端庄，体态丰肥，色彩柔丽，为当时宫廷士大夫所喜爱。是中唐时期继吴道子之后而起的重要人物画家。代表作品有《五星真形图》《杨妃出浴图》《妃子数鹦鹉图》《簪花仕女图》等。

⑦韩幹（约706—783）：京兆蓝田（今陕西蓝田）人，一作大梁（今河南开封）人。唐代画家。擅绘肖像、人物、鬼神、花竹，尤工画马，后代画马名家如李公麟、赵孟頫都曾向他学习。代表作品有《牧马图》《照夜白图》等。

⑧戴嵩：唐代画家。擅画田家、川原之景，画水牛尤为著名，与韩幹之画马，并称"韩马戴牛"。传世作品有《斗牛图》。

⑨李成（919—967）：字咸熙，五代、宋初画家，五代时避乱居青州益都（今山东青州），人称李营丘。擅画山水，多画郊野平远旷阔之景，画法简练，气象萧疏，好用淡墨，有"惜墨如金"之称。画山石如卷动之云，后人称为"卷云皴"；画寒林创"蟹爪"法。对北宋的山水画的发展有重大影响，北宋时期被誉为"古今第一"。作品有《读碑窠石图》《寒林平野图》《晴峦萧寺图》《茂林远岫图》等。

⑩关仝（约907—960）：一作关同、关穜，长安（今陕西西安）人。五

代时画家。在山水画的立意造境上显露出自己独具的风貌，被称
为"关家山水"。代表作品有《关山行旅图》《山溪待渡图》等。

⑪范宽（950—1032）：字仲立、中立，原名中正。擅画山水，为山水
画"北宋三大家"之一。代表作品有《溪山行旅图》《雪山萧寺
图》《雪景寒林图》等。

⑫董源（？—962）：又名董元，字叔达，江西钟陵（今江西进贤）人。
五代绘画大师，南派山水画开山鼻祖。擅画山水，兼工人物、禽
兽。存世作品有《夏景山口待渡图》《潇湘图》等。

⑬徐熙（？—975）：金陵（今江苏南京）人，一说钟陵（今江西进贤）
人。善画花竹林木，蝉蝶草虫。与黄筌齐名，世称"黄徐"。有
"黄家富贵，徐熙野逸"之评，形成五代、宋初花鸟两大流派。代
表作品有《玉堂富贵图》《石榴图》《春燕戏花图》等。

⑭黄筌（约903—965）：字要叔，成都（今四川成都）人。五代十国
西蜀画家。擅画花、竹、翎毛、佛道、人物和山水，是一位技艺全面
的画家，以画品"富贵"流布后世。现存的真迹有《珍禽图》。

⑮居寀（cǎi）：即黄居寀（933—？）。字伯鸾，黄筌子。五代、宋初成
都（今四川成都）人。擅绘花竹禽鸟，精于勾勒，用笔劲挺工稳，
填彩浓厚华丽，其园竹翎毛形象逼真，妙得自然。作品有《竹石
锦鸠图》《山鹧棘雀图》等。

⑯二米：指宋代米芾、米友仁父子。米芾（1051—1107），初名黻，后
改芾，字元章，世称米南宫、米襄阳、米颠等，初籍太原（今山西太
原），后徙襄阳（今湖北襄樊），定居润州（今江苏镇江市）。与蔡
襄、苏轼、黄庭坚合称"宋四家"。书画自成一家，枯木竹石，山水
画独具风格。在书法上也颇有造诣，擅篆、隶、楷、行、草等书体，
长于临摹古人书法，达到乱真程度。主要作品有《多景楼诗》《虹
县诗》《研山铭》《拜中岳命帖》等。米友仁（1069？—1151）：一
名尹仁，字元晖，小名寅哥、鳌儿，晚号懒拙老人。米芾长子，善书

画,世称"小米"。传世真迹有《云山得意图》《潇湘奇观图》等。诗文作品有《临江仙》《小重山》《渔家傲(和晏元献韵)》等。

⑰胜国:本朝对前朝的称呼,此处即元朝。松雪:即赵孟頫(1254—1322),字子昂,号松雪道人、水精宫道人,湖州(今浙江湖州)人。能诗善文,以书法和绘画成就最高。长于山水、木石、花竹、人马,画法精致。创"赵体"书,与欧阳询、颜真卿、柳公权并称"楷书四大家"。主要作品有《松雪斋文集》《秋郊饮马图》等。

⑱大痴:即黄公望(1269—1354)。本姓陆,名坚,常熟(今江苏常熟)人。出继黄氏为义子,改姓黄,名公望,字子久,号一峰、大痴道人等。黄公望工书法,通音律,善诗词散曲。尤擅画山水,为"元末四大家"之首。传世画作有《富春山居图》《水阁清幽图》等。

⑲元镇:即倪瓒(1301？—1374？)。初名倪珽,字泰宇,别字元镇,号云林子、荆蛮民、幻霞子,常州无锡(今江苏无锡)人。擅画山水和墨竹,师法董源,受赵孟頫影响。早年画风清润,晚年变法,平淡天真。书法从隶书入,有晋人风度,亦擅诗文。存世作品有《渔庄秋霁图》《六君子图》《容膝斋图》等。

⑳叔明:即王蒙(1308—1385)。字叔明,一作叔铭,号黄鹤山樵、香光居士,湖州(今浙江湖州)人。赵孟頫外孙。作品以繁密见胜,重峦叠嶂,长松茂树,气势充沛,变化多端。喜用解索皴和牛毛皴,干湿互用,寄秀润清新于厚重浑穆之中。兼攻人物、墨竹,并擅行楷,与黄公望、倪瓒、吴镇称"元季四家"。存世作品有《青卞隐居图》《葛稚川移居图》《夏山高隐图》《丹山瀛海图》《太白山图》等。

㉑唐、沈:即明代唐寅与沈周。唐寅(1470—1524),字伯虎、子畏、号六如居士,吴县(今江苏苏州)人。山水画宗法李唐、刘松年,融会南北画派,笔墨细秀,布局疏朗,风格秀逸清俊。人物画师承唐代传统,色彩艳丽清雅,体态优美,造型准确。亦工写意人物,

笔简意赅，饶有意趣。其花鸟画长于水墨写意，洒脱秀逸。书法奇峭俊秀，取法赵孟頫。绘画上与沈周、文徵明、仇英并称"吴门四家"，又称"明四家"。诗文上，与祝允明、文徵明、徐祯卿并称"吴中四才子"。代表作品有《落霞孤鹜图》《杏花茅屋图》《春山伴侣图》《秋风纨扇图》等。沈周（1427—1509），字启南，号石田、白石翁，长洲（今江苏苏州）人。吴门画派的创始人，"明四家"之一。是明代中期文人画"吴派"的开创者。在元明以来文人画领域有承前启后的作用。传世作品有《庐山高图》《秋林话旧图》《沧州趣图》。吾家太史、和州：即文徵明、文嘉父子。文徵明（1470—1559），文震亨的曾祖。文徵明诗、文、书、画无一不精，人称"四绝"，其与沈周共创"吴派"。文嘉（1501—1583），字休承，号文水，文徵明次子，长洲（今江苏苏州）人。能诗，工书，小楷清劲，亦善行书。精于鉴别古书画，工石刻，为明一代之冠。画得徵明一体，善画山水，笔法清脆，颇近倪瓒，着色山水具幽澹之致，间仿王蒙皴染，亦颇秀润，兼作花卉，吴门派代表画家。主要作品有《钤山堂书画记》《和州诗》等。

㉒二李：即唐代李思训、李昭道父子。李思训（651—716），字建睍。擅长山水画，后世尊为"北宗"之祖。书画称一时之绝。尤以山水著称，誉为盛唐第一。山水树石，笔格遒劲，金碧辉映，为一家之法。开元初，官右武卫大将军。画史上称"大李将军"。主要作品有《江帆楼阁图》《九成宫纨扇图》等。李昭道（675—758），字希俊，陇西成纪（今甘肃秦安）人。李思训之子。擅长青绿山水，世称"小李将军"。兼善鸟兽、楼台、人物，并创海景，画风巧赡精致。传世作品有《春山行旅图》等。

㉓边鸾：唐京兆（今陕西西安）人。最长于花鸟折枝之妙，善用颜色，能得心应手地表现鸟雀羽毛的万态变化，春花绽放的千种姿容。传世作品有《梅花山茶雪雀图》。

㉔嘉隆名笔：明代嘉靖至隆庆年间（约1522—1572）的名家。

**【译文】**

书法的优劣应以年代为准，六朝的不及魏晋，宋元不及六朝和唐代。绘画则不同，佛道、人物、仕女、牛马，近代不及古代；山水、林石、花竹、禽鱼，古代不及近代。比如顾恺之、陆探微、张僧繇、吴道子及阎立德、阎立本，都厚重雅正，天然质朴。周昉、韩幹、戴嵩，气韵骨法，都出人意料，后世学习他们的人，都不能企及。至于李成、关仝、范宽、董源、徐熙、黄筌、黄居寀、米芾父子，元代赵孟頫、黄公望、倪瓒、王蒙，以及本朝的唐寅、沈周、文徵明、文嘉这些人，都不借助师长，画艺达到了极致，即使唐代的李思训、李昭道复活，边鸾再生，又怎能立足于他们之中？所以收藏书法一定要寻求上古时期的作品，收藏绘画则从顾恺之、陆探微、张僧繇、吴道子开始，下至本朝嘉靖、隆庆年间的名家，其中有不少佳作。现今的诸位画家，我不敢轻易评论。


# 粉本

**【题解】**

粉本即画稿，古人作画，先施粉上样，然后依样落笔，故称画稿为粉本。清代方薰《山静居画论》解释说："画稿谓粉本者，古人于墨稿上加描粉笔，用时扑入缣素，依粉痕落墨，故名之也。"唐韩偓《商山道中》诗："却忆往年看粉本，始知名画有工夫。"在名画的稿本上能看出功力与素养。实际上，文震亨本篇并无新见，全文均引自元代夏文彦的《图绘宝鉴》。


古人画稿，谓之粉本，前辈多宝蓄之，盖其草草不经意处，有自然之妙。宣和、绍兴所藏粉本①，多有神妙者。

**【注释】**

①宣和：宋徽宗赵佶的年号（1119—1125）。绍兴：宋高宗赵构的年号（1131—1162）。

**【译文】**

古人的画稿，称为粉本，前人都爱珍藏，因为随意勾画的地方，往往有自然之妙。宣和、绍兴年间的粉本，有很多神妙之作。

# 赏鉴

**【题解】**

文震亨所讲乃欣赏书画的规矩：心态轻浮不可看，风吹日晒不可看，烛前灯下不可看，不洗手不可看，强作风雅不可看，遇不懂之人不可看。限于篇幅，他只列举了不可看的一些例子，实际上不可看的规矩非常之多，与文震亨同时的袁宏道《酒觞》一文与此文颇为相似，对于喝酒的天气、地点、饮具等规定了五十多条，可见其时文人生活之精致，也可以说是规矩之繁琐。对于酒、花、画等，既享受它们带来的愉悦，也心甘情愿为了这愉悦而被约束。

文震亨把书画比作美人，极为俗套，却也极为恰当。现在往往要用真空来保存名画，不能拍照，不能近距离欣赏。即便如此，书画仍有被岁月损毁的危险。书画承载了文化和历史的使命，历代的收藏家像爱惜生命一样保存书画，拥有却随时会失去的感觉让人恐慌，这种待遇又岂是美人所能得到的？

欣赏书画，要同知音一起，只有懂的人才明白它的好，能同收藏者激起情感上的共鸣，这种感觉非文字所可以表达。我们虽不否认金钱对于衡量书画价值的标志性作用，但是过于追逐经济价值在书画赏玩上的导向，无疑破坏了真正赏玩者应该抱有的心态。书画是感情和文化的结晶，当我们穿过厚重的历史，穿过千年的时光站在一幅书画前，开口却是它的价格,那未免太俗气了。

　　看书画如对美人,不可毫涉粗浮之气,盖古画纸绢皆脆,舒卷不得法,最易损坏。尤不可近风日,灯下不可看画,恐落煤烬,及为烛泪所污。饭后醉余,欲观卷轴,须以净水涤手;展玩之际,不可以指甲剔损。诸如此类,不可枚举。然必欲事事勿犯,又恐涉强作清态。惟遇真能赏鉴,及阅古甚富者,方可与谈,若对伧父辈<sup>①</sup>,惟有珍秘不出耳。

**【注释】**

　　①伧(cāng)父:粗鄙之人。

**【译文】**

　　鉴赏书画如面对美人,不能有丝毫轻浮粗俗,因为书画纸绢都很脆,翻开合上不得法,很容易损坏。尤其不能被风吹日晒,不能在灯下看画,恐怕会被烟灰、烛泪污损。饭后酒余,要观看卷轴,必须先以净水洗手;展玩的时候,不能以指甲剔刮损坏。诸如此类,不能一一举例。然而如果处处小心,又怕故作风雅。只有遇到真正懂得鉴赏的人和饱览古代书画之人,才能交流谈心,若遇到粗鄙之人,只能秘密珍藏不拿出来。

# 绢素

**【题解】**

　　绢素指未曾染色的白绢。绢素质地良好,书写顺畅,是很好的书写材料,所以绢素常用来代指书籍或信件。汉乐府《饮马长城窟行》就有:"客从远方来,遗我双鲤鱼。呼儿烹鲤鱼,中有尺素书。"宋晏殊《蝶恋花》词曰:"欲寄彩笺兼尺素,山长水阔知何处。"文震亨列举了唐至明代的绢，对之进行了仔细辨别，在文末文震亨说董其昌用白绢作画有士大夫气，显然不是肯定的语言，这里能看出文人与士大夫有着身份的不同，文震亨更多地表现出文人趣味。

古画绢色墨气，自有一种古香可爱，惟佛像有香烟熏黑，多是上下二色。伪作者，其色黄而不精采①。古绢，自然破者，必有鲫鱼口②，须连三四丝，伪作则直裂。唐绢丝粗而厚，或有捣熟者，有独梭绢③，阔四尺余者。五代绢极粗如布。宋有院绢④，匀净厚密，亦有独梭绢，阔五尺余，细密如纸者。元绢及国朝内府绢俱与宋绢同⑤。胜国时有宓机绢⑥，松雪、子昭画多用此⑦，盖出嘉兴府宓家，以绢得名，今此地尚有佳者。近董太史笔⑧，多用砑光白绫⑨，未免有进贤气⑩。

**【注释】**

①精采：有神采。

②鲫鱼口：参差不齐的裂口。

③独梭绢：绘画所用较为稀薄的绢。

④院绢：宋代画院之绢。

⑤国朝：本朝。内府绢：皇家织染局所制者。

⑥宓（mì）机绢：浙江嘉兴宓姓所织之绢。

⑦松雪：即元代书画家赵孟頫（1254—1322）。字子昂，号松雪道人，简称松雪。工书法，尤精于正、行书和小楷。擅画，工山水、人物、鞍马以及墨竹和花鸟。书法作品有《洛神赋》《道德经》等，画作有《重江叠嶂》《东洞庭》等。子昭：即盛懋，字子昭。善画人物、山水、花鸟。画山石多用披麻皴或解索皴，笔法精整，设色明丽。主要代表作有《秋林高士图》《秋江待渡图》《沧江横笛

图》《溪山清夏图》和《松石图》等。

⑧董太史：即董其昌（1555—1636）。字玄宰，号思白，别号香光居士，松江华亭（今上海松江区）人。擅画山水，笔致清秀中和，恬静疏旷。用墨明洁隽朗，温敦淡荡。青绿设色，古朴典雅。以佛家禅宗喻画，倡"南北宗"论，为"华亭画派"杰出代表，兼有"颜骨赵姿"之美。其画及画论对明末清初画坛影响甚大。书法出入晋唐，自成一格，能诗文。代表作品有《岩居图》《明董其昌秋兴八景图册》《昼锦堂图》《白居易琵琶行》《草书诗册》《烟江叠嶂图跋》等。

⑨研（yà）光白绫：以石磨之，使发光泽的白绫。研，碾磨物体，使紧密光亮。

⑩进贤气：士大夫气。

**【译文】**

古画的绢色、用墨，有一种古色古香，惹人喜爱，只有佛像画因香烟熏染呈黑色，上下两部分深浅不同。伪造的古画，色彩发黄，没有神采。古绢，自然破损的，一定有参差不齐的裂口，有一些丝缕相连，伪造的则裂口整齐。唐代的绢丝粗而厚，有的是熟绢，也有独梭绢，宽四尺有余。五代的绢粗厚如布。宋代画院之绢，匀净厚密，也有独梭绢，五尺多宽，细密如纸。元代的绢和本朝的内府绢，与宋代的绢相同。元朝时有宓机绢，赵孟頫和盛懋的画，多用此绢，此绢因为产于嘉兴府宓家，因此得名，现在当地还有很好的绢。近代董其昌，多用磨光的白绢作画，未免有士大夫气。

# 御府书画

**【题解】**

说到书画，怎能不提到宋徽宗呢？文震亨此文倒不是论宋徽宗的书画，而是说宋徽宗御府所藏书画都有宋徽宗的题记，但大多为装裱工人所题，真伪相杂。我们不禁要问：工人为何能做到以假乱真呢？

宋徽宗从治国理政来说是一个无能的皇帝，但是从书画史来说，却避不开他的杰出贡献。他的"瘦金体"笔道瘦细峭硬而腴润洒脱，他的绘画富贵艳丽与清淡悠远并存。宋徽宗喜欢在收藏的书画上题诗作跋，这正是装裱工人能够以假乱真的原因所在。

宋徽宗御府所藏书画①，俱是御书标题，后用宣和年号，"玉瓢御宝"记之②。题画书于引首一条③，阔仅指大，傍有木印黑字一行，俱装池匠花押名款④，然亦真伪相杂，盖当时名手临摹之作，皆题为真迹。至明昌所题更多⑤，然今人得之，亦可谓买王得羊矣⑥。

**【注释】**

①御府所藏书画：此指皇家所藏书画。

②玉瓢御宝：宋徽宗用玉制瓢形御印。

③引首：装裱书画时加贴在画心上方或下方的纸笺，用于题记。

④装池匠：装裱书画的工人。花押：草书签名。

⑤明昌：金章宗的年号（1190—1194）。

⑥买王得羊：想买王献之的真迹，却得到羊欣的字，虽为仿品，也还不错。王，即王献之（344—386）。字子敬，琅邪临沂（今山东临沂）人。王羲之子，东晋著名书法家。幼以家学渊源，擅长书画。与其父俱以书法名世，世称"二王"。有行书《鸭头丸帖》等墨迹传世。羊，即羊欣（370—442）。字敬元，泰山南城（今山东费县西南）人。曾师从王献之学习书法。书法作品有《暮春帖》《大观帖》《闲旷帖》等，与同时代书法家薄绍之并称"羊薄"。

## 【译文】

宋徽宗皇室所收藏的书画，都是他亲笔题记，后面用的是宣和年号，用玉制瓢形御印所题。题记在书画上一条仅一指宽的引首上，旁边有一行木印黑字，这些都是装裱工人的签名，但也真假相杂，因为当时高手的临摹之作，都题为真迹。到了金代明昌年间，伪作题为真作的更多，但是今人得到它，虽是仿品，也还不错。

# 院画

## 【题解】

宋徽宗置御前画院，院中设有官职，南宋议和后复设之，院中所作称为院画。明代对效仿宋代画院作品称之为"院体"。文震亨并不欣赏宋代的院画，对于明代的院体画，以"亦奇物也"称之，似无褒贬。对于动辄冒充名人画作，则充满讥刺。此文提到了宫廷画家这个职业。五代时期宫廷绘画开始兴盛，及至北宋徽宗时期，画院形成了一整套相对成熟的制度。宫廷文人因为是御用文人，很难自由地书写真情实感，一向被认为各方面成就都不高，在画作方面也是如此。但就整个艺术界的生态来说，宫廷画家自有存在的必要和价值。

宋徽宗设置御前画院，将画家的地位提到在中国历史上最高的位置，画院制度也为画院输送了不少优秀的画家。南宋与金和议之后，也仿照宣和旧制，置御前画院，以侍候品玩。院画即宋代"翰林图画院"中宫廷画家的作品，它们在形式上工整、细致，但往往缺乏生气。明代屠隆《考槃余事》曰："评者谓之院画，不以为重，以巧太过，而神不足也。不知宋人之画，亦非后人可造堂室。"鲁迅在《论"旧形式的采用"》一文中也说："宋的院画，萎靡柔媚之处当舍，周密不苟之处是可取的。"院画有弊端，但也有可取之处，颇类似于诗文中的"台阁体"。清中期的时候，厉鹗汇集南宋百余年间画院机制、人物、画作等相关文献，辑录为《南宋院画录》，梳理南宋院画对绘画艺术的传承，也宣扬院画"托意规讽"的教化作用。

　　宋画院众工，凡作一画，必先呈稿本，然后上真<sup>①</sup>，所画山水、人物、花木、鸟兽，皆是无名者。今国朝内画水陆及佛像亦然<sup>②</sup>，金碧辉灿，亦奇物也。今人见无名人画，辄以形似，填写名款，觅高价，如见牛必戴嵩<sup>③</sup>，见马必韩幹之类<sup>④</sup>，皆为可笑。

**【注释】**

①上真：在稿本上上墨、上色，正式作画。

②水陆：水陆道场的简称，佛教法会的一种，僧尼设坛诵经，礼佛拜忏，遍施饮食，以超度水陆一切亡灵，普济六道四生，故称。

③戴嵩：唐代画家。擅画田家、川原之景，画水牛尤为著名，与韩幹之画马，并称"韩马戴牛"。传世作品有《斗牛图》。

④韩幹（约706—783）：唐代画家。善人物画像，尤善画马，后代画马名家如李公麟、赵孟𫖯都曾向他学习。代表作品有《牧马图》《照夜白图》等。

**【译文】**

　　宋代画院的画工每作一画，一定先呈送稿本，然后才上墨、上色，所画山水、人物、花木、鸟兽都没有名气。现在本朝所画水陆道场及佛像也是如此，金碧辉煌，灿烂耀眼，也算得上是奇物。见到无名画作，就按外形相似，填上名家题款，以求高价，比如，见到所画为牛就题名为戴嵩，所画为马就题名为韩幹等等，都非常可笑。

# 单条

## 【题解】

单条即单幅的条幅,是竖行书写的长条作品,条幅内容大都选取一首律诗或一段古文。对于大众喜欢的单条,文震亨却认为俗气逼人,理由是"宋元古画,断无此式"。显然单条是明人的创新,一向崇古的文震亨不肯接受新的时尚,从中能看出他对流行时尚的坚决抵制,即便是真迹,也因为沾染了俗尚而大为贬值。通过排斥时尚俗制,文震亨将自己与庸众区别开来。

宋元古画,断无此式,盖今时俗制,而人绝好之。斋中悬挂,俗气逼人眉睫,即果真迹,亦当减价。

## 【译文】

宋元的古画,绝无细长条幅的样式,这是今天时兴的俗套,世人特别喜欢。在室中悬挂这种条幅,俗气逼人,即便是真迹,也要降低等次。

# 名家

## 【题解】

本篇题为"名家",文震亨将历代书法家、画家列举一通,我们看到的是密密麻麻的名字,先是历代书法名家,后是历代绘画名家,有书画皆擅者,所以书法家与画家中有相互重复的名字。

既为名家,读者较为熟悉,不必赘述,却能看出文震亨对传统审美趣味的追随。有趣的是结尾列举的明代画家,文震亨认为他们是歪门邪道,何谓歪门邪道?是笔墨纵横还是过于创新?郑颠仙画人物颇野放,张复阳师法吴镇,画风水墨淋漓,钟钦礼、蒋三松、张平山、汪海云均为浙派画家,学习戴进,都有所变化,但多纵笔粗豪,画风以豪放见长,秀逸不足,狂放过之。这些画家固有一些草率之笔,但也显露出自己的个性。文震亨的论述显露出其保守性,也许是他视书画为风雅之事,所以对粗豪之作不肯接受吧。

　　书画名家,收藏不可错杂,大者悬挂斋壁,小者则为卷册,置几案间。邃古篆籀①,如锺②、张③、卫④、索⑤、顾⑥、陆⑦、张⑧、吴⑨,及历代不甚著名者,不能具论。

**【注释】**

①邃古:远古。篆籀(zhòu):篆文和籀文。篆文,篆体字。籀文,我国古代书体的一种。也叫"籀书""大篆"。因著录于《史籀篇》而得名,字体多重叠。春秋、战国间通行于秦国,与篆文近似。今存石鼓文即这种字体的代表。

②锺:即锺繇(151—230)。字元常,颍川长社(今河南长葛)人。曹魏重臣。锺繇擅篆、隶、真、行、草等多种书体,尤精于楷、隶,被后世尊为"楷书鼻祖"。主要作品有《贺捷表》《力命表》《宣示表》《荐季直表》等。

③张:即张芝(? —约192)。字伯英,弘农(今河南灵宝)人,一说为敦煌(今甘肃敦煌西)人。东汉著名书法家,被誉为"草书之祖",其书法被誉为"一笔书"。擅长草书中的章草,将古代当时字字区别、笔画分离的草法,改为上下牵连富于变化的新写法,富有独创性。今无墨迹传世,仅北宋《淳化阁帖》中收有他的《八月帖》等刻帖。

④卫:即卫瓘(220—291)。字伯玉,西晋河东安邑(今山西夏县西北)人。善隶书及章草。不仅兼工各体,还能学古人之长,是颇有创意的书法家。《顿首州民帖》是卫瓘唯一传世的书法作品,此

帖已基本上去掉了书法中的波磔之笔势,从此帖已可看出章草向今草的过渡。

⑤索:即索靖(239—303)。字幼安,敦煌(今甘肃敦煌西)人。西晋将领、著名书法家,"敦煌五龙"之一。善章草,传东汉张芝之法,其书险峻坚劲,自成一家。主要作品有《索子》《草书状》《出师颂》《月仪帖》等。

⑥顾:即顾恺之(约345—406)。字长康,小字虎头,晋陵无锡(今江苏无锡)人。因在文学和绘画方面成就颇高,被称为三绝:才绝、画绝和痴绝。

⑦陆:即陆探微(?—约485)。南朝宋吴(今江苏苏州)人。正式以书法入画的创始人,把东汉张芝的草书体运用到绘画上。与顾恺之并称"顾陆"。

⑧张:即张僧繇。吴(今江苏苏州)人。南北朝梁画家,与顾恺之、陆探微、吴道子并称为"画家四祖"。

⑨吴:即吴道子(约680—759)。又名道玄,阳翟(今河南禹县)人。唐代著名画家,画史尊称"画圣"。

**【译文】**

名家的书画,也不要收藏太杂,大幅的悬挂室壁,小幅的集为卷册,置于几案之间。远古的篆文与籀文,如锺繇、张芝、卫瓘、索靖、顾恺之、陆探微、张僧繇、吴道子,还有历代不甚著名的,不能一一列举。

书则右军①、大令②、智永③、虞永兴④、褚河南⑤、欧阳率更⑥、唐玄宗⑦、怀素⑧、颜鲁公⑨、柳诚悬⑩、张长史⑪、李怀琳⑫,宋高宗⑬、李建中⑭、二苏⑮、二米⑯、范文正⑰、黄鲁直⑱、蔡忠惠⑲、苏沧浪⑳、黄长睿㉑、薛道祖㉒、范文穆㉓、张即之㉔、先信国㉕、赵吴兴㉖、鲜于伯机㉗、康里子山㉘、张伯雨㉙、倪元镇㉚、杨铁崖㉛、柯丹丘㉜、袁清容㉝、危太素㉞。

**【注释】**

①右军：指王羲之（303—361，一说321—379）。字逸少，琅邪临沂（今山东临沂）人。初为秘书郎，累迁至右军将军、会稽内史，故人称王右军。

②大令：即王献之（344—386）。字子敬，小名官奴，琅邪临沂（今山东临沂）人。官至中书令，人称王大令。

③智永：本名王法极，字智永，王羲之七世孙，号"永禅师"。善书，书有家法。创"永字八法"，为后代楷书立下典范。

④虞永兴：即虞世南（558—638）。字伯施，会稽余姚（今浙江余姚）人。善书法，与欧阳询、褚遂良、薛稷合称"初唐四大家"。所编《北堂书钞》为唐代四大类书之一。

⑤褚河南：即褚遂良（596—658，一说597—659）。字登善，钱塘（今浙江杭州）人，一作阳翟（今河南禹县）人。博涉文史，尤工书法。初学虞世南，后取法王羲之，传世墨迹有《孟法师碑》《雁塔圣教序》等。

⑥欧阳率更：即欧阳询（557—641）。字信本，潭州临湘（今湖南长沙）人。曾官至太子率更令、弘文馆学士，故又称"欧阳率更"。精通书法，与虞世南、褚遂良、薛稷三位并称"初唐四大家"。有楷书《九成宫醴泉铭》《皇甫诞碑》《化度寺碑》，行书《仲尼梦奠帖》《行书千字文》等。

⑦唐玄宗：即李隆基（685—762）。712—756年在位。前期励精图治，国力强盛，史称"开元盛世"。后期贪图享乐，任用非人，国事日非，导致"安史之乱"，后退位为太上皇。玄宗多才艺，知音律，善书法，工诗能文。

⑧怀素（737—799）：俗姓钱，字藏真，长沙（今湖南长沙）人。以

"狂草"名世，史称"草圣"。自幼出家为僧，经禅之暇，爱好书法，与张旭齐名，合称"颠张狂素"，形成唐代书法双峰并峙的局面。传世书法作品有《自叙帖》《苦笋帖》《圣母帖》等。

⑨颜鲁公：即颜真卿（709—784？）。字清臣，小名羡门子，别号应方，京兆万年（今陕西西安）人。颜真卿书法精妙，擅长行、楷。初学褚遂良，后师从张旭，得其笔法。其正楷端庄雄伟，行书气势遒劲，创"颜体"楷书，对后世影响很大。与赵孟頫、柳公权、欧阳询并称"楷书四大家"。又与柳公权并称"颜柳"。

⑩柳诚悬：即柳公权（778—865）。字诚悬，京兆华原（今陕西耀州区）人。以楷书著称，初学王羲之，后来遍观唐代名家书法，吸取了颜真卿、欧阳询之长，融会新意，自创独树一帜的"柳体"，以骨力劲健见长。传世碑刻有《金刚经刻石》《玄秘塔碑》《冯宿碑》等，行、草书有《伏审帖》《十六日帖》《辱向帖》等。

⑪张长史：即张旭（685？—759？）。字伯高，一字季明，吴（今江苏苏州）人。擅长草书，喜欢饮酒，世称"张颠"，与怀素并称"颠张醉素"，与贺知章、张若虚、包融并称"吴中四士"，又与贺知章等人并称"饮中八仙"。其草书与李白的诗歌、裴旻的剑舞并称"三绝"。主要作品有《古诗四帖》《肚痛帖》等。

⑫李怀琳：活动于7世纪，唐太宗时待诏文林馆。草书《嵇康与山巨源绝交书》相传为李怀琳仿作，共159行，1209字，现藏日本。

⑬宋高宗：即赵构（1107—1187）。字德基。宋朝第十位皇帝（1127—1162年在位）。精于书法，善真、行、草书，笔法洒脱婉丽，自然流畅，颇得晋人神韵。著有《翰墨志》，传世墨迹有《洛神赋》等。

⑭李建中（945—1013）：字得中，号严夫、民伯，京兆（今陕西西安）人。性怡淡，简静，风神雅秀，不重名利，曾作西京留司御史台，人称"李西台"。好游山水，多留题。善书札，草、隶、篆、籀俱妙。

传世书迹有《土母帖》《李西台六帖》等。

⑮二苏：即苏轼、苏辙。苏轼（1036—1101），字子瞻、和仲，号铁冠道人、东坡居士，眉州眉山（今四川眉山市）人。北宋中期文坛领袖，在诗、词、散文、书、画等方面取得很高成就。因乌台诗案被贬黄州，后又被贬惠州、儋州等地。写有《赤壁赋》《后赤壁赋》《念奴娇·赤壁怀古》等名作。苏辙（1039—1112），字子由，一字同叔，晚号颍滨遗老，眉州眉山（今四川眉山市）人。苏辙与父亲苏洵、兄长苏轼齐名，合称"三苏"。善书，书法潇洒自如，工整有序。著有《栾城集》等行于世。

⑯二米：即米芾及其子米友仁。米芾（1051—1107），初名黻，后改芾，字元章。米芾与蔡襄、苏轼、黄庭坚合称"宋四家"。画作自成一家，枯木竹石，山水画独具风格。书法也颇有造诣，擅篆、隶、楷、行、草等书体，长于临摹古人书法，达到乱真程度。主要作品有《多景楼诗》《虹县诗》《研山铭》《拜中岳命帖》等。米友仁（1069—1151），一名尹仁，字元晖，小名寅哥、鳌儿，晚号懒拙老人，米芾长子，世称"小米"。主要作品有《临江仙》《小重山》《渔家傲（和晏元献韵）》等。

⑰范文正：即范仲淹（989—1052）。字希文，吴县（今江苏苏州）人。曾官参知政事，主持"庆历新政"。诗、词、散文俱佳。他倡导的"先天下之忧而忧，后天下之乐而乐"思想和仁人志士节操，对后世影响深远。有《范文正公文集》传世。

⑱黄鲁直：即黄庭坚（1045—1105）。字鲁直，号山谷道人、涪翁，洪州分宁（今江西修水）人。生前与苏轼齐名，世称"苏黄"。书法独树一格，为"宋四家"之一。书法作品有《松风阁诗帖》《诸上座帖》等。

⑲蔡忠惠：即蔡襄（1012—1067）。字君谟，兴化军仙游（今福建仙游）人。诗文清妙，书法浑厚端庄，淳淡婉美，自成一体，为"宋四

家"之一。有《蔡忠惠集》等传世。

⑳苏沧浪：即苏舜钦（1008—1048）。字子美，号沧浪翁，开封（今河南开封）人。提倡古文运动，善于诗词，与宋诗"开山祖师"梅尧臣合称"苏梅"。诗多指摘时弊，语言明快豪放。亦工散文。有《苏学士集》。

㉑黄长睿：即黄伯思（1079—1118）。字长睿，别字霄宾，号云林子，邵武（今福建邵武）人。著有《法帖刊误》二卷。

㉒薛道祖：即薛绍彭。字道祖，号翠微居士。与米芾齐名，人称"米薛"。工正、行、草书，笔致清润遒丽，具晋、唐人法度，现存世书迹有《诗卷》《兰亭临写本》及《昨日帖》《随事吟帖》《晴和帖》等。

㉓范文穆：即范成大（1126—1193）。字至能，一字幼元，早年自号此山居士，晚号石湖居士，吴县（今江苏苏州）人。今有《石湖集》《揽辔录》《吴船录》《吴郡志》《桂海虞衡志》等著作传世。

㉔张即之（1186—1263）：字温夫，号樗寮，和州历阳（今安徽和县）人。工书，其墨迹为金人所珍爱。学米芾而参用欧阳询、褚遂良笔法，尤善写大字，劲挺雄强，别具一格。存世书迹有《报本庵记》《书杜诗卷》等。

㉕先信国：即文天祥（1236—1283）。初名云孙，字宋瑞，又字履善，道号浮休道人、文山，吉州庐陵（今江西吉安）人。坚持抗元，兵败被俘，囚拘燕京四年终不屈，被害。诗、文、词俱沉郁悲壮，忠义凛然。有《文山全集》。

㉖赵吴兴：即赵孟頫（1254—1322）。字子昂，号松雪道人，又号水晶宫道人，湖州（今浙江湖州）人。博学多才，能诗善文，通经济之学，工书法，精绘艺，擅金石，通律吕，解鉴赏，尤其以书法和绘画的成就最高。

㉗鲜于伯机：即鲜于枢（1246—1302）。字伯机，号困学山民等，渔阳（今天津蓟州区）人。晚年营室名"困学之斋"。好诗歌与古

董，文名显于世，书法成就最著，尤工草书。有《困学斋杂录》《困学斋诗集》。

㉘康里子山：即康里巎巎（náo，1295—1345）。字子山，号正斋、恕叟。书法用锋灵妙，流畅圆秀，有王献之、米芾草书遗意。有草书《张旭笔法卷》等作品。

㉙张伯雨：即张雨（1283—1350）。旧名张泽之，又名张嗣真，字伯雨，号贞居子、句曲外史。博学多闻，善谈名理。诗文、书法、绘画，清新流丽，有晋、唐遗意。年二十弃家为道士，居茅山。传世书迹有《台仙阁记》等。

㉚倪元镇：即倪瓒（1301或1306—1374）。初名倪珽，字泰宇，别字元镇，号云林子等，无锡（今江苏无锡）人。擅画山水和墨竹，师法董源，受赵孟頫影响。早年画风清润，晚年变法，平淡天真。书法从隶书入，有晋人风度，亦擅诗文。存世作品有《渔庄秋霁图》《六君子图》《容膝斋图》《清閟阁集》。

㉛杨铁崖：即杨维桢（1296—1370）。字廉夫，号东维子、铁崖，会稽（今浙江绍兴）人。工诗文，著有《铁崖古乐府》《逸编注》《咏史注》等。

㉜柯丹丘：即柯九思（1290—1343）。字敬仲，号丹丘生、五云阁吏，台州仙居（今浙江仙居）人。博学能诗文，善书，素有诗、书、画三绝之称。他的绘画以"神似"著称，擅画竹，并受赵孟頫影响，主张以书入画，行、楷是其所长。他的存世书迹有《老人星赋》《读诛蚊赋诗》《重题兰亭独孤本》等。

㉝袁清容：即袁桷（jué，1266—1327）。字伯长，号清容居士，庆元（今浙江宁波）人。诗词、考据、史学均精通。有《清容居士集》《延祐四明志》等。追封陈留郡公，谥文清。

㉞危太素：即危素（1303—1372）。字太朴，一字云林。元至正元年（1335），出任经筵检讨，参与编修宋、辽、金三部历史，并注释《尔

雅》。善诗文、书法。著有《说学斋稿》《元海运志》《危太朴文集》等。

**【译文】**

历代书法名家有晋人王羲之、王献之、南北朝智永、唐人虞世南、褚遂良、欧阳询、唐玄宗、怀素、颜真卿、柳公权、张旭、李怀琳，宋代宋高宗、李建中、苏轼和苏辙兄弟、米芾和米友仁父子、范仲淹、黄庭坚、蔡襄、苏舜钦、黄伯思、薛绍彭、范成大、张即之、文天祥，元人赵孟頫、鲜于枢、康里巎巎、张雨、倪瓒、杨维桢、柯九思、袁桷、危素。

我朝则宋文宪濂①、中书舍人燧②、方逊志孝孺③、宋南宫克④、沈学士度⑤、俞紫芝和⑥、徐武功有贞⑦、金元玉琮⑧、沈大理粲⑨、解学士大绅⑩、钱文通溥⑪、桑柳州悦⑫、祝京兆允明⑬、吴文定宽⑭、先太史讳徵明⑮、王太学宠⑯、李太仆应祯⑰、王文恪鏊⑱、唐解元寅⑲、顾尚书璘⑳、丰考功坊㉑、先两博士彭嘉㉒、王吏部穀祥㉓、陆文裕深㉔、彭孔嘉年㉕、陆尚宝师道㉖、陈方伯鎏㉗、蔡孔目羽㉘、陈山人淳㉙、张孝廉凤翼㉚、王徵君稺登㉛、周山人天球㉜、邢侍御侗㉝、董太史其昌㉞。又如陈文东璧㉟、姜中书立纲㊱，虽不能洗院气，而亦铮铮有名者。

**【注释】**

①宋文宪濂：即宋濂（1310—1381）。初名寿，字景濂，号潜溪，浦江（今浙江金华）人。与高启、刘基并称为"明初诗文三大家"。明初时受朱元璋礼聘，被尊为"五经"师，为太子朱标讲经。奉命主修《元史》。后以年老辞官还乡，后因长孙宋慎牵连胡惟庸案而被流放茂州，途中于夔州病逝。其作品大部分被合刻为《宋学士文集》。

②中书舍人燧：即宋燧。字仲珩，宋濂次子。因受胡惟庸案牵连，受连坐而死。工篆、隶、真、草。传世书法作品极少。

③方逊志孝孺（1357—1402）：即方孝孺。字希直，一字希古，号逊志，浙江台州府宁海人。曾以"逊志"名其书斋，因其故里旧属缑城里，故称"缑城先生"。因拒绝为发动"靖难之役"的燕王朱棣草拟即位诏书，被朱棣灭十族。主要作品有《逊志斋集》《方正学先生集》。

④宋南宫克：即宋克（1327—1387）。字仲温、克温，自号南宫生，长洲（今江苏苏州）人。善书法，小楷、章草气韵隽秀。时有宋广，亦善草写，人称"二宋"。传世墨迹有章草《急就章》《公谦诗》《李白行路难》《书孙过庭书谱》等。

⑤沈学士度：即沈度（1357—1434）。字民则，号自乐，华亭（今上海松江区）人。永乐时以善书入翰林，擅篆、隶、楷、行等书体。有墨迹《教斋箴》《四箴铭》等传世。

⑥俞紫芝和：即俞和（1307—1382）。字正中，号紫芝，钱塘（今浙江杭州）人。不乐仕进。诗书均有时名，书学赵孟頫，往往人莫能辨。其诗多以手迹流传，清钱熙彦《元诗选补遗》编录五十九首。

⑦徐武功有贞：即徐有贞（1407—1472）。初名珵，字元玉，又字元武，晚号天全翁，吴县（今江苏苏州）人。因受封武功伯，世称徐武功。

⑧金元玉琮：即金琮（1449—1501）。字元玉，自号赤松山农，上元（今江苏南京）人。少聪颖，好吟咏，善书画，年十二、三即能大书。初法赵孟頫，晚学张雨，书法偏向于厚重一路，倾向沉稳的风格。是作赵孟頫伪书画的能手。

⑨沈大理粲：即沈粲（1379—1453）。字民望。善真、草书，飘逸遒劲，自成一家。尤长于诗，有集二千余首。有《草书千字文卷》《草书古诗轴》《梁武帝草书状卷》《重建华亭县治记》等传世。

⑩解学士大绅：即解缙（1369—1415）。字大绅，一字缙绅，号春雨、喜易，江西吉安府吉水人。文章雅劲奇古，诗豪宕丰赡，书法小楷精绝，行、草皆佳，尤其擅长狂草，与徐渭、杨慎一起被称为明朝三大才子，著有《解学士集》《天潢玉牒》等。

⑪钱文通溥：即钱溥（1408—1488）。字原溥，号遗庵、九峰。曾入内阁整理国家藏书与修《寰宇通志》《大明一统志》。著有《朝鲜杂志》《朝鲜使略》等。

⑫桑柳州悦：即桑悦（1447—1503）。字民怿，号思玄居士，常熟（今江苏常熟）人。为人怪妄，好为大言，以孟子自况，工于辞赋，所著《南都赋》《北都赋》颇为有名。

⑬祝京兆允明：即祝允明（1461—1527）。字希哲，长洲（今江苏苏州）人。因长相奇特而自嘲丑陋，又因右手有枝生手指，故自号枝山，世人称为"祝京兆"。楷书早年精谨，师法赵孟𫖯、褚遂良，草书师法李邕、黄庭坚、米芾，功力深厚，晚年尤重变化，风骨烂漫。与同郡徐祯卿、唐寅、文徵明称"吴中四才子"。

⑭吴文定宽：即吴宽（1435—1504）。字原博，号匏庵，世称匏庵先生。著有《匏庵集》，擅书法，作书姿润中时出奇崛。

⑮先太史讳徵明：即文徵明（1470—1559），文震亨的曾祖。文徵明诗、文、书、画无一不精，人称"四绝"，其与沈周共创"吴派"。主要作品有《真赏斋图》《绿荫草堂图》《甫田集》等。

⑯王太学宠：即王宠（1494—1533）。字履仁、履吉，号雅宜山人，长洲（今江苏苏州）人。博学多才，工篆刻，善山水、花鸟。诗文声誉很高，尤以书名噪一时，书善小楷，行草尤为精妙。著有《雅宜山人集》，传世书迹有《诗册》《杂诗卷》《千字文》《古诗十九首》《李白古风诗卷》等。

⑰李太仆应祯：即李应祯（1431—1493）。初名甡，字应祯，以字行，更字贞伯，号范庵。书宗欧阳询，平正婉和，清润端方，自成一家。

⑱王文恪鏊（ào）：即王鏊（1450—1524）。字济之，号守溪，晚号拙叟，学者称其为震泽先生，吴县（今江苏苏州）人。博学有识鉴，经学通明，制行修谨，文章修洁。善书法，多藏书。主要作品有《姑苏志》《震泽集》《震泽长语》等。

⑲唐解元寅：即唐寅（1470—1524）。字伯虎、子畏，号六如居士，吴县（今江苏苏州）人。绘画上与沈周、文徵明、仇英并称"吴门四家"，又称"明四家"。诗文上，与祝允明、文徵明、徐祯卿并称"吴中四才子"。代表作品有《落霞孤鹜图》《杏花茅屋图》《春山伴侣图》《秋风纨扇图》等。

⑳顾尚书璘：即顾璘（1476—1545）。字华玉，号东桥居士，世称"东桥先生"，上元（今江苏南京）人。主要作品有《顾华玉集》《浮湘稿》《息园诗文稿》《缓恸集》等。

㉑丰考功坊：即丰坊（1494—？）。字人叔、存礼，后更名道生，更字人翁，号南禺外史，鄞县（今浙江宁波）人。曾被委任为南京吏部考功主事，故有丰考功之称。博学工文，兼通书法。嗜收藏，家有万卷楼，藏书数万卷。著有《易辨》《古书世学》《十三经训诂》《万卷楼遗集》等。

㉒先两博士彭嘉：即文彭和文嘉。文彭（1498—1573），字寿承，号三桥，长洲（今江苏苏州）人。文徵明长子。以明经廷试第一，授秀水训导。官南京国子监博士。工书画，尤精篆刻，能诗，有《博士诗集》。文嘉（1501—1583），字休承，号文水，长洲（今江苏苏州）人。文徵明之子，能诗，工书，小楷清劲，亦善行书。精于鉴别古书画，工石刻，为明一代之冠。画得徵明一体，善画山水，笔法清脆，颇近倪瓒，着色山水具幽澹之致，间仿王蒙皴染，亦颇秀润，兼作花卉，为吴门派代表画家。主要作品有《钤山堂书画记》《和州诗》等。

㉓王吏部榖祥：即王榖祥（1501—1568）。字禄之，号酉室，长洲

（今江苏苏州）人。善写生，渲染有法度，意致独到，即一枝一叶，亦有生色。为士林所重。与文徵明交游甚密，在吴中以词翰著名。

㉔陆文裕深：即陆深（1477—1544）。初名荣，字子渊，号俨山，南直松江府上海人。书法遒劲有法，如铁画银钩。代表作有《瑞麦赋》。

㉕彭孔嘉年：即彭嘉年（1505—1566）。字孔嘉，号隆池山樵。家贫嗜酒，以贫困终，著有《龙池山樵集》。

㉖陆尚宝师道：即陆师道（1511—1574）。字子传，号元洲、五湖道人。师事文徵明，工小楷、古篆，著有《五湖集》等。

㉗陈方伯鎏：即陈鎏（1506—1575）。字子兼，号雨泉，吴县（今江苏苏州）人。诗文冲远有致，书法尤精绝。工小楷。著有《已宽堂集》。

㉘蔡孔目羽：即蔡羽（? —1541）。字九逵，因居江苏吴县（今江苏苏州）洞庭西山，自号林屋山人，又称左虚子、消夏居士。好古文，善书法，长于楷、行，以秃笔取劲，姿尽骨全。主要作品有《林屋集》《南馆集》《太薮外史》等。

㉙陈山人淳：即陈淳（1483—1544）。字道复、复甫，号白阳、白阳山人，长洲（今江苏苏州）人。善诗画。诗被喻为潇散闲雅，恬淡自然。著有《陈白阳集》。代表画作有《红梨诗画图》《山茶水仙图》《葵石图》《罨画图》。

㉚张孝廉凤翼：即张凤翼（1527—1616）。字伯起，号灵墟，别署灵墟先生、泠然居士。与弟燕翼、献翼并有才名，时人号为"三张"。为人狂诞，擅作曲。所著戏曲有传奇《红拂记》《祝发记》《窃符记》《灌园记》《扊扅记》《虎符记》，合题《阳春六集》。

㉛王徵君稚登：即王稚登（1535—1612）。字伯谷，号松坛道士。少有才名，长益骏发，名满吴会。擅长书法，行、草、篆、隶皆精，有名作《黄浦夜泊》存世。著有《吴社编》《弈史》《吴郡丹青志》等作品。

㉜周山人天球：即周天球（1514—1595）。字公瑕，号幻海，太仓（今江苏太仓）人。从文徵明游，得承其书法，闻名吴中。尤擅大小篆、古隶、行楷，一时丰碑大碣，皆出其手。书法传世作品有《桃花书屋》《五言律诗轴》《五律扇面》《行书陋室铭轴》等。绘画作品有《水仙图》。

㉝邢侍御侗：即邢侗（1551—1612）。字子愿，号知吾，自号啖面生、方山道民等。善画，能诗文，工书，书法为海内外所珍视。与董其昌、米万钟、张瑞图并称"晚明四大家"。

㉞董太史其昌：即董其昌（1555—1636）。字玄宰，号思白、香光居士等。擅画山水，笔致清秀中和，恬静疏旷。用墨明洁隽朗，温敦淡荡。青绿设色，古朴典雅。以佛家禅宗喻画，倡"南北宗"论，为"华亭画派"杰出代表，兼有"颜骨赵姿"之美。其画及画论对明末清初画坛影响甚大。书法出入晋唐，自成一格，能诗文。存世作品有《岩居图》《明董其昌秋兴八景图册》《昼锦堂图》《白居易琵琶行》《草书诗册》《烟江叠嶂图跋》等。

㉟陈文东璧：即陈璧。字文东，号谷阳生。以文学知名，工书，尤善篆、隶、真、草，流畅快健，富于绳墨。

㊱姜中书立纲：即姜立纲（1444—1499）。字廷宪，号东溪。曾以"善书"闻名海内，并远播日本，日本京都国门上的大字亦为其所书，被誉为"一代书宗"。清代《三希堂法帖》收有他的墨迹。

【译文】

本朝的有宋濂、宋燧、方孝孺、宋克、沈度、俞和、徐有贞、金琮、沈粲、解缙、钱溥、桑悦、祝允明、吴宽、文徵明、王宠、李应祯、王鏊、唐寅、顾璘、丰坊、文彭和文嘉、王穀祥、陆深、彭嘉年、陆师道、陈鎏、蔡羽、陈淳、张凤翼、王穉登、周天球、邢侗、董其昌。另有陈璧、姜立纲，虽不能去除画院气，但也是铮铮有名的人。

画则王右丞①、李思训父子②、周昉③，董北苑④、李营邱⑤、郭河阳⑥、米南宫⑦、宋徽宗⑧、米元晖⑨、崔白⑩、黄筌⑪、居寀⑫、文与可⑬、李伯时⑭、郭忠恕⑮、董仲翔⑯、苏文忠⑰、苏叔党⑱、王晋卿⑲、张舜民⑳、杨补之㉑、杨季衡㉒、陈容㉓、李唐㉔、马远㉕、马逵㉖、夏珪㉗、范宽㉘、关仝㉙、荆浩㉚、李山㉛、赵松雪㉜、管仲姬㉝、赵仲穆㉞、赵千里㉟、李息斋㊱、吴仲圭㊲、钱舜举㊳、盛子昭㊴、陈珏㊵、陈仲美㊶、陆天游㊷、曹云西㊸、唐子华㊹、王元章㊺、高士安㊻、高克恭㊼、王叔明㊽、黄子久㊾、倪元镇㊿、柯丹邱(51)、方方壶(52)、戴文进(53)、王孟端(54)、夏太常(55)、赵善长(56)、陈惟允(57)、徐幼文(58)、张来仪(59)、宋南宫(60)、周东村(61)、沈贞吉(62)、恒吉(63)、沈石田(64)、杜东原(65)、刘完庵(66)、先太史(67)、先和州(68)、五峰(69)、唐解元(70)、张梦晋(71)、周官(72)、谢时臣(73)、陈道复(74)、仇十洲(75)、钱叔宝(76)、陆叔平(77)，皆名笔不可缺者。他非所宜蓄，即有之，亦不当出以示人。又如郑颠仙(78)、张复阳(79)、钟钦礼(80)、蒋三松(81)、张平山(82)、汪海云(83)，皆画中邪学，尤非所尚。

**【注释】**

①王右丞：即王维（701？—761）。字摩诘，号摩诘居士，太原祁县（今山西祁县）人。王维参禅悟理，学庄信道，精通诗、书、画、音乐等，以诗名盛于开元、天宝间，尤长五言，多咏山水田园，与孟浩然合称"王孟"，有"诗佛"之称。书画特臻其妙，后人推其为南宗山水画之祖。著有《王右丞集》《画学秘诀》，存诗约400首。

②李思训父子：指唐代李思训、李昭道父子。李思训（651—716），字建睍。书画称一时之绝，尤以山水称著，誉为盛唐第一。山水树石，笔格遒劲，金碧辉映，为一家之法。开元初，官右武卫大将

军。画史上称"大李将军"。主要作品有《江帆楼阁图》《九成宫纨扇图》等。李昭道(675—758),字希俊,李思训之子。擅长青绿山水,世称"小李将军"。兼善鸟兽、楼台、人物,并创海景,画风巧赡精致。传世作品有《春山行旅图》等。

③ 周昉:字仲朗、景玄,京兆(今陕西西安)人。出身显贵,先后任越州、宣州长史。能书,擅画人物、佛像,尤其擅长画贵族妇女,容貌端庄,体态丰肥,色彩柔丽,为当时宫廷士大夫所喜爱,是中唐时期继吴道子之后而起的重要人物画家。代表作有《五星真形图》《杨妃出浴图》《妃子数鹦鹉图》《簪花仕女图》等。

④ 董北苑(934—约962):又名董元,字叔达。五代绘画大师,南派山水画开山鼻祖。擅画山水,兼工人物、禽兽。存世作品有《夏景山口待渡图》《潇湘图》《夏山图》《溪岸图》《寒林重汀图》《龙宿郊民图》《平林霁色图卷》等。

⑤ 李营邱:即李成(919—967)。字咸熙,五代时避乱居青州益都(今山东青州),人称李营丘。擅画山水,多画郊野平远旷阔之景。作品有《读碑窠石图》《寒林平野图》《晴峦萧寺图》《茂林远岫图》等。

⑥ 郭河阳:即郭熙(1023—约1085)。字淳夫,河阳温县(今河南温县)人。熙宁间为图画院艺学,后任翰林待诏直长。工画山水,取法李成,山石用状如卷云的皴笔,画树枝如蟹爪下垂,笔势雄健,水墨明洁,早年风格工巧,晚年转为雄壮。后人把他与李成并称"李郭"。存世作品有《早春图》《关山春雪图》《窠石平远图》《幽谷图》等。有画论,其子郭思编为《林泉高致》。

⑦ 米南宫:即米芾(1051—1107),因其曾官礼部员外郎,因称。南宫,专指礼部。

⑧ 宋徽宗:即赵佶(1082—1135)。号宣和主人,宋朝第八位皇帝(1100—1126年在位),在艺术上的造诣极高。利用皇权推动绘

画，使宋代的绘画艺术有了空前发展。主要作品有《宣和画谱》《宋徽宗诗》《书牡丹诗》《芙蓉锦鸡图》等。他还自创一种书法字体被后人称为"瘦金体"，他热爱画花鸟画自成"院体"。靖康元年（1126），宋徽宗与钦宗被金人掳去，后死于五国城。

⑨米元晖：即米友仁（1069？—1151），一名尹仁，字元晖，小名寅哥、鳌儿，晚号懒拙老人。米芾长子，善书画，与其父齐名，世称"小米"。主要作品《临江仙》《小重山》《渔家傲（和晏元献韵）》等。

⑩崔白（1004—1088）：字子西，濠梁（今安徽凤阳东北）人。擅花竹、翎毛，亦长于佛道壁画，画佛道鬼神、山水、人物亦精妙绝伦，尤长于写生。有《双喜图》《寒雀图》《竹鸥图》等传世。

⑪黄筌（约903—965）：字要叔，成都（今四川成都）人。五代十国西蜀画家。擅画花、竹、翎毛、佛道、人物和山水，是一位技艺全面的画家，以画品"富贵"流布后世。现存的真迹有《写生珍禽图》。

⑫居寀：即黄居寀（933—？）。字伯鸾，成都（今四川成都）人。黄筌子。擅绘花竹禽鸟，精于勾勒，用笔劲挺工稳，填彩浓厚华丽，其园竹翎毛形象逼真，妙得自然。传世作品有《竹石锦鸠图》《山鹧棘雀图》等。

⑬文与可：即文同（1018—1079）。字与可，号笑笑居士、笑笑先生，人称石室先生，梓州永泰（今四川盐亭）人。以学名世，擅诗文书画，深为文彦博、司马光等人赞许，尤受其从表弟苏轼敬重。善画竹，开创"湖州竹派"。作品有《丹渊集》等。

⑭李伯时：即李公麟（1049—1106）。字伯时，号龙眠居士，舒州（今安徽安庆）人。好古博学，长于诗，精鉴别古器物。尤以画著名，凡人物、释道、鞍马、山水、花鸟，无所不精，时推为"宋画中第一人"。传世作品有《五马图》《维摩居士像》《免胄图》等。

⑮郭忠恕（？—977）：字恕先，又字国宝，洛阳（今河南洛阳）人。五代末期至宋代初期的画家，兼精文字学、文学，善写篆、隶书和

"八分体"，以楷书最为著名。代表作品有《雪霁江行图》等。

⑯董仲翔：即董羽。字仲翔，五代南唐画家。原为画院待诏，后入宋图画院为艺学。其作品有《腾云出波龙图》《踊雾戏水龙图》《战沙龙图》《穿山龙图》等。著有《画龙辑议》。

⑰苏文忠：即苏轼（1036—1101）。字子瞻、和仲，号铁冠道人、东坡居士，眉州眉山（今四川眉山市）人。北宋中期文坛领袖，在诗、词、散文、书、画等方面取得很高成就。卒后御赐谥号文忠。

⑱苏叔党：即苏过（1072—1123）。字叔党，号斜川居士，眉州眉山（今四川眉山市）人。苏轼第三子，随侍苏轼，时与唱和，受其影响最大。在兄弟三人中，文学成就最高，人称"小东坡"。善作画，绘枯木竹石图，苏轼称他"时出新意作山水"。楷书古劲，有楷书石刻在定州天宁寺壁。著有《斜川集》。

⑲王晋卿：即王诜（shēn，约1048—约1104）。字晋卿，太原（今山西太原）人，居开封（今河南开封）。擅画山水，喜作烟江云山、寒林幽谷，存世作品有《渔村小雪图》《烟江叠嶂图》《溪山秋霁图》等。

⑳张舜民（约1034—1100）：字芸叟，号浮休居士、碇斋，邠州（今陕西彬县）人。累官龙图阁待制。著有《画墁集》。

㉑杨补之：即杨无咎（1097—1171）。字补之，杨一作扬，一说名补之，字无咎，自号逃禅老人、清夷长者、紫阳居士。绘画尤擅墨梅。水墨人物画师法李公麟。书学欧阳询，笔势劲利。今存《逃禅词》一卷，词多题画之作，风格婉丽。

㉒杨季衡：杨补之的侄子，画家。

㉓陈容：字公储，号所翁，福唐（今福建福清）人。南宋著名画家。陈容不仅擅画龙，还擅长画松、竹、鹤，偶亦画虎，垂老笔力简易精妙，故世有"所翁龙""所翁鹤"和"所翁竹"之称。传世作品有《霖雨图》《墨龙图》《云龙图》等。

㉔李唐（1066—1150）：字晞古，河阳三城（今河南孟州）人。南宋画家。初以卖画为生，宋徽宗赵佶时入画院。南渡后以成忠郎衔任画院待诏。擅长山水、人物。存世作品有《万壑松风图》《清溪渔隐图》《烟寺松风》《采薇图》等。

㉕马远（1140—1225）：字遥父，号钦山，祖籍河中（治今山西永济西），生长钱塘（今浙江杭州）。南宋绘画大师。存世作品有《踏歌图》《水图》《梅石溪凫图》《西园雅集图》等。

㉖马逵：马远之兄，宁宗朝画院待诏。工画山水、人物、花果、禽鸟。尤长于禽鸟，毛羽灿然，飞鸣之态生动逼真，胜于马远，其他不及马远。

㉗夏珪：又名圭，字禹玉，钱塘（今浙江杭州）人。与李唐、刘松年、马远被合称为"南宋四大家"。早年工人物画，后以山水画著称。是北派山水代表人物之一。现存作品有《长江万里图》《山水十二景》《西湖柳艇图》《溪山清远图》《江山佳胜图》等。

㉘范宽（950—1032）：原名中正，字中立，耀州华原（今陕西耀州区）人。性疏野，嗜酒好道。擅画山水，为山水画"北宋三大家"之一。存世作品有《溪山行旅图》《雪山萧寺图》《雪景寒林图》等。

㉙关仝（约907—960）：一作关同、关穜，长安（今陕西西安）人。五代后梁杰出画家。在山水画的立意造境上独具风貌，被称为"关家山水"。代表作品有《关山行旅图》《山溪待渡图》等。

㉚荆浩（约850—911）：字浩然，号洪谷子，河内沁水（今山西沁水）人。五代后梁著名画家，是北方山水画派之祖。因避战乱，常年隐居太行山。著有《笔法记》，为山水画理论的经典之作，提出气、韵、景、思、笔、墨的绘景"六要"。作品有《匡庐图》《雪景山水图》等。

㉛李山：金世宗大定（1161—1189）中出任汾州（今山西汾阳）节度使，善画山水、树石，师法郭熙、王诜，笔势纵横，挥洒自如，不失

法度。传世作品有《风雪松杉图》。

㉜赵松雪：即赵孟頫（1254—1322）。字子昂，号松雪道人，又号水晶宫道人，湖州（今浙江湖州）人。博学多才，能诗善文，通经济之学，工书法，精绘艺，擅金石，通律吕，解鉴赏，尤其以书法和绘画的成就最高。

㉝管仲姬：即管道昇（1262—1319）。字仲姬，乌程（今浙江吴兴）人。赵孟頫之妻，被封吴兴郡夫人，世称管夫人。所写行楷与赵孟頫颇相似，所书《璇玑图诗》笔法工绝。精于诗。擅画墨竹梅兰。代表作品有《墨竹谱》《水竹图卷》《秋深帖》《山楼绣佛图》。

㉞赵仲穆：即赵雍（1289？—?）。字仲穆，吴兴（今浙江湖州）人。赵孟頫之子。擅山水，尤精人物鞍马。书善正、行、草，亦长篆书。精鉴赏。传世作品有《兰竹图》《溪山渔隐》《饮中八仙图》等。

㉟赵千里：即赵伯驹（1119—1185）。字千里。宋朝宗室，宋太祖七世孙。宋室南渡后流寓钱塘（今浙江杭州），后以画扇为宋高宗赵构赏识并予召见。工画山水、花果、翎毛，笔致秀丽，尤长金碧山水。代表作品《风云期会图》《春山图》《阿阁图》《后赤壁图》《汉宫图》《江山秋色图》等。

㊱李息斋：即李衎（kàn，1245—1320）。字仲宾，号息斋道人，晚年号醉车先生，宛平（今北京）人。善画墨竹，双钩竹尤佳，和赵孟頫、高克恭并称为元初画竹三大家，著有《竹谱详录》。存世作品有《四清图》《竹石大轴》《沐雨图轴》。

㊲吴仲圭：即吴镇（1280—1354）。字仲圭，号梅花道人，嘉兴（今浙江嘉兴）人。擅画山水、梅花、竹石，与黄公望、倪瓒、王蒙合称"元四家"。作品有《渔父图》《双桧平远图》《洞庭渔隐图》《芦花寒雁图》等。

㊳钱舜举：即钱选（1239—1299）。字舜举，号玉潭，又号巽峰，霅川

翁，别号清癯老人、川翁、习懒翁等。宋末元初画家，与赵孟𫖯等合称为"吴兴八俊"。工诗，善书画。他提倡绘画中的"士气"，在画上题写诗文或跋语，萌芽了诗、书、画紧密结合的文人画的鲜明特色。代表作品有《八花图》《浮玉山居图》《山居图》《秋江待渡图》等。

㊴ 盛子昭：即盛懋。字子昭，嘉兴（今浙江嘉兴）人。元代画家，善画人物、山水、花鸟。画山石多用披麻皴或解索皴，笔法精整，设色明丽。代表作有《秋林高士图》《秋江待渡图》《沧江横笛图》《溪山清夏图》和《松石图》等。

㊵ 陈珏（jué）：字桂岩，临安钱塘（今浙江杭州）人。南宋画院待诏，擅画山水、人物。作品见于著录的有《观瀑图》等。

㊶ 陈仲美：即陈琳，字仲美。得赵孟𫖯指授，注重摹习古法，又有所创新，画名独步一时。唯一存世之作是《溪凫图》。

㊷ 陆天游：即陆广。字季弘，号天游生，吴（今江苏苏州）人。擅画山水，取法黄公望、王蒙，风格轻淡苍润，萧散有致。能诗，工小楷。存世作品有《丹台春晓图》等。

㊸ 曹云西：即曹知白（1272—1355）。字又玄、贞素，号云西，人称贞素先生，华亭（今上海松江区）人。善画山水，师法李成、郭熙，从中演变成一种清疏简淡的风格。作品多以柔细之笔勾皴山石，极少渲染。早年笔墨较秀润，晚年变为苍秀简逸，为黄公望、倪瓒所推重。存世作品有《疏松幽岫》《雪山清霁》等图。

㊹ 唐子华：即唐棣（1296—1364）。字子华，号遁斋，湖州归安（今江苏吴兴）人。工山水，近学赵孟𫖯，远师李成、郭熙，亦工诗文。传世作品有《霜浦归渔图》《携琴远眺图》《雪港捕渔图》等。

㊺ 王元章：即王冕（？—1359）。字元章，号煮石山农、梅花屋主等，绍兴诸暨（今浙江诸暨）人。一生爱好梅花，种梅、咏梅，又攻画梅。所画梅花花密枝繁，生意盎然，劲健有力，对后世影响较大。

存世画迹有《南枝春早图》《墨梅图》《三君子图》等。能治印，创用花乳石刻印章，篆法绝妙。

㊻高士安：字颜敬，元代画家。

㊼高克恭：字彦敬，号房山道人，祖籍大同（今山西大同），居燕京（今北京），晚年寓钱塘（今浙江杭州）。工山水，擅林峦烟景。初学米芾、米友仁，晚年兼法董源，笔墨苍润，甚得赵孟頫推重。也写墨竹，风格近文同。存世作品有《云横秀岭》《春云晓霭》等。

㊽王叔明：即王蒙（1308—1385）。字叔明，一作叔铭，号黄鹤山樵、香光居士，湖州（今浙江吴兴）人。赵孟頫外孙。作品以繁密见胜，重峦叠嶂，长松茂树，气势充沛，变化多端。喜用解索皴和牛毛皴，干湿互用，寄秀润清新于厚重浑穆之中。兼攻人物、墨竹，并擅行楷。存世作品有《青卞隐居图》《葛稚川移居图》《夏山高隐图》《丹山瀛海图》《太白山图》等。

㊾黄子久：即黄公望（1269—1354）。本姓陆，出继温州平阳黄氏为义子，因改姓黄，名公望，字子久，号一峰、大痴道人等。黄公望工书法，通音律，善诗词散曲。尤擅画山水，得赵孟頫指授，名列"元四家"之首。传世画作有《富春山居图》《水阁清幽图》等。

㊿倪元镇：即倪瓒（1301？—1374？）。初名倪珽，字泰宇，别字元镇，号云林子、荆蛮民、幻霞子，常州无锡（今江苏无锡）人。擅画山水和墨竹，师法董源，受赵孟頫影响。早年画风清润，晚年变法，平淡天真。书法从隶书入，有晋人风度，亦擅诗文。存世作品有《渔庄秋霁图》《六君子图》《容膝斋图》《清閟阁集》。

51柯丹邱：即柯九思（1290—1343）。字敬仲，号丹丘、丹丘生、五云阁吏，台州仙居（今浙江台州）人。博学能诗文，善书，素有诗、书、画三绝之称。他的绘画以"神似"著称，擅画竹，并受赵孟頫影响，主张以书入画，行楷是其所长。他的存世书迹有《老人星赋》《读诛蚊赋诗》《重题兰亭独孤本》等。

(52)方方壶：即方从义（约1302—1393）。字无隅，号方壶、不芒道人、金门羽客、鬼谷山人等，贵溪（今江西贵溪）人。擅长水墨云水，所作大笔水墨云山，苍润浑厚，富于变化，自成一格。工诗文，善古隶、章草。作品今存有《神岳琼林》《武夷放棹》《山阴云雪》等。

(53)戴文进：即戴进（1389—1462）。字文进，号静庵、玉泉山人，钱塘（今浙江杭州）人。擅画山水、人物、花鸟、虫草，为"浙派"绘画开山鼻祖。作品有《春山积翠图》《风雨归舟图》《三顾茅庐图》《达摩至惠能六代像》等。

(54)王孟端：即王绂（1362—1416）。字孟端，号友石生、九龙山人等，无锡（今江苏无锡）人。以书画著称。山水师王蒙，风格苍郁。又善墨竹，笔势纵横，人称其墨竹"明朝第一"。存世画迹有《墨竹图》《竹鹤双清图》《潇湘秋意图》《枯木竹石图》《江山渔乐图》等。

(55)夏太常：即夏昶（1388—1470）。字仲昭，号自在居士、玉峰，昆山人，后人誉其画竹高手。传世作品有《湘江风雨图卷》《满林春雨图轴》《墨竹图轴》。

(56)赵善长：即赵原。一名元，字善长，号丹林，山东莒城（今山东莒县）人，徙居苏州。入明后因避朱元璋讳而改作原。擅长绘画，师法董源、王蒙。工山水，善用枯笔浓墨，郁郁苍苍。明初征至中书，画历代功臣。因应对不称明太祖旨意，被处死。有《合溪草堂图》《晴川送客图》《溪亭送客图》《陆羽烹茶图》等传世。

(57)陈惟允：即陈汝言（？—1371）。字惟允，号秋水，祖籍江西，元末其父流寓吴中，居吴县（今江苏苏州）。能诗，擅山水，兼工人物。后受胡惟庸案所累被杀。有《荆溪图》《百丈泉图》《仙山图》《罗浮山樵图》《雪景山水》《密山柴门》等作品传世。

(58)徐幼文：即徐贲（1335—1379？）。字幼文，自号北郭生，其先蜀人，徙居长洲（今江苏苏州），遂为吴人。擅画山水，笔墨清润，亦精墨竹，存世画迹有《蜀山图》等。

㉟张来仪：即张羽（1333—1385）。字来仪，更字附凤，号静居，浔阳（今江西九江）人。山水画法宗法米氏父子，诗作笔力雄放俊逸，著有《静居集》。

⑥宋南宫：即宋克（1327—1387）。字仲温、克温，自号南宫生，长洲（今江苏苏州）人。善书法，小楷、章草气韵隽秀。时有宋广，亦善草写，人称"二宋"。传世墨迹有章草《急就章》《公宴诗》《李白行路难》《书孙过庭书谱》等。

⑥周东村：即周臣（1460—1535）。字舜卿，号东村，吴县（今江苏苏州）人。能诗擅画，所绘山水，峰峦岭嶒，笔法严整。亦学马远、夏圭，运笔奔放遒劲。兼工人物，各极意态。唐寅、仇英出于其门下。代表作品有《春山游骑图》《春泉山隐图》等。

⑥沈贞吉（1400—?）：号南斋，又号陶然道人。吴门画派沈周的伯父，吴门画派的先驱。

⑥恒吉：即沈恒吉。沈贞吉的弟弟，字同斋，吴门画派著名画家。

⑥沈石田：即沈周（1427—1509）。字启南，号石田、白石翁，长洲（今江苏苏州）人。明代绘画大师，"吴门画派"的创始人，"明四家"之一。沈周在元明以来文人画领域有承前启后的作用，与文徵明、唐寅、仇英并称"明四家"。传世作品有《庐山高图》《秋林话旧图》《沧州趣图》。

⑥杜东原：即杜琼（1397—1474）。字用嘉，号东原耕者、鹿冠道人，人称东原先生，吴县（今江苏苏州）人。明经博学，旁及翰墨书画皆精。山水宗董源，层峦秀拔，亦工人物。好为诗，其诗于评画尤深。著《东原集》《耕余杂录》。

⑥刘完庵：即刘珏（1410—1472）。字廷美，号完庵，长洲（今江苏苏州）人。工书画，能诗文。主要作品有《秋山读书图》《仿倪瓒山水图》《夏云欲雨图》《寒严积雪图》等。

⑥先太史：此指文徵明（1470—1559），文震亨的曾祖。

⑱先和州：此指文嘉（1501—1583）。字休承，号文水，长洲（今江苏苏州）人。文徵明次子。工诗画篆刻，所画山水，笔墨秀润，萧然简远。有《钤山堂书画记》《和州诗》。

⑲五峰：此指文伯仁（1502—1575）。字德承，号五峰、摄山长、五峰山人、五峰樵客，长洲（今江苏苏州）人。文徵明侄子。工画山水，效王蒙，笔力清劲。画作有《万山飞雪图》《都门柳色图》《秋山游览图》等。

⑳唐解元：即唐寅（1470—1524）。字伯虎、子畏，号六如居士等，吴县（今江苏苏州）人。科举中解元，故有唐解元之称。

㉑张梦晋：即张灵。字梦晋，吴县（今江苏苏州）人。与唐寅为邻，年岁相仿佛，同为府学生员，又同以狂才见黜于乡党，故最为交厚。画作受唐寅影响极大。传世作品有《秋林高士图》《渔乐图》等。

㉒周官：字懋夫。与张灵同时，善画人物，精于白描。所图八仙，不仅衣冠古雅，而神态自若。

㉓谢时臣（1487—?）：字思忠，号樗仙，苏州（今江苏苏州）人。工山水，师法吴镇，得沈周笔意而稍变。多作长卷巨幛，峰峦雄伟。尤善画水，江河湖海，种种皆妙。笔墨纵横自如，富有气势。有《溪山揽胜图》《策杖寻幽图》《武当霁雪图》《谪仙玩月图》等传世。

㉔陈道复：即陈淳（1483—1544）。字道复、复甫，号白阳、白阳山人，长洲（今江苏苏州）人。善诗画。著有《陈白阳集》。代表画作有《红梨诗画图》《山茶水仙图》《葵石图》《罨画图》。

㉕仇十洲：即仇英（1493—1560）。字实父，号十洲，太仓（今江苏太仓）人。"明四家"之一。擅画人物，尤长仕女，既工设色，又善水墨、白描，能运用多种笔法表现不同对象。主要作品有《汉宫春晓图》《桃园仙境图》《赤壁图》《玉洞仙源图》等。

㉖钱叔宝：即钱穀（1508—?）。字叔宝，号罄室，长洲（今江苏苏州）人。善画山水、兰竹。

⑦陆叔平：即陆治（1496—1576）。字叔平，因居包山，自号包山，吴县（今江苏苏州）人。游祝允明、文徵明门。山水喜仿宋人，而时出己意，焦墨皴擦，风骨峻削。主要作品有《端阳即景图》《彭泽高踪图》《花溪鱼隐图》等。

⑱郑颠仙：明人。擅长绘画，画人物颇野放。

⑲张复阳（约1403—1490）：名复，以字行，号南山。工书法，善画山水，师法吴镇，画风多作写意，水墨淋漓。

⑳钟钦礼：即钟礼。字钦礼，号南越山人，浙江上虞人。书法学赵孟頫，善画云山、草虫。

㉑蒋三松：字三松，号徂来山人、三松居士。善画山水人物，工人物，为"浙派"名家之一。传世作品有《芦洲泛艇图》《秋溪曳杖图》《无尽溪山图》等。

㉒张平山：即张路（1464—1538）。字天驰，号平山，河南祥符（今河南开封）人。绘人物，师法吴伟，山水学戴进"狂态"，用笔豪放纵逸，水墨酣畅淋漓，亦工鸟兽、花卉，为"浙派"名家。

㉓汪海云：字德初。工绘事，山水、人物，出入于戴进、吴伟，但多草率之笔。尤长于翎毛，豪放不羁，自谓其笔意飘若海云，因自号海云。

## 【译文】

历代著名的画家有唐人王维、李思训和李昭道父子、周昉，宋人董源、李成、郭熙、米芾、宋徽宗、米友仁、崔白、黄筌、黄居寀、文同、李公麟、郭忠恕、董羽、苏轼、苏过、王诜、张舜民、杨无咎、杨季衡、陈容、李唐、马远、马逵、夏珪、范宽、关仝、荆浩，金代的李山，元人赵孟頫、管道昇、赵雍、赵伯驹、李衎、吴镇、钱选、盛懋、陈珏、陈琳、陆广、曹知白、唐棣、王冕、高士安、高克恭、王蒙、黄公望、倪瓒、柯九思、方从义、戴进、王绂、夏昶，本朝赵原、陈汝言、徐贲、张羽、宋克、周臣、沈贞吉、沈恒吉、沈周、杜琼、刘珏、文徵明、文嘉、文伯仁、唐寅、张灵、周官、谢时臣、陈淳、仇英、钱毂、陆治，都是名家，收藏不可缺少。其他的画作都不宜收藏，即便收藏了，也不应当拿出来给人看。另外像本朝郑颠仙、张复阳、钟钦礼、蒋三松、张平山、汪海云诸人，都是绘画中的歪门邪道，更不应该崇尚。

## 宋绣　宋刻丝

**【题解】**

北宋时，宋绣曾风靡全国，以针法细密、色彩秀丽见称，不同的图案，有不同的针法。文震亨认为宋绣不仅做工精细，色彩精妙，更主要的是其栩栩如生，不管是山水、楼阁，还是人物、花鸟皆具备雅致而生动的情态。画家用笔和墨在纸上作画，刺绣则是用针和线在绸缎上作画，虽形式不同，却都创作出了赏心悦目的艺术作品。文震亨对宋绣的喜爱之情溢于言表。

宋刻丝指宋代的缂丝，又称刻丝，是我国特有的丝织手工艺。织造时，以细蚕丝为经，先架好经线，按照底稿在上面描出图画或文字的轮廓，然后对照底稿的色彩，用小梭子引着各种颜色的纬线，在图案花纹需要处与经线交织，故纬丝不贯穿全幅，而经丝则纵贯织品。织成后，当空照视，其花纹图案，有如刻镂而成。始于宋代，主要产地为苏州。

宋绣，针线细密，设色精妙，光彩射目，山水分远近之趣，楼阁得深邃之体，人物具瞻眺生动之情①，花鸟极绰约嚵唼之态②，不可不蓄一二幅，以备画中一种。

**【注释】**

①瞻眺：远望，观看。

②绰约：柔婉美好。嚵唼（chán shà）：吃食物的声音。

**【译文】**

宋代的刺绣针线细密，颜色精美，光彩夺目，山水有远近分别之趣，楼阁有深邃悠远的体制，人物具备远眺的生动表情，花鸟有美丽而栩栩如生的神态，不能不收藏一两幅，作为绘画中的一种。

# 装潢

### 【题解】

本文讲的是装裱的工艺，不管做什么事，古人总要和四季联系起来，不仅因为温度、湿度等原因，也因为古人的天人合一观念，遵循自然的规律，将日常生活融入自然万物及季节循环中。文震亨的鉴赏、收藏也是如此，根据季节来装潢书画。与文震亨同时的周嘉胄在《装潢志》中说："已凉天气未寒时，是最善候也。未霉之先，候亦佳。冬燥而夏溽，秋胜春，春胜冬夏。夏防霉，冬防冻。"与文震亨所谓的"秋为上时"相一致。

书画本身固然重要，但装潢也一样重要。文震亨讲了诸多的装裱细节。装裱古旧字画，需经过冲洗去污、揭旧补缀、修磨残口、矾挣全色、刺制裱绫、镶嵌绫绢、转边扶背、研光上杆等多道工序。但装裱的过程中也有很多破坏的因素，遇上不适宜的天气和季节的变化及室内的温湿度、光线、有害气体、灰尘、害虫、霉菌等，都会直接或间接影响古书画装裱的质量。文震亨对纸质、所用力度、色彩、修补等都做了精心叙述，还讲了装潢中的注意事项和遇到问题的解决方法，显然很有实践经验。装潢也是古代读书人经常做的事情吧？

　　装潢书画①，秋为上时，春为中时，夏为下时，暑湿及沍寒俱不可装裱②。勿以熟纸③，背必皱起。宜用白滑漫薄大幅生纸，纸缝先避人面及接处，若缝缝相接，则卷舒缓急有损，必令参差其缝，则气力均平，太硬则强急，太薄则失力。绢素彩色重者，不可捣理④。古画有积年尘埃，用皂荚清水数宿,托于太平案扦去⑤,画复鲜明,色亦不落。补缀之法,以油纸衬之,直其边际,密其隙缝⑥,正其经纬,就其形制,拾其遗脱,厚薄均调,润洁平稳。又,凡书画法帖,不脱落,不宜数装背,一装背,则一损精神。古纸厚者,必不可揭薄。

**【注释】**

①装潢:装裱书画。

②冱(hù)寒:闭寒。谓不得见太阳,极为寒冷。

③熟纸:唐宋人用纸有生熟之分,上胶丸及涂蜡者为熟纸,不上胶丸不涂蜡者为生纸。

④捣理:装裱的一道工艺,书画裱糊后,用大而平的鹅卵石摩擦裱褙,使其熨帖平整。

⑤太平案:裱画的桌子。扦(qiān)去:挑去,剔去。

⑥隙(xì)缝:缝隙。

**【译文】**

装裱书画,秋季最佳,春季次之,夏季更次,闷热潮湿和寒冷干燥的时节都不能装裱。不能用熟纸装裱,背部必定会起皱。应该用光滑细薄的大幅生纸,衬纸的接缝要避开人物面部和画纸的接头,如果衬纸与画面的接缝重叠在一起,那么在打开合上时用力会有缓急,容易破损,要让接缝参差错开,翻看时才用力平均,衬纸太硬则会用力过猛,太薄则粘贴不实。色彩浓重的绢素,不能捣理。古画积有多年尘埃,用皂荚水洗涤后用清水浸泡几天,然后放在裱画桌上剔除污垢,画就恢复鲜亮明丽的原貌,色彩也不脱落。修补破损的办法是,把油纸衬放在下面,修齐边口,使缝隙严密,端正经纬,根据原来的形状规格,填补缺损内容,调整厚薄,使其光洁平整。另外,没有脱落的书画法帖,不要多次重新装裱,装裱一次,就损害一次它的神韵。原来厚的纸张,不能揭开使它变薄。

# 法糊

## 【题解】

本文讲的是装裱所用的糨糊的制作过程,糨糊不是重要的东西,却是装裱中必备的物品。对于习惯用成品的现代人来说,制作糨糊有些费时费力,对于文震亨他们来说却必须亲力亲为地制作糨糊才能最终呈现精美的艺术品。糨糊主要材料是面粉和水,辅料为白芨和白矾,要掌握好比例,把握好发酵时间,注意勤换水即可制作成功。在科技不够发达的年代,我们的古人用简单的原材料就制作出了他们所需要的东西。今天装裱很费财力,如要自己装裱,关键在法糊,文震亨所介绍的方法很可借鉴。

用瓦盆盛水,以面一斤渗水上,任其浮沉,夏五日,冬十日,以臭为度。后用清水蘸白芨半两、白矾三分[1],去滓和元浸面打成,就锅内打成团,另换水煮熟,去水,倾置一器,候冷,日换水浸,临用以汤调开,忌用浓糊及敝帚。

## 【注释】

[1]白芨:也叫"白及"。植物名。块茎含黏液质和淀粉等,可作糊料,亦可入药。

## 【译文】

调制糨糊,用瓦盆盛水,倒入一斤面粉,让它自然沉浮,夏季五天,冬季十天,以发酵酸臭为度。然后用白芨半两、白矾三分,去掉渣滓,和发酵的面搅和在一起,在锅内和成面团,另外换清水在锅里煮熟,去掉水,把糨糊倒入一个容器内,等它冷却,每日换水浸泡,需要用的时候以热水冲调,忌讳用浓稠的糨糊和劣质的刷子。

# 装裱定式

## 【题解】

装裱书画既为了美观，也能起到保护书画的作用。中国书画装裱格式有卷、轴、册页、对联、屏条、扇面等形式，文震亨讲的是装裱成轴的格式，画轴有立轴，有卷轴。文震亨讲到颜色的搭配、质地、尺寸、依次结构的大小等等，很为繁琐。装裱书画本需要高超的技艺，北宋文思院设有六种待诏，装裱师即是其一，精美而协调的装裱能让书画增色。

上下天地须用皂绫龙凤云鹤等样①，不可用团花及葱白、月白二色。二垂带用白绫②，阔一寸许，乌丝粗界画二条③，玉池白绫亦用前花样④。书画小者须挖嵌⑤，用淡月白画绢，上嵌金黄绫条，阔半寸许，盖宣和裱法⑥，用以题识，旁用沉香皮条边，大者四面用白绫，或单用皮条边亦可。参书有旧人题跋⑦，不宜剪削，无题跋则断不可用。画卷有高头者不须嵌，不则亦以细画绢挖嵌。引首须用宋经笺、白宋笺及宋、元金花笺⑧，或高丽茧纸、日本画纸俱可⑨。大幅上引首五寸，下引首四寸，小全幅上引首四寸，下引首三寸，上褾除撇竹外⑩，净二尺，下褾除轴净一尺五寸。横卷长二尺者，引首阔五寸，前褾阔一尺。余俱以是为率。

## 【注释】

①上下天地：画身之上为天，画身之下为地。皂绫：黑色的绫。

②垂带：立轴画卷中从上端横杆垂吊而下的带子。

③乌丝粗界画：黑色的粗直线。

④玉池：古代卷轴在卷首镶贴的一条绫。

⑤挖嵌：将绫按字画大小挖空嵌入裱之。

⑥宣和裱法：宋徽宗宣和年间的裱画格式。

⑦参书：镶贴在画心两旁，用作题跋的笺纸。

⑧引首：画身上下所加的纸，在上者为上引首，在下者为下引首。金花笺：洒有泥金的笺纸。笺，小幅华贵的纸张，古时用以题咏或写书信。

⑨高丽茧纸：明高濂《遵生八笺》说："高丽有绵茧纸，色白如绫，坚韧如帛，用以书写，发墨可爱。"日本画纸：日本所产的一种光滑如镜的纸。

⑩上褾（biǎo）：画心之外的装裱。立轴分为上下褾，横卷分为前后褾。撷（yè）竹：装裱所用的天杆。

**【译文】**

装裱书画，上下天地需要用黑色的绫和龙凤云鹤等样式，不可用团花和葱白、月白二色。两条垂带要用白绫，一寸宽左右，黑色粗直线两条，卷首的玉池白绫也要用前面提到的图样。小尺寸的书画应挖嵌装裱，用淡月白色的画绢做裱褙，上方镶嵌金黄色绫条，半寸宽左右，这是宋代宣和年间的装裱方法，用来作题记，旁边用陈香皮镶边，大幅的书画四周用白绫，或者只用皮条镶边也可以。参书上有旧题跋的，不宜剪削，没有题跋的，务必剪掉。画卷有高头的不须镶嵌，不然的话也用细画绢镶嵌。引首要用宋经笺、白宋笺及宋、元金花笺，或者用高丽茧纸、日本画纸都可以。大幅的书画上引首五寸，下引首四寸，小幅的上引首四寸，下引首三寸，上裱除去天杆外，净二尺，下裱除去下轴外，净长一尺五寸。横卷长二尺的，引首五寸宽，前裱宽一尺。其他的都以此为参照。

# 褾轴

**【题解】**

裱轴讲的是画轴的制作材料及方法。文震亨在此篇讲轴身与轴头怎样装裱古雅，哪些材料可用，哪些方法不可用。画轴宜轻，轴重损画。古代画轴常用檀香木，白檀木木质坚硬，檀香芬芳永恒，能辟湿气，且百毒不侵，用来做轴身固然实用又雅致，但产量稀少，所以文震亨的时代已经多用杉木来做轴身。轴头装裱坠底之用，古人用的白玉、水晶、琥珀、玛瑙等装饰在文震亨的时候也已经替换为牙、牛角。书画装裱的历史中，材料、形式都在发生着变化。小小书画轴头虽属文玩的细枝末节，却代表着一种品位与修养、审美与时尚。

　　古人有镂沉檀为轴身①，以裹金、鎏金、白玉、水晶、琥珀、玛瑙、杂宝为饰②，贵重可观，盖白檀香洁去虫，取以为身，最有深意。今既不能如旧制，只以杉木为身。用犀、象、角三种，雕如旧式，不可用紫檀、花梨、法蓝诸俗制③。画卷唐上轴④，形制既小，不妨以宝玉为之，断不可用平轴⑤。签以犀、玉为之，曾见宋玉签半嵌锦带内者⑥，最奇。

**【注释】**

①镂：雕刻。沉檀：檀香木。

②裹金：包金。鎏（liú）金：镀金。用金汞合金制成的金泥涂饰器物的表面，经过烘烤，汞蒸发而金固结于器物上的一种传统工艺。

③花梨：即花梨木。落叶乔木。法蓝：即珐琅，又称景泰蓝。北京著名的特种工艺品之一，早在唐代就有此种工艺制作。一说，系创于明宣德年间，至明景泰年间才广泛流行。用铜胎制成，当时以蓝釉为最出色，习惯称为"景泰蓝"。

④唐上轴：当作"须出轴"，轴头露出画外。

⑤平轴：轴与画平齐。

⑥玉签：玉制之签。

**【译文】**

古人刻檀香木做画轴的轴身，用包金、镀金、白玉、水晶、琥珀、玛瑙、杂宝等物作为装饰，珍贵而美观，因为白檀木芳香洁净可以驱虫，拿来作为轴身，最有深意。现在已经不能按旧制来制作，只能用杉木作为轴身。轴头用犀角、象牙、牛角三种，刻成旧时的样子，不可用紫檀木、花梨木、景泰蓝这些俗制。画卷一定要出轴，规格小的，不妨以宝玉来做，决不可用平轴。签子用犀角、宝玉做，曾经见到宋代玉制之签半嵌在锦带里面，最为奇特。

# 裱锦

**【题解】**

裱锦是裱画所用之锦。文震亨根据锦的形状罗列了各种裱锦，并指出何者古雅，何者不可用。据行文来看，文震亨时候流行落花流水锦，虽不及宋代宣和年间的绫，但也能让人称意。而文震亨谈论书画多次提到宣和年间，充满一种缅怀与向往的意味。宋徽宗亡了国，却在书画艺术方面让后人念念不忘。

古有樗蒲锦、楼阁锦、紫驼花、鸾鹊锦、朱雀锦、凤皇锦、走龙锦、翻鸿锦[1]，皆御府中物[2]。有海马锦、龟纹锦、粟地锦、皮球锦[3]，皆宣和绫[4]，及宋绣花鸟、山水，为装池卷首[5]，最古。今所尚落花流水锦，亦可用，惟不可用宋段及纻绢等物[6]。带用锦带，亦有宋织者。

**【注释】**

①樗（chū）蒲锦：樗蒲，也作"摴蒲"。是古代一种博戏，樗蒲锦就是以这种游戏为图案的彩锦，始于宋代，在明锦纹样中常见。宋

程大昌《演繁露》："今世蜀地织绫，其文有两尾尖削而中间宽广者，既不象花，亦非禽兽，乃遂名为撂蒲。"紫驼花：类似赤栗色骆驼的纹饰。鸾鹊锦、朱雀锦、凤皇锦、走龙锦、翻鸿锦：皆为锦之纹样。

②御府：此指帝王府库。

③海马锦、龟纹锦、粟地锦、皮球锦：皆为锦之纹样。

④宣和绫：宋宣和年间（1119—1125）所织之绫。

⑤装池：装裱古籍或书画。

⑥宋段：即宋缎。纻（zhù）绢：明曹昭《格古要论》："纻丝作新织者，类刻丝作，而欠光净紧厚，不逮刻丝多矣。"

## 【译文】

古代有樗蒲锦、楼阁锦、紫驼花锦、鸾鹊锦、朱雀锦、凤皇锦、走龙锦、翻鸿锦，都是帝王府库中的用品。有海马锦、龟纹锦、粟地锦、皮球锦，都是宋代宣和年间所织的绫，以及宋代所绣的花鸟、山水，用来装裱书画的卷首，最古雅。现在所流行的落花流水锦，也可使用，只是不可用宋缎及纻绢类的东西。带用锦带，也有宋代所织的锦带。

# 藏画

## 【题解】

"藏画"讲的是画匣的制作与收藏书画时的注意事项。画匣大小不同，开门匣有纵面、横面之分，为的是便于拿取观看，于此可见古人之周全与细心。书画保护本就难度较大，污染、发霉、虫蛀、光照、潮湿等都会损坏品相，所以精致的画匣很有必要。夏季要微微晾晒，平时挂画时还要避免尘埃。而选用画匣的木材也有讲究，多用樟木、楠木。难怪古代会有"买椟还珠"的故事，费了一番心思的漂亮匣子的确能让人忘记匣子里面的东西。

以杉、桫木为匣<sup>①</sup>，匣内切勿油漆、糊纸，恐惹霉湿，四五月，先将画幅幅展看，微见日色，收起入匣，去地丈余，庶免霉白。平时张挂，须三五日一易，则不厌观，不惹尘湿，收起时，先拂去两面尘垢，则质地不损。

**【注释】**

①桫（suō）木：即桫椤。蕨类植物，木本。茎柱状，直立，我国南方溪边林下多有生长。茎含淀粉，可供食用。《广群芳谱》引《芸窗类记》："古人藏书，多用芸香，即今之七里香也。匣橱须用楸、梓、杉、桫之类，忌油松，内不用漆。"

**【译文】**

以杉木、桫木做匣子，匣子内不能油漆，不能糊纸，以防发霉潮湿，四五月份，先将画一幅幅地展开，稍微见一下阳光，然后收入匣子，搁置在离地一丈多高的地方，以免生出白霉。平时张挂，需要三五日更换一次，就不至于厌烦，不沾染灰尘湿气，收起时，先拂去两面的尘垢，就不会损伤画卷。

## 小画匣

**【题解】**

小画匣是用来收藏短轴书画的，所以制作方式是横面开门，方便拿取。即便是小小的画匣，上面也会有高雅精美的雕刻装饰，再小的物件，古人也用心对待，绝不敷衍。

短轴作横面开门匣，画直放入，轴头贴签，标写某书某画，甚便取看。

**【译文】**

装短轴的画匣子做成横面开门的,画可直接放入,轴头贴上标签,标明书画的名称,便于拿取观看。

# 卷画

**【题解】**

前面两则讲画的收藏,此文讲的是取用观看时的注意事项。观看绘画之后须将画卷起来,不可用力过大,不可用手托着画背观看。这种小心翼翼的态度真如捧着一颗易碎的珍珠。然唐白居易《简简吟》一诗曰:"大都好物不坚牢,彩云易散琉璃脆。"再好的字画,再怎么爱惜,又能收藏多久呢?

须顾边齐,不宜局促,不可太宽,不可着力卷紧,恐急裂绢素。拭抹用软绢细细拂之,不可以手托起画轴就观[1],多致损裂。

**【注释】**

①画轴:当作"画背"。译文从之。

**【译文】**

卷画时应照顾两边对齐,不宜狭窄,也不宜太宽,不可用力卷紧,以防绢素断裂。擦拭的时候用软绢细细拂抹,不能用手托着画背看画,容易使画受损破裂。

# 法帖

**【题解】**

法帖乃名家书法的范本,文震亨讲了历代可收藏的名家的碑刻与名帖。唐代由于帝王的喜爱，出现勾摹前人墨迹的集帖，即《万岁通天帖》。宋代又出现了汇集历代名家书法墨迹，将其镌刻在石头或木板上，然后拓成墨本并装裱成卷或册的刻帖。这种刻帖使古人的书法得以流传，并成为学习书法的范本帖。宋曹士冕《法帖谱系·杂说上》："太宗皇帝时，尝遣使购募前贤真迹，集为法帖十卷，镂板而藏之。"明清之际，随着印刷业的发达和人们对书法学习的需求，汇集前人书法墨迹，镌刻法帖持续不断，规模也越来越大。明张居正《拟日讲仪注疏》曰："或看字体法帖，随意写字一幅，不拘多寡。"可见法帖在日常生活中的示范性作用。

　　历代名家碑刻，当以《淳化阁帖》压卷[①]，侍书王著勒[②]，末有篆题者是。蔡京奉旨摹者[③]，曰《太清楼帖》[④]；僧希白所摹者[⑤]，曰《潭帖》；尚书郎潘师旦所摹者[⑥]，曰《绛帖》[⑦]；王寀辅道守汝州所刻者[⑧]，曰《汝帖》；宋许提举开刻于临江者[⑨]，曰《二王帖》。

**【注释】**

①《淳化阁帖》：我国最早的一部汇集各家书法墨迹的法帖。共10卷，收录了中国先秦至隋唐一千多年的书法墨迹，包括帝王、臣子和著名书法家等103人的420篇作品，被后世誉为中国法帖之冠和"丛帖始祖"。

②侍书：官名。侍奉帝王、掌管文书的官员。宋明为翰林院属官。王著（约928—969）：字成象，单州单父（今山东单县）人。历仕后汉、后周、北宋三朝，官至翰林学士。

③蔡京（1047—1126）：字元长，兴化军仙游（今福建仙游）人。先后四次任宰相，导徽宗穷奢极侈，大兴工役，挥霍国库，被称为

“六贼”之首。蔡京工书法,博采诸家众长,自成一体。笔法姿媚,字势豪健,独具风格。主要作品有《草堂诗题记》《节夫帖》《官使帖》等。

④《太清楼帖》:汇刻丛帖,十卷。大观三年(1109),宋徽宗因《淳化阁帖》板已断裂,出内府所藏墨迹,命蔡京等稍加厘定,重新摹勒上石,标题皆蔡京手书。刻工精良,优于《淳化阁帖》,惜拓本流传甚少。

⑤僧希白:字宝月,号慧照大师,潭州长沙(今湖南长沙)人。善书,有东晋人风度。填本刻石,不失其真。仁宗庆历中以《淳化阁帖》模刻于潭之郡斋,摹勒精致,称为《潭帖》或《长沙帖》。亦工白描荷花。

⑥潘师旦:北宋人,官至尚书郎。

⑦《绛帖》:为北宋潘师旦摹刻,因刻于绛州,故名。

⑧王寀辅道:即王寀(1078—1118)。字辅道、道辅,号南陔,江州德安(今江西德安)人。好学,工词章。因病迷惑,好神仙道术,徽宗重和元年(1118)召入宫中延神,为林灵素所陷,下狱弃市。汝州:隋大业二年(606)改伊州置,以境内有汝水得名。明成化时升为直隶州。宋元时烧造汝窑瓷器,青瓷最为佳品。

⑨许提举开:即许开。字仲启,丹徒(今江苏镇江)人。为江东提刑之职。提举,官名。宋枢密院编修敕令所有提举,宰相兼;同提举,执政兼。此外,有提举常平仓、提举茶盐、提举水利等官。元明沿其制。清亦有提举之职,如文渊阁设提举阁事,以内务府大臣充任。临江:即临江府。治今江西樟树。

## 【译文】

历代名家碑刻,当以《淳化阁帖》为最佳,宋代翰林侍书王著所刻,末尾有篆题。蔡京奉旨临摹的,叫《太清楼帖》;僧人希白所临摹的,叫《潭帖》;尚书郎潘师旦所临摹的,叫《绛帖》;王辅道任汝州太守时所刻的,叫《汝帖》;宋许开提举在临江刻的,叫《二王帖》。

元祐中刻者<sup>①</sup>,曰《秘阁续帖》<sup>②</sup>;淳熙年刻者<sup>③</sup>,曰《修内司本》<sup>④</sup>;高宗访求遗书<sup>⑤</sup>,于淳熙阁摹刻者,曰《淳熙秘阁续帖》<sup>⑥</sup>;南唐后主命徐铉勒石<sup>⑦</sup>,在淳化之前者<sup>⑧</sup>,曰《昇元帖》<sup>⑨</sup>。

**【注释】**

①元祐:宋哲宗年号(1086—1094)。

②《秘阁续帖》:元祐中,奉旨以《淳化阁帖》之外,续所得真迹,刻《秘阁续帖》。

③淳熙:宋孝宗年号(1174—1189)。

④《修内司本》:宋孝宗淳熙十二年(1185),诏以内府所藏《淳化帖》刻石,集中规模,与原本略无小异,卷尾楷书题云:"淳熙十二年乙巳二月十五日,修内司奉旨摹勒上石。"修内司,南宋官名。掌宫城太庙缮修之事。

⑤高宗:即宋高宗赵构(1107—1187)。字德基,东京汴梁(今河南开封)人。宋朝第十位皇帝(1127—1162年在位)。赵构精于书法,善真、行、草书,笔法洒脱婉丽,自然流畅,颇得晋人神韵。著有《翰墨志》,传世墨迹有《洛神赋》等。

⑥《淳熙秘阁续帖》:《淳化阁法帖源流考》:"宋孝宗朝,以南渡后所得晋、唐遗墨,摹刻禁中,名《淳熙秘阁续帖》。"

⑦南唐后主:即南唐李煜(937—978)。原名从嘉,字重光,号钟山隐士、白莲居士等,徐州彭城县(今江苏徐州)人。南唐末代君主。精书法、工绘画、通音律,诗文均有一定造诣,尤以词的成就最高。徐铉(916—991):字鼎臣,原籍会稽(今浙江绍兴),父亲

198

徐延休，官江都少尹，遂家其地，故一作广陵（今江苏扬州）人。

徐铉工于书，好李斯小篆。在诗歌、散文创作方面成就突出，《全唐文》《全唐诗》《全宋文》均收录其作品。

⑧淳化：宋太宗年号（990—994）。

⑨《昇元帖》：《淳化阁法帖源流考》："南唐李后主出秘府珍藏，命徐铉刻帖四卷，后刻'昇元二年三月建业文房摹勒上石'，亦名'建业帖'。"

【译文】

宋元祐年间刻的，叫《秘阁续帖》；宋淳熙年间刻的，叫《修内司本》；高宗访求遗留下来的墨迹，在淳熙阁摹刻的，叫《淳熙秘阁续帖》；南唐后主命徐铉刻在石头上，在宋代淳化年之前的，叫《昇元帖》。

刘次庄摹《阁帖》①，除去篆题年月，而增入释文者，曰《戏鱼堂帖》；武冈军重摹《绛帖》②，曰《武冈帖》；上蔡人临摹《绛帖》③，曰《蔡州帖》；赵彦约于南康所刻④，曰《星凤楼帖》；庐江李氏刻⑤，曰《甲秀堂帖》；黔人秦世章所刻⑥，曰《黔江帖》；泉州重摹阁帖⑦，曰《泉帖》；韩平原所刻⑧，曰《群玉堂帖》⑨；薛绍彭所刻⑩，曰《家塾帖》；曹之格日新所刻⑪，曰《宝晋斋帖》；王庭筠所刻⑫，曰《雪溪堂帖》；周府所刻⑬，曰《东书堂帖》⑭；吾家所刻⑮，曰《停云馆帖》《小停云帖》⑯；华氏刻⑰，曰《真赏斋帖》⑱。皆帖中名刻，摹勒皆精。

【注释】

①刘次庄：字中叟，晚号戏鱼翁，北宋潭州长沙（今湖南长沙）人。工正、行、草，最妙小楷。居新淦（今江西新干），卜筑于吟水滨之戏鱼堂，潜心临摹家藏淳化阁法帖，其住所窗牖墙壁常被题满了

字墨,几乎没有空处。主要作品有《戏鱼堂法帖》。

②武冈军:北宋崇宁五年(1106)升邵州武冈县置,治武冈县(今湖南武冈)。元至元十四年(1277)升为武冈路。

③上蔡:县名。治所上蔡县城(今河南上蔡城关)。县境为故蔡国地,因蔡平侯徙下蔡(新蔡),故此称上蔡。元明属汝宁府。

④赵彦约:陈植认为应该是曹彦约。曹彦约(1157—1228),字简甫,号昌谷,南康郡都昌(今江西都昌)人。南宋大臣。曾从朱熹讲学,后受人之召,负责汉阳军事,因部署抗金有方,改知汉阳军。存有文学著作《昌谷集》二十二卷。译文从之。

⑤庐江:即庐江县,治所在今安徽庐江县西。明代属庐州府。

⑥秦世章:字子明,彭水(宋属黔州)人。宋代将领,在长沙带兵时曾经买石摹刻长沙僧人宝月的古法帖,并将石刻带入贵州的佛祠绍圣院。

⑦泉州:唐景云二年(711)以武荣州改名,天宝、至德间为清源郡。治今福建泉州。开元八年(720)置晋江县为附郭。宋太平兴国后东北部木兰溪流域划出,置兴化军;西南部长泰县划属漳州。元至元十五年(1278)升为泉州路。北宋元祐二年(1087)于泉州城置市舶司,为全国最繁盛的对外贸易中心,城南有"蕃坊",为阿拉伯地区商人聚居处。元初意大利旅行家马可·波罗誉其为世界最大港之一。

⑧韩平原:即韩侂胄(tuō zhòu,1152—1207)。字节夫,相州安阳(今河南安阳)人。南宋权相。韩侂胄任内禁绝朱熹理学,追封岳飞为鄂王,追削秦桧官爵,力主"开禧北伐"金国,因将帅乏人而功亏一篑。

⑨《群玉堂帖》:《汇刻丛帖》:"南宋向若水摹刻韩侂胄所藏法书十卷,原名《阅古堂帖》。韩被杀后,刻石没归公库。嘉定元年,秘书省改名《群玉堂帖》。"

⑩薛绍彭：字道祖，号翠微居士，河中万泉（今山西万荣）人。与米
芾齐名，人称"米薛"。工正、行、草书，笔致清润遒丽，具晋、唐
人法度，现存世书迹有《诗卷》《兰亭临写本》《昨日帖》《随事吟
帖》《晴和帖》等。

⑪曹之格：生卒年不详。曾于南宋宝祐二年（1254）至咸淳五年
（1269）依据米芾残石，及家藏的晋人名帖汇刻而成《宝晋斋
帖》。

⑫王庭筠（1151—1202）：字子端，号黄华山主等，辰州熊岳（治今
辽宁盖州）人。书法学米元章，尤善山水墨竹，有《幽竹古槎图》
等传世。善诗文，七言长篇尤工险韵，有《黄华集》。

⑬周府：此指明代周宪王朱有墩的府第。朱有墩（1379—1439），明
太祖朱元璋第五子朱橚的长子。袭封周王，藩地开封，死后谥宪，
世称周宪王。

⑭《东书堂帖》：《集古求真》："明周宪王为世子时所镌，以《阁帖》
为主，又旁取《绛》《潭》等帖，并增入宋、元人书，仍为十卷。"

⑮吾家：文震亨自称。

⑯《停云馆帖》《小停云帖》：《淳化秘阁法帖源流考》："明嘉靖间，文
待诏父子取《阁》《绛》《临江》《宝晋》《博古》诸帖摹勒，益以宋、
元、明人墨迹，为《停云馆帖》十二卷，《续帖》四卷。"章简甫自刻
一部，与文氏本差别不大，仅天地头略短于原刻碑，禁中称文氏原
刻为《大停云馆帖》，章氏自刻为《小停云馆帖》。

⑰华氏：即华夏。字中甫，一字中父，号东沙子、东沙居士，锡山（今
江苏无锡）人。明著名书画收藏家、藏书家。少年游学于江西等
地，拜王守仁为师，中年后结识文徵明、祝允明等书画家。编辑有
《真赏斋法帖》行世。

⑱《真赏斋帖》：无锡收藏家、太学生华夏（字中甫）将其"真赏斋"
中所收藏的魏晋法帖请挚友文徵明、文彭父子钩摹，由名刻手章

简甫刻石后墨拓成帖。分上、中、下三卷，上卷是魏锺繇《荐季直表》，中卷是晋王羲之《袁生帖》，下卷是唐王方庆《万岁通天帖》。帖刻不久遭火而毁，复刻稍逊，故有"火前本"与"火后本"分别。前后两刻本俱精，实即一人摹勒所刻，但"火前本"极少，为世人所重。

**【译文】**

宋刘次庄临摹《淳化阁帖》，删去篆题年月，增加释文的刻本，叫《戏鱼堂帖》；武冈军重新摹刻《绛帖》，叫《武冈帖》；上蔡人临摹《绛帖》，叫《蔡州帖》；宋曹彦约在南康所刻的，叫《星凤楼帖》；庐江李氏所刻，叫《甲秀堂帖》；黔人秦世章所刻，叫《黔江帖》；泉州重摹《淳化阁帖》，叫《泉帖》；韩平原所刻，叫《群玉堂帖》；薛绍彭所刻，叫《家塾帖》；曹之格新刻的，叫《宝晋斋帖》；王庭筠所刻，叫《雪溪堂帖》；明代周宪王府所刻，叫《东书堂帖》；我家所刻，叫《停云馆帖》《小停云帖》；本朝华夏所刻，叫《真赏斋帖》。这些都是帖中著名的刻本，摹刻都很精致。

又如历代名帖，收藏不可缺者，周、秦、汉则史籀篆《石鼓文》①、坛山石刻②、李斯篆泰山、峋山、峄山诸碑③，《秦誓》《诅楚文》④，章帝《草书帖》⑤，蔡邕《淳于长夏承碑》《郭有道碑》《九疑山碑》《边韶碑》《宣父碑》《北岳碑》⑥，崔子玉《张平子墓碑》⑦，郭香察隶《西岳华山碑》⑧。

**【注释】**

①史籀：相传为周宣王太史。曾作学童识字课本十五篇，因名《史籀篇》。汉代所传用近似石鼓文及秦系金文的字体写成，时称籀文，又名"大篆"，故后世或以其为"大篆"字体的创始者。《石鼓文》：东周初秦国刻石文字。在十块鼓形石上，用籀文分刻十首四

言韵文，记述秦国国君的游猎情况。后世亦称为"猎碣"。

②坛山石刻：坛山在河北赞皇，山壁刻有"吉日癸巳"四个篆字，相传为周穆王书。原刻石在宋皇祐年间被州将刘庄凿取带走，久佚。宋皇祐五年（1053）李中祐摹刻本也已散失，现存有南宋重刻本。

③李斯（？—前208）：上蔡（今河南上蔡）人。少从荀卿学帝王术，后入秦，拜长吏，任廷尉。以卓越的政治才能和远见，辅助秦王完成了统一六国的大业。秦朝建立以后，李斯升任丞相，后被赵高诬陷腰斩于咸阳。主要作品有《谏逐客书》《泰山封山刻石》《琅琊刻石》等。泰山：山名。在山东中部，古称东岳，为五岳之一。也称岱宗、岱山、岱岳、泰岱。主峰玉皇顶在泰安北。古代帝王常在泰山举行封禅大典。《泰山刻石》并《二世诏》由李斯篆，立于泰山顶上。朐（qú）山：山名。在故朐县东北境，即今江苏连云港市西南锦屏山。秦始皇东巡立石于此，称为东门阙。李斯篆《朐山碑》。峄（yì）山：山名。即邹山，又名邹峄山、邾峄山。在今山东邹城东南，秦始皇东行郡县，上邹峄山，刻石颂秦德，李斯篆书。

④《秦誓》：一作《秦誓文》。秦国石刻。内容为秦王祈求天神制克楚兵，复其边城，故后世称《诅楚文》。据考证，约为秦惠文王和楚怀王时事。已发现三石：一为"巫咸"，一为"久湫"，一为"亚驼"，宋时先后在不同的地方出土。

⑤章帝：即汉章帝刘炟（56—88）。东汉第三位皇帝（75—88年在位），汉光武帝刘秀之孙。汉章帝有残本草书《千字文》八行，64字。后人认为《千字文》并非汉章帝所作。

⑥蔡邕（133—192）：字伯喈，世称蔡中郎，陈留圉（今河南杞县南）人。好辞章、书法、数术、天文，尤通音律。灵帝建宁三年（170），召拜郎中，校书东观。熹平四年（175），正定六经文字，以古文、

篆、隶三体书之于碑,石工镌刻,立于太学门外,世称熹平石经。后儒晚学,以此为正。《淳于长夏承碑》:或称《夏承碑》,东汉建宁三年(170)立于河北永年。于宋代出土,原石久佚,现有明嘉靖重刻石立于此地。隶书在汉代发展趋于成熟,《夏承碑》以其独特的魅力吸引了明清书家与金石学家的关注,但由于此碑版本流传甚多,真伪难辨。《郭有道碑》:明屠隆《考槃余事》:"《郭有道碑》,汉蔡邕作文,隶书,在山西平晋县。"郭有道,即郭泰(128—169)。字林宗,界休(即介休,今属山西)人。东汉末为太学生首领,不就官府征召,后归乡里。党锢之祸起,闭门教授,生徒数千人。卒后四方人士前来会葬的达千余人。《九疑山碑》:明屠隆《考槃余事》:"汉蔡邕文,并隶书,在广西。"《边韶碑》:《新增格古要论》:"蔡邕隶书。其墓碑在开封府东北五里。"边韶,字孝先,陈留浚仪(今河南开封西北)人。以文章知名,教授数百人。著诗、颂、碑、铭、书、策十五篇,今佚。《宣父碑》:《新增格古要论》:"东汉蔡邕伯喈隶书,在真定府。"《北岳碑》:《新增格古要论》:"《北岳恒山碑》:一碑,蔡邕汉隶,一碑,蔡有邻唐隶,在定州曲阳县。"

⑦ 崔子玉:即崔瑗(77—142)。字子玉,涿郡安平(今河北安平)人。善书法,尤工于章草,与章帝时齐相杜度齐名,时称"崔杜"。撰有《草书势》。《张平子墓碑》:张平子即张衡(78—139),字平子,南阳西鄂(今河南南阳北)人。安帝(107—125年在位)时拜郎中,后为太史令。贯通五经六艺,力排谶纬之学。精天文历算,作浑天仪、候风地动仪。《后汉书·张衡传》引唐李贤《注》:"西鄂县故城,在今邓州向城县南,有平子墓及碑。"

⑧ 郭香:后汉新丰(今陕西临潼东北)人。官书佐。《西岳华山庙碑》之末,因有"遣书佐新丰郭香察书"一句,有学者认为作者是郭香察,陈植认为察书为察莅他人之书。

**【译文】**

又如历代名帖，有一些是收藏不可缺少的，周、秦、汉的史籀的篆文《石鼓文》、坛山石刻，李斯所刻的泰山、峋山、峄山等碑文，《秦誓》《诅楚文》，章帝的《草书帖》，蔡邕的《淳于长夏承碑》《郭有道碑》《九疑山碑》《边韶碑》《宣父碑》《北岳碑》，崔子玉的《张平子墓碑》，郭香所察考的隶书《西岳华山碑》。

魏帖则锺元常《贺捷表》《大飨碑》《荐季直表》《受禅碑》《上尊号碑》《宗圣侯碑》[①]。吴帖则《国山碑》《延陵季子二碑》[②]。晋帖则《兰亭记》《笔阵图》《黄庭经》《圣教序》《乐毅论》《周府君碑》《东方朔赞》《洛神赋》《曹娥碑》《告墓文》《摄山寺碑》《裴雄碑》《兴福寺碑》《宣示帖》《平西将军墓铭》《梁思楚碑》[③]，羊祜《岘山碑》[④]，索靖《出师颂》[⑤]。

**【注释】**

① 锺元常：即锺繇（151—230）。字元常，颍川长社（今河南长葛东）人。东汉末为黄门侍郎，后为曹操所命，经营关中，颇有政绩。魏明帝时任太傅，世称"锺太傅"。工书，尤善隶、楷，开后世书法先河，与晋王羲之并称"锺王"。真迹不传，现存法帖皆出于后人临摹。《贺捷表》：为锺繇听闻蜀将关羽被杀向曹操所写的贺表。《大飨碑》：宋娄机《汉隶字原》："魏文帝以延康元年幸谯，大飨父老，立坛于故宅，坛前建石，题曰'大飨之碑'，相传为梁鹄书。《图经》云：'曹子建文，锺繇书。'"《荐季直表》：书于魏黄初二年（221），楷书，书时锺繇已七十高龄。此表内容为推荐旧臣关内侯季直的表奏。《受禅碑》：亦称《魏受禅碑》。唐刘禹锡《嘉

话》云："王朗文，梁鹄书，锺繇镌字，谓之'三绝'。"《上尊号碑》：亦称《公卿上尊号碑》。世传梁鹄书，锺繇书。《宗圣侯碑》：明屠隆《考槃余事》："《宗圣侯碑》，魏文帝封孔子二十一世孙孔羡为宗圣侯，曹子建作文，梁鹄书。在孔庙中。"

② 《国山碑》：在今江苏宜兴县。国山，山名。位于今江苏宜兴西南境。本名离里山，有九峰相连，亦名九斗山，又名升山。三国吴天玺元年（276）封禅为中岳，改名国山。《延陵季子二碑》：在江苏丹阳县九里小学中。季子名札，春秋时吴王寿梦第四子。封于延陵，故称延陵季子。其兄传位于他，不受，死后立庙奉祀。庙前石碑上篆题"呜呼有吴延陵季子之墓"，相传为孔子所书，世称"十字碑"。现存石碑为明正德六年（1511）所摹刻。

③ 《兰亭记》：晋代王羲之所书，在浙江山阴（今属绍兴）。《笔阵图》：王羲之书，在陕西西安。《黄庭经》：著名小楷法帖，相传为王羲之书。传世刻本以宋秘阁本为最精。《圣教序》：即《集王圣教序》。明屠隆《考槃余事》："唐太宗作序，高宗作记，僧玄奘译《多心经》，僧怀仁集王右军行书。贞观二十三年八月作，咸亨三年十二月刻石，字体遒劲可爱，石在陕西西安府学。"《乐毅论》：小楷法帖，传为王羲之书。《洛神赋》：赋名。三国魏曹植作。赋以传说中洛水之神宓妃为题材，写作者对她的倾慕之情，以及因隔于人神之道，不能与之交接的惆怅。王献之书，即世传《玉版十三行》。《曹娥碑》：曹娥的墓碑。东汉度尚立，其弟子邯郸淳撰文。碑已不存，后世所传《曹娥碑帖》，一为晋人墨迹摹刻的拓本，宋拓《临江戏鱼堂帖》本题作晋右将军王羲之书。一为宋元祐八年蔡卞重书，题作《后汉会稽上虞孝女曹娥碑》。行书。《告墓文》：王羲之小楷。王羲之少为王述所扼，为文以告先灵誓不复出，故后人又称其为《告誓文》。《摄山寺碑》：明屠隆《考槃余事》："《摄山寺碑》，智永集右军书。"摄山，今南京栖霞区栖霞山。

《裴雄碑》:《墨池编》:"晋《裴雄碑》,永康五年。"《兴福寺碑》:又称《吴文碑》或《镇国大将军吴文碑》,由王羲之行书刻成。因出土时仅存下半截,俗称"半截碑"。因碑在兴福寺,故称《兴福寺碑》。现存于陕西省博物馆碑林。《宣示帖》:著名小楷法帖,原为三国时魏锺繇所书,真迹不传于世,只有刻本,一般论者认为是根据王羲之临本摹刻,始见于《淳化秘阁法帖》。《平西将军墓铭》:即《平西将军周孝侯碑》,陆机撰,王羲之书,永和六年(350)立,在今江苏宜兴。此碑疑是唐人伪托。《梁思楚碑》:由卫秀集王羲之书而成。

④羊祜(221—278):字叔子,泰山南城(今山东费县西南)人。出身泰山羊氏,博学能文,清廉正直。《岘山碑》:羊祜任襄阳太守,有政绩。后人以其常游岘山,故于岘山立碑纪念,称《岘山碑》。望其碑者莫不流涕,杜预因名为堕泪碑。

⑤索靖(239—303):字幼安,敦煌(今甘肃敦煌西)人。西晋将领、著名书法家,"敦煌五龙"之一。善章草,传东汉张芝之法,其书险峻坚劲,自成一家。主要作品有《索子》《草书状》《出师颂》《月仪帖》等。

**【译文】**

魏帖有锺繇的《贺捷表》《大飨碑》《荐季直表》《受禅碑》《上尊号碑》《宗圣侯碑》。吴帖有《国山碑》《延陵季子二碑》。晋帖有《兰亭记》《笔阵图》《黄庭经》《圣教序》《乐毅论》《周府君碑》《东方朔赞》《洛神赋》《曹娥碑》《告墓文》《摄山寺碑》《裴雄碑》《兴福寺碑》《宣示帖》《平西将军墓铭》《梁思楚碑》,羊祜的《岘山碑》,索靖的《出师颂》。

宋、齐、梁、陈帖,则《宋文帝神道碑》①,齐倪桂《金庭观碑》②,齐《南阳寺隶书碑》③,梁萧子云《章草出师颂》④,《茅君碑》⑤,《瘗鹤铭》⑥,刘灵《堕泪碑》⑦。陈智永《真行二体千文》《草书兰亭》⑧。魏、齐、周帖则有魏刘玄明《华岳碑》⑨，裴思顺《教戒经》⑩。北齐王思诚《八分蒙山碑》⑪，《南阳寺隶书碑》⑫，《天柱山铭》⑬。后周《大宗伯唐景碑》⑭。

## 【注释】

① 《宋文帝神道碑》：此碑只有"太祖文皇帝之神道"八个大字。宋文帝，即刘义隆（407—453），字车儿。南朝宋第三位皇帝（424—453年在位），宋武帝刘裕第三子，宋少帝刘义符的弟弟，母为武章太后胡道安。

② 倪桂《金庭观碑》：陈植认为是齐朝的倪珪，不详待考。

③ 《南阳寺隶书碑》：不详待考。

④ 萧子云（487—549）：字景乔，南兰陵（今江苏常州）人。善草隶，梁武帝以为可与锺繇并驱争先。《章草出师颂》：明屠隆《考槃余事》记载其在福建福州府学。

⑤ 《茅君碑》：孙文韬书，普通三年（522）立。

⑥ 《瘗鹤铭》：著名摩崖刻石。梁天监十三年（514）华阳真逸撰，其时代和书者众说纷纭，但均无确据。在今江苏镇江市焦山崖石上，曾崩落长江中。乾隆二十二年（1757）移置焦山定慧寺。铭文正字大书左行，前人评价很高。

⑦ 刘灵《堕泪碑》：刘灵为南朝梁武帝时人。工书、画，尝正书《堕泪碑》。

⑧ 智永《真行二体千文》：智永禅师为王羲之七世孙，妙传家法，为隋唐间学书者宗匠，写真草千文八百本，散于世，江东诸寺，各施一本。

⑨ 刘玄明：后魏人，官后魏镇西将军、略阳公、侍郎。武后时人。工正书，垂拱元年（685）尝书唐武强县令梁君德政碑。

⑩ 裴思顺《教戒经》：宋朱长文《墨池编》："庚戌造《教戒经幢记》，

裴思顺造。"

⑪王思诚：北齐人。工八分书，天统五年（1440）尝书《蒙山碑》。蒙山，在今山东蒙阴南。

⑫《南阳寺隶书碑》：清顾炎武《金石文字记》："八分书，武平四年六月。今在青州府北门外龙兴寺。"

⑬《天柱山铭》：刊刻于北齐天统元年（565）的一方摩崖石刻，一般认为由郑述祖撰文并书丹，属八分书。现有残石四十余块藏于山东平度博物馆。

⑭《大宗伯唐景碑》：欧阳询正书。

**【译文】**

宋、齐、梁、陈帖，有《宋文帝神道碑》，齐倪桂的《金庭观碑》，齐《南阳寺隶书碑》，梁萧子云《章草出师颂》，《茅君碑》，《瘗鹤铭》，刘灵《堕泪碑》。陈智永《真行二体千文》《草书兰亭》。魏、齐、周帖则有魏刘玄明《华岳碑》，裴思顺的《教戒经》。北齐王思诚的《八分蒙山碑》，《南阳寺隶书碑》，《天柱山铭》。后周《大宗伯唐景碑》。

隋帖，则有《开皇兰亭》①，薛道衡书《尒朱敞碑》《舍利塔铭》《龙藏寺碑》②。

**【注释】**

①《开皇兰亭》：《集古求真》："开皇本《兰亭序》，行书，尾有小字一行，署开皇十八年三月二十日刻，乃此帖石刻之祖。"

②薛道衡（540—609）：字玄卿，河东汾阴（今山西万荣）人。善能诗文。著有文集七十卷，流行于世，今存《薛司隶集》一卷。

**【译文】**

隋帖则有《开皇兰亭》，薛道衡书《尒朱敞碑》《舍利塔铭》《龙藏寺碑》。

　　唐帖,欧书则《九成宫铭》《房定公墓碑》《化度寺碑》《皇甫君碑》《虞恭公碑》《真书千文小楷》《心经》《梦奠帖》《金兰帖》①。

## 【注释】

①欧书:即欧阳询书。欧阳询(557—641),字信本,潭州临湘(今湖南长沙)人。精通书法,与虞世南、褚遂良、薛稷三位并称"初唐四大家"。有楷书《九成宫醴泉铭》《皇甫诞碑》《化度寺碑》,行书《仲尼梦奠帖》《行书千字文》等。《九成宫铭》:即《九成宫醴泉铭》。唐碑。唐贞观六年(632),太宗避暑于陕西麟游九成宫,得泉而甘,因名醴泉,敕魏徵撰铭、欧阳询书之以刻石。字体温润峭劲,兼有隶书笔意,为欧书中著名碑刻,极为世重。《房定公墓碑》:即《房彦谦碑》。李百药撰,欧阳询书。房彦谦(545—613),字孝冲,齐州临淄(今山东淄博)人。为官清简,受百姓爱戴。后去官不仕,清白守贫。文采颇雅,结交皆一时名士。以子玄龄于唐朝为相,故追赠徐州都督、临淄县公,谥曰"定"。《化度寺碑》:即《化度寺故僧邕禅师舍利塔铭》。贞观五年(631)立碑,主要记述了隋唐时期名僧邕禅师所葬舍利塔的事情,李百药撰文,欧阳询书。《皇甫君碑》:于志宁制,欧阳询书。皇甫君即皇甫诞(?—604),字玄虑,安定乌氏(今甘肃泾川东北)人。隋文帝时,为治书侍御史,以刚毅为人所重。旋被选任为并州总管司马,辅佐总管汉王杨谅。后死于杨谅叛乱。《虞恭公碑》:又称《温公碑》《温彦博碑》。唐贞观十一年(637)刻,岑文本撰,欧阳询书。世人贵尚,惜缺落过半。温彦博(573—636),字大临,并州祁县(今山西祁县)人。唐朝大臣、学者。曾封虞国公。《心经》:全称《般若波罗蜜多心经》,佛教经名。明屠隆《考槃余事》:"小楷《心经》,欧阳询书。"《梦奠帖》:即《仲尼梦奠帖》。欧阳询书,

现收藏于辽宁省博物馆。《金兰帖》：欧阳询书，六十字。

**【译文】**

唐帖，欧阳询书有《九成宫铭》《房定公墓碑》《化度寺碑》《皇甫君碑》《虞恭公碑》《真书千文小楷》《心经》《梦奠帖》《金兰帖》。

虞书则《夫子庙堂碑》《破邪论》《宝昙塔铭》《阴圣道场碑》《汝南公主碑》《孟法师碑》①。

**【注释】**

①虞书：即虞世南书。虞世南（558—638），会稽余姚（今浙江余姚）人。善书法，与欧阳询、褚遂良、薛稷合称"初唐四大家"。所编的《北堂书钞》，为唐代四大类书之一。著有《兔园集》十卷。《夫子庙堂碑》：即《孔子庙堂之碑》。虞世南撰书，为初唐碑刻中杰出之作，亦为历代金石学家和书法家公认之虞书妙品。《破邪论》：即《破邪论序》，传为虞世南所书。清叶奕苞《金石录补》："右《破邪论序》，太子中书舍人吴郡虞世南撰并书，永兴小楷，世不多见，此序尤为永兴得意书。"《宝昙塔铭》：明屠隆《考槃余事》记载为虞世南书。《阴圣道场碑》：《金石录》："隋高阳郡《阴圣道场碑》，虞世南撰并行书，大业九年十二月。"《墨池编》："《阴圣道场碑》，虞世南撰，在台州。"《汝南公主碑》：汝南公主是唐太宗之女，早逝，虞世南为其撰写墓志。现上海博物馆藏行草书，疑为虞世南所书。《孟法师碑》：全称《京师至德观主孟法师碑》，岑文本撰，褚遂良书。此处文震亨将之归入虞世南名下，误。

**【译文】**

虞书有《夫子庙堂碑》《破邪论》《宝昙塔铭》《阴圣道场碑》《汝南公主碑》《孟法师碑》。

褚书则《乐毅论》《哀册文》《忠臣像赞》《龙马图赞》《临摹兰亭》《临摹圣教》《阴符经》《度人经》《紫阳观碑》①。

**【注释】**

①褚书：即褚遂良书。褚遂良（596—658，一说597—659），字登善，钱塘（今浙江杭州）人，一作阳翟（今河南禹县）人。博涉文史，尤工书法。初学虞世南，后取法王羲之，传世墨迹有《孟法师碑》《雁塔圣教序》等。《乐毅论》：明董其昌《画禅室随笔》："贞观中，太宗命褚遂良等摹六本，赐魏徵诸臣。此六本自唐至今，余犹及见其二。"《哀册文》：即《太宗哀册》，无撰人姓名，米友仁认为是褚遂良书。《龙马图赞》：《唐宋名人法帖》认为是虞世南所书。

**【译文】**

褚书有《乐毅论》《哀册文》《忠臣像赞》《龙马图赞》《临摹兰亭》《临摹圣教》《阴符经》《度人经》《紫阳观碑》。

柳书则《金刚经》《玄秘塔铭》①。

**【注释】**

①柳书：即柳公权书。柳公权（778—865），字诚悬，京兆华原（今陕西耀州区）人。书法以楷书著称，自创独树一帜的"柳体"，以骨力劲健见长，后世有"颜筋柳骨"的美誉，与颜真卿齐名。《金刚经》：碑帖名。柳公权书，今存唐拓孤本，藏于法国巴黎博物院。《玄妙塔铭》：即《大建法师玄妙塔铭》。由裴休撰文，柳公权书，现存于西安碑林。

**【译文】**

柳书有《金刚经》《玄秘塔铭》。

　　颜书则《争坐位帖》《麻姑仙坛》《二祭文》《家庙碑》《元次山碑》《多宝寺碑》《放生池碑》《射堂记》《北岳庙碑》《草书千文》《磨崖碑》《干禄字帖》[1]。

**【注释】**

① 颜书：即颜真卿书。颜真卿（709—784），字清臣，小名羡门子，别号应方，京兆万年（今陕西西安）人。书法精妙，擅长行、楷。创"颜体"楷书，对后世影响很大。与赵孟頫、柳公权、欧阳询并称为"楷书四大家"。又与柳公权并称"颜柳"。《争坐位帖》：为颜真卿写给仆射郭英乂的书稿，为颜真卿行草书精品。《麻姑仙坛》：全称为《有唐抚州南城县麻姑山仙坛记》，颜真卿撰文并书。碑旧在江西临川，明季毁于火。《二祭文》：即《祭侄季明文》和《祭伯父濠州刺史文》，颜真卿撰并书。《家庙碑》：即《颜氏家庙碑》，颜真卿撰并书。《元次山碑》：该碑无额，因首题为"唐故容州都督兼御史中丞本管经略使元君表墓碑铭并序"，故亦称《元君墓表》《元结墓碑》《元君碑》。现存河南平顶山市鲁山县高中院内的碑亭中。《多宝寺碑》：又称《多宝塔碑》。多宝塔是供养多宝如来全身舍利的塔。此碑岑勋撰文、徐浩题额、颜真卿书。现保存于西安碑林。《放生池碑》：《集古录目》："唐《放生池碑》，唐升州刺史、浙西节度使颜真卿撰并书。肃宗乾元二年，使骁卫郎将史元琮，诏：'天下自山南至浙西七道，临江置放生池八十一所'，真卿为天下放生池铭上之，碑以大历九年正月立。"《射堂记》：明屠隆《考槃余事》："《射堂记》，颜鲁公书，石在浙江湖州府长兴县。"《北岳庙碑》：即《修北岳庙碑》，颜真卿书，开元二十三年（735）立。

**【译文】**

颜书有《争坐位帖》《麻姑仙坛》《二祭文》《家庙碑》《元次山碑》

《多宝寺碑》《放生池碑》《射堂记》《北岳庙碑》《草书千文》《磨崖碑》《干禄字帖》。

怀素书则《自叙三种》《草书千文》《圣母帖》《藏真律公二帖》①。

**【注释】**

① 怀素（737—799）：俗姓钱，字藏真，长沙（今湖南长沙）人。以"狂草"名世，史称"草圣"。自幼出家为僧，经禅之暇，爱好书法，与张旭齐名，合称"颠张狂素"，形成唐代书法双峰并峙的局面。传世书法作品有《自叙帖》《苦笋帖》《圣母帖》等。《自叙三种》：即怀素《自叙帖》。《金石录》："怀素《自叙》草书，大历十二年十月。"原刻早毁，原迹尚存，现藏故宫博物院。《草书千文》：《考槃余事》："僧怀素《三种草书千文》，石在陕西西安府学。"《圣母帖》：《新增格古要论》："《圣母帖》，怀素草书，颇难识，贞元元年岁在癸丑五月立刻石。"现在西安碑林。《藏真律公二帖》：《考槃余事》："《藏真律公》二帖，僧怀素书，末有宋景祐三年马丞之题，草书二十三字亦妙。又有徵仲书。石在陕西西安府学。"

**【译文】**

怀素书有《自叙三种》《草书千文》《圣母帖》《藏真律公二帖》。

李北海书则《阴符经》《娑罗树碑》《曹娥碑》《秦望山碑》《臧怀亮碑》《有道先生叶公碑》《岳麓寺碑》《开元寺碑》《荆门行》《云麾将军碑》《李思训碑》《戒坛碑》①。

**【注释】**

① 李北海：即李邕（678—747），字泰和，江都（今江苏扬州）人。行

书碑文大家，书法风格奇伟倜傥，传世碑刻有《麓山寺碑》《李思训碑》等。《娑罗树碑》：《金石萃编》："石在淮安府治。楚州淮阴县《娑罗树碑》，海州刺史李邕文并书，开元十一年十月二日建。"《曹娥碑》：《金石录补》："唐《曹娥碑》，汉邯郸淳撰，唐刺史李邕书，先天壬子季冬镌勒。"《秦望山碑》：艺丰堂《金石文字目》："秦望山《法华寺碑》，李邕撰并书。开元二十三年十二月。明重刻本。"《臧怀亮碑》：唐羽林大将军臧怀亮碑，李邕行书，在耀州三原藏氏墓上。《有道先生叶公碑》：即唐《有道先生叶国重碑》。《集古录目》："唐《有道先生叶国重碑》，唐松阳令李邕撰并书。国有道术之士，字雅镇，南阳叶县人，碑以开元五年三月立。"《岳麓寺碑》：亦称《麓山碑》。李邕撰文并行书，现存岳麓书院。《开元寺碑》：《集古录目》："唐淄州《开元寺碑》，李邕撰并行书，开元二十八年七月立。"《云麾将军碑》：《宝刻类编》："《云麾将军李秀碑》，李邕撰并书，天宝元年正月立。"《李思训碑》：《宝刻类编》："右《武卫大将军李思训碑》，从子撰并书，开元八年六月立。"《戒坛碑》：《集古求真》："少林寺《戒坛铭》，李邕书，僧义净制，宋人著录此帖，皆云张杰八分书，未有言李北海行书者，此本殆后人伪托。"

## 【译文】

李北海书有《阴符经》《娑罗树碑》《曹娥碑》《秦望山碑》《臧怀亮碑》《有道先生叶公碑》《岳麓寺碑》《开元寺碑》《荆门行》《云麾将军碑》《李思训碑》《戒坛碑》。

太宗书《魏徵碑》《屏风帖》[①]。高宗书《李勣碑》[②]。

## 【注释】

①太宗：指唐太宗李世民，626—649年在位。爱好文学与书法，

有诗作与墨宝传世。《魏徵碑》：唐太宗御制并书。魏徵（580—
643），字玄成，馆陶（今河北馆陶）人。为人正直，敢言直谏。太
宗朝任谏议大夫，先后陈谏二百余次，深得唐太宗信任，将其比为
镜子。《屏风帖》：又称《太宗御书屏风碑》，草书。

②高宗：太宗李世民第九子，名治，字为善，649—683年在位。《李勣
碑》：高宗制并书。李勣（594—699），本姓徐，名世勣，后避太宗
讳，去"世"字，字懋功，曹州离狐（今山东东明）人。归唐后赐姓
李，功封英国公。

**【译文】**

太宗书有《魏徵碑》《屏风帖》。高宗书《李勣碑》。

玄宗《一行禅师塔铭》《孝经》《金仙公主碑》①。

**【注释】**

①玄宗：指唐玄宗李隆基（685—762）。多才艺，知音律，善书法，工
诗能文。《一行禅师塔铭》：唐玄宗御制文，八分书。一行（673或
683—727），俗姓张，名遂，魏州昌乐（今河南南乐）人。三十一
岁出家学佛法，精于天文历法、数学。卒后，唐玄宗为制碑文，亲
书于石，谥"大慧禅师"。《孝经》：此指《石台孝经》，或称《唐玄
宗孝经》。唐玄宗书，八分隶书，注作小隶书，末有御跋草书。《金
仙公主碑》：又称《金仙长公主神道碑》，徐峤之撰，唐玄宗御书。
金仙公主，唐睿宗李旦（710—712年在位）的女儿。

**【译文】**

玄宗书有《一行禅师塔铭》《孝经》《金仙公主碑》。

孙过庭《书谱》①，柳公绰《诸葛庙堂碑》②，李阳冰《篆
书千文》《城隍庙碑》《孔子庙碑》③。

**【注释】**

①孙过庭（646—691）：名虔礼，以字行，陈留（今属河南）人，自署为吴郡，故或作富阳人。唐代书法家、书法理论家。著《书谱》二卷，已佚。今存《书谱序》。

②柳公绰（765—832，一说768—835）：字宽，小字起之，京兆华原（今陕西耀州区）人。其书法端肃浑厚，古朴自然，有碑刻《蜀丞相诸葛武侯祠碑》传世。主要作品有《和武相锦楼玩月得浓字》《题梓州牛头寺》《赠毛仙翁》等。

③李阳冰：字少温，赵郡（今河北赵县）人。官至将作监。善词章，工书法，尤精小篆。《篆书千文》：李阳冰篆书《千字文》，见《宣和书谱》，御府所藏，未言墨迹，或系拓本。《城隍庙碑》：《集古求真》："《城隍庙碑》，李阳冰书并撰，在缙云县，石已久佚。"《孔子庙碑》：即《唐重修文宣庙记》。《集古录目》："唐缙云令李阳冰撰并篆。阳冰为缙云令，重修孔子庙像。碑以上元二年七月刻，在缙云县。"

**【译文】**

孙过庭的《书谱》，柳公绰的《诸葛庙堂碑》，李阳冰的《篆书千文》《城隍庙碑》《孔子庙碑》。

欧阳通《道因禅师碑》①，薛稷《升仙太子碑》②，张旭《草书千文》③，僧行敦《遗教经》④。

**【注释】**

①欧阳通（？—691），字通师，潭州临湘（今湖南长沙）人。欧阳询之子。工于楷书，继承父法，笔锋险峻，父子合称"大小欧阳"。传世作品有《道因禅师碑》《泉男生墓志》等。

②薛稷（649—713）：字嗣通，蒲州汾阴（今山西万荣）人。工于书法，代表作有《信行禅师碑》。善于绘画，长于人物、佛像、树石、

花鸟，精于画鹤，有《啄苔鹤图》等作品传世。

③张旭（685？—759？）：字伯高，一字季明，苏州吴（今江苏苏州）人。擅长草书，喜欢饮酒，世称"张颠"，与怀素并称"颠张醉素"。主要作品有《古诗四帖》《肚痛帖》等。

④行敦：唐代僧人，天宝年间曾寓居安国寺，以书法出名。《遗教经》：又称《佛遗教经》。《墨池编》："薛稷撰，僧行敦书。"

**【译文】**

欧阳通的《道因禅师碑》，薛稷的《升仙太子碑》，张旭的《草书千文》，僧人行敦的《遗教经》。

宋则苏、米诸公①，如《洋州园池》《天马赋》等类②。元则赵松雪③。国朝则二宋诸公④，所书佳者，亦当兼收，以供赏鉴，不必太杂。

**【注释】**

①苏、米诸公：此指苏轼、米芾等人。

②《洋州园池》：宋神宗熙宁年间，文同在洋州（今陕西洋县）做知州。文同喜好种植花木，修建园亭，曾就洋州各处景物逐一题咏，写了《守居园池杂题》诗共三十首。苏轼也逐一和了诗，这就是《洋州三十咏》。苏轼诗集作《和与可洋州园池三十首》。《天马赋》：是北宋大书法家米芾的行书珍品。不仅书法笔力雄健、酣畅淋漓，内容也意韵雄劲、积极奔放，被大量书法家临学，康熙誉为前无古人。

③赵松雪：即赵孟頫（1254—1322）。字子昂，号松雪道人，又号水晶宫道人，湖州（今浙江湖州）人。博学多才，能诗善文，通经济之学，工书法，精绘艺，擅金石，通律吕，解鉴赏，尤其以书法和绘画的成就最高。

④国朝：本朝，此处指明朝。二宋：指宋克、宋广。宋克（1327—
　　1387），字仲温、克温，自号南宫生，长洲（今江苏苏州）人。善书
　　法，小楷、章草气韵隽秀。时有宋广，亦善草写，人称"二宋"。传
　　世墨迹有章草《急就章》《公宴诗》《李白行路难》《书孙过庭书
　　谱》等。宋广，字昌裔，南阳（今河南南阳）人，一作唐县（今河南
　　泌阳）人。善画，擅长行、草、章草，尤以大草为胜。代表作品有
　　《风入松词》《太白酒歌》等。

**【译文】**

　　宋代有苏轼、米芾诸人，如《洋州园池》《天马赋》等。元代有赵孟
頫。本朝则宋克、宋广诸人，其中的好书帖，也应当收藏，以供赏鉴，但不
要太杂。

# 南北纸墨

**【题解】**

　　"南北纸墨"是指敲刷碑文拓帖拓碑的用纸用墨。文震亨比较了
北纸与南纸、北墨与南墨的差别，不同的纸墨自然有不同的拓本，即"蝉
翅拓"与"乌金拓"的区别。明屠隆《考槃余事》说得更详细："北纸用
横帘造，其纹横，其质松而厚，谓之'侧理纸'。""北墨多用松烟，色青而
浅，不和油蜡。""南纸其纹竖，墨用油烟以蜡，及造乌金纸水，敲刷碑文，
故色纯黑而有浮光，谓之'乌金拓'。"北方拓碑多用横帘纹皮纸，用松烟
墨刷碑，墨色青淡，皮纸受湿发硬，拓出来的碑文多起微皱，墨气花白，犹如
蝉翼纱之有细孔小斑，故名为"蝉翼拓"。南方拓碑多用竹料连史纸，其纹
竖，墨用油烟墨磨汁稍入蜜，拓出来的碑文乌黑光亮，故谓之"乌金拓"。

　　古之北纸，其纹横，质松而厚，不受墨；北墨色青而浅，
不和油蜡，故色淡而纹皱，谓之"蝉翅拓"。南纸其纹竖，用

油蜡，故色纯黑而有浮光，谓之"乌金拓"。

**【译文】**

古代的北纸，纸纹横平，质地疏松、粗厚，不吸墨；北墨色泽浅黑，不融合于油蜡，所以墨色浅淡多皱纹，被称为"蝉翅拓"。南纸纸纹竖直，用油蜡制成，所以色泽纯黑而有光亮，称之为"乌金拓"。

# 古今帖辨

**【题解】**

文震亨教人辨别何为古帖，应是他自己的经验之谈。早于文震亨的明人高濂《遵生八笺》提到古今发帖的辨别，非常详细："古帖受裱数多，历年更远，其墨浓者，坚如生漆，且有一种不可称比异香，发自纸墨之外。若以手揩墨色，纤毫无染；兼之纸面光采如研，其纸年久质薄，触即脆裂，侧勒转折处，并无沁墨水迹侵染家法。今之浓墨拓者，以指微抹，满指皆黑。其古帖纸色面有旧意，原人摩弄积久，自然陈色，故面古而背色长新，以古纸坚厚不湮。"可能因为高濂说得已经够详尽，所以文震亨只有寥寥几句，而且字句多来自高濂。

古帖历年久而裱数多，其墨浓者，坚若生漆，纸面光彩如研①，并无沁墨水迹侵染②，且有一种异馨，发自纸墨之外。

**【注释】**

①研（yà）：碾磨物体，使紧密光亮。

②沁墨：墨汁渗染。

**【译文】**

古代书帖经历长久的岁月，多次被裱糊，它的墨汁墨色很浓重，坚实如生漆，纸面光滑如经过研磨，并没有墨汁浸染的痕迹，还有一种发自纸墨之外的特殊馨香。

# 装帖

## 【题解】

"古今帖辨"教人辨别何为古帖，"装帖"教人怎样收藏古帖。文震亨认为用木板最好，其次是厚纸，封面要古色古香，不仅要实用，还要美观。

古帖宜以文木薄一分许为板，面上刻碑额卷数。次则用厚纸五分许，以古色锦或青花白地锦为面，不可用绫及杂彩色。更须制匣以藏之，宜少方阔，不可狭长、阔狭不等，以白鹿纸厢边①，不可用绢。十册为匣，大小如一式，乃佳。

## 【注释】

①白鹿纸：古代书画用纸。清钱大昕《恒言录·文翰》："世传白鹿纸，乃龙鹿山写箓之纸也，有碧、黄、白三品。其白者莹泽，光净可爱，赵魏公（赵孟頫）用以写字、作画。阔幅而长者称大白箓；后以箓不足，更名白鹿。"厢边：当作"镶边"。

## 【译文】

古帖应该用一分厚左右的薄木板装订，木板上刻写碑帖的卷数。稍次一些的，就用五分厚左右的厚纸装订，用古色锦或青花白地锦做封面，不可用绫和其他颜色做封面。还需要做匣子来储存书帖，匣子应该方且宽，不能狭长、宽窄不对称，用白鹿纸镶边，不能用绢。十册订为一匣，大小一致才好。

# 宋板

## 【题解】

本文所言是宋刻本的收藏，先说宋刻本的精致：字体优美，纸张匀洁，墨色清润，然后教人从讳笔来辨别是否为宋刻本。并从书籍的内容分类、纸张等教人怎样收藏宋刻本。

从技术来说，雕版印刷技术发明于唐代，经过唐五代的发展，到宋代技术已经成熟，宋刻本印刷精美，值得收藏。从内容来说，明清所刻印五代以前的书籍，差错讹误甚多，宋刻本最接近古本，借助宋刻本，可以校正明清以来所刻古籍的讹误，恢复古籍的真实面貌，搜索后代刻本中没有的资料。但即便是在文震亨的时代，宋刻本已经非常珍贵，再经过后来的战乱和文化浩劫，宋刻本今天已非常稀有，偶有宋刻本的拍卖，价格动辄以百万计。文震亨文中提到的诗文、杂记、道教和佛教的书籍，在当时是收藏的次等，他不提倡收藏的有糊背、批语评点的宋刻本，这些在今天都是极为珍贵的藏品了。

藏书贵宋刻，大都书写肥瘦有则，佳者有欧、柳笔法[①]，纸质匀洁，墨色清润。至于格用单边，字多讳笔[②]，虽辨证之一端，然非考据要诀也。书以班、范二书、《左传》《国语》《老》《庄》《史记》《文选》[③]，诸子为第一，名家诗文、杂记、道释等书次之。纸白板新，绵纸者为上[④]，竹纸活衬者亦可观[⑤]。糊背批点[⑥]，不蓄可也。

## 【注释】

①欧、柳：此指唐代欧阳询与柳公权。

②讳笔：古人对当代帝王及先圣的名字，按照规定改用他字或少一笔。

③班、范二书：指班固撰《汉书》、范晔撰《后汉书》。

④绵纸：亦作"棉纸"。一种用树木的韧皮纤维制成的纸。色白柔
韧，纤维细长如绵，故称。

⑤竹纸：以嫩竹为原料制成的纸。活衬：古书的书页是折叠而成的，
在折页中间插入较硬的纸作衬，叫活衬。

⑥糊背：另用纸作托背。

**【译文】**

藏书以宋刻本为贵，宋刻本书写大都肥瘦有度，好的有欧阳询、柳
公权的笔法，纸质均匀洁净，墨色清新润泽。至于格用单边，用字多是讳
笔，虽然这是作为辨别宋刻本的参考之一，但并不是考证的根本依据。
收藏书籍，以班固的《汉书》、范晔的《后汉书》,《左传》《国语》《老子》
《庄子》《史记》《文选》，以及诸子为第一，名家诗文、杂记、道教和佛教的
书籍次之。书籍的质量以纸张细白、版面较新的绵纸为上等，竹纸做活
衬的也不错。有糊背、批语评点的，不收藏也罢。

# 悬画月令

**【题解】**

正像法国作家安德烈·纪德《人间食粮》一文所说："你永远也无法
理解，为了使自己对生活发生兴趣，我们曾经付出了多大的努力。"我们
古人对家中悬画的更换，对生活情趣的追求，印证了纪德的话的正确性。
本篇文震亨先从月份说起，从正月到腊月，悬挂的绘画各不相同，主要是
山水花鸟图画。然后讲了不同场合悬挂的绘画也不同，主要是鬼神的图
像。不同的时令，不同的场面，适用不同的字画，既可避免悬挂太久让纸
质风化变脆，又能增加人们观画的新鲜感，与季节轮回也相呼应。针对
不同的季节、时日，挂不同的画像，出于古人对季节变化的敏感，也有对
天地、父母、鬼神的敬畏。在漫长的时日里，我们的古人付出了巨大的努

力,尽量让生活丰满而多变。

　　然而在文震亨对一月到十二月不同日子的叙述里,我们能识别其中多少日子呢? 他提到的花草树木,我们又有多少熟悉的? 当时的风俗习惯与今天已经大相径庭,老祖宗留下的传统节日我们已经遗忘或者没有时间去记起,中国的民俗文化在渐渐消亡,人类也离自然越来越远。

　　岁朝宜宋画福神及古名贤像①,元宵前后宜看灯、傀儡②,正、二月宜春游、仕女、梅、杏、山茶、玉兰、桃、李之属,三月三日宜宋画真武像③,清明前后宜牡丹、芍药,四月八日宜宋元人画佛及宋绣佛像,十四宜宋画纯阳像④,端午宜真人、玉符⑤,及宋元名笔端阳景、龙舟、艾虎、五毒之类⑥,六月宜宋元大楼阁、大幅山水、蒙密树石、大幅云山、采莲、避暑等图,七夕宜穿针乞巧、天孙织女、楼阁、芭蕉、仕女等图⑦,八月宜古桂或天香、书屋等图,九、十月宜菊花、芙蓉、秋江、秋山、枫林等图,十一月宜雪景、腊梅、水仙、醉杨妃等图⑧,十二月宜钟馗、迎福、驱魅、嫁妹⑨,腊月廿五,宜玉帝、五色云车等图。至如移家则有葛仙移居等图⑩,称寿则有院画寿星、王母等图,祈晴则有东君⑪,祈雨则有古画风雨神龙、春雷起蛰等图⑫,立春则有东皇太乙等图⑬。皆随时悬挂,以见岁时节序。若大幅神图,及杏花燕子、纸帐梅、过墙梅、松柏、鹤鹿、寿星之类⑭,一落俗套,断不宜悬。至如宋元小景,枯木、竹石四幅大景,又不当以时序论也。

**【注释】**

①岁朝:阴历正月初一。

②傀儡（kuǐ lěi）：傀儡戏，即木偶戏。此指描绘木偶戏的画作。

③真武：传说中的北方太阳之神。其形象为龟或龟蛇。宋洪兴祖《楚辞补注》："玄武，谓龟蛇。位在北方，故曰玄。身有鳞甲，故曰武。"宋大中祥符年间，避圣祖讳，始改玄武为真武。

④纯阳：即吕洞宾。名岩，以字行，号纯阳子，自称回道人，京兆（今陕西西安）人，一说河中（今山西永济）人。传说中的"八仙"之一。传为咸通进士。后游长安，遇锺离权，授以丹诀。曾隐居终南山等地修道。宋以来关于他的神奇事迹的记载很多。

⑤真人：道家所称修真得道、成仙之人。玉符：玉石的神符。

⑥艾虎：艾草做的香袋，形如老虎。五毒：指蛇、蝎、蜈蚣、壁虎、蜘蛛五种毒虫。

⑦穿针乞巧：古代七夕之夜，女子要趁夜间穿针引线，取向织女乞巧之意。天孙织女：星名，即织女星。共三星，即天琴座三星，形如等边三角形，在银河以西，与河东牵牛星相对。

⑧醉杨妃：山茶花的一种。

⑨钟馗：神话传说中人物。相传为唐玄宗时钟南山人，因貌丑应武举不第，羞愧触阶而死。玄宗听说后赐进士，厚葬，岁时祭祀。钟馗于是托梦给玄宗，发誓除天下鬼魅。玄宗命绘其像张挂在宫禁，以为门神，后来民俗于端午节挂钟馗像于中堂以避邪驱鬼。

⑩葛仙：即葛洪（283—363）。字稚川，自号"抱朴子"，丹阳句容（今江苏句容）人。东晋道教理论家、医学家。曾于罗浮山炼丹，著有《抱朴子》《肘后备急方》等。

⑪东君：谓日神。《史记·封禅书》："晋巫，祠五帝、东君、云中、司命……之属。"《索隐》引《广雅》曰："东君，日也。"

⑫风雨神龙，春雷起蛰：指古代画龙的佳作。风雨神龙，五代南唐董源曾画《风雨出蛰龙图》。春雷起蛰，当作《春龙起蛰图》。宋李方叔《画品》："《春龙起蛰图》，蜀文成殿下道院军将孙位所作。"

山临大江,有二龙自山下出。一龙蜿蜒骧首云间,水随云气布上,
雨自爪鬣中出,鱼虾随之,或半空而隋。一龙尾尚在穴,前踞大石
而蹲,举首望云中,意欲俱往。"

⑬东皇太乙:指司春之神。

⑭纸帐梅:画在纸帐上的梅花。过墙梅:越过墙头的梅花。

## 【译文】

正月初一适宜挂宋代福神画及古代圣贤的画像,元宵前后适宜挂看
灯、木偶戏类的图画,正月、二月适宜挂春游、仕女、梅、杏、山茶、玉兰、
桃、李之类的图画,三月三日适宜挂宋画真武神像,清明前后适宜挂牡
丹、芍药,四月八日适宜挂宋元人画佛像及宋代刺绣佛像,四月十四日适
宜挂宋画吕洞宾像,端午适宜挂真人、玉符,及宋元名家所画端阳景、龙
舟、艾虎、五毒之类,六月适宜挂宋元大楼阁、大幅山水、茂密树石、大幅
云山、采莲、避暑等图画,七夕适宜挂穿针乞巧、织女星、楼阁、芭蕉、仕女
等图画,八月适宜挂古桂、天香、书屋等图画,九、十月适宜挂菊花、芙蓉、
秋江、秋山、枫林等图画,十一月适宜挂雪景、腊梅、水仙、醉杨妃等图画,
十二月适宜挂钟馗、迎福、驱魅、嫁妹等神像,腊月二十五适宜挂玉帝、五
色云车等图画。至于搬家则适宜挂葛洪移居等图画,祝寿则适宜挂院画
中的寿星、西王母等图像,祈求天晴挂东君的画像,祈雨则挂古画风雨神
龙、春龙起蛰等图画,立春则适宜挂东皇太乙等图像。都要根据时令变
化来悬挂,体现时节的更替轮换。如果是大幅神图及杏花燕子、纸帐梅、
过墙梅、松柏、鹤鹿、寿星之类的图画,都落入俗套,不适宜悬挂。至于宋
元小景,枯木、竹石四幅大景,却不应当局限于节令时序。

# 卷六　几榻

**【题解】**

本篇为卷六绪言，总括对日用器具的审美要求。说当下的器具，却先从古人说起，这也是文震亨一贯的写法。古代的几榻不仅具有"古雅可爱"的外观，而且舒适、实用。而现今的几榻只追求外观的彩饰，却抛弃了实用的功能，追求时尚，成为媚俗的产物。在古今对比中，文震亨贵古贱今，以古衬今，隐含着对时尚的批判。

不同于之前对审美与幽隐氛围的追求，文震亨在此处很重视几榻的舒适与方便，排斥时尚的华而不实。因为几榻乃是日常生活中不可缺少的物品，首要功能是供人坐卧，而并非仅仅是摆设。三国应璩《与侍郎曹长思书》曰："家贫孟公，无置酒之乐。悲风起于闺闼，红尘蔽于几榻。"唐白居易《洛下诸客就宅相送偶题西亭》诗："几榻临池坐，轩车冒雪过。"可见即使再贫穷的文人，也有几榻相伴，几榻乃是最不可缺少的生活用具。与文震亨同时的陈继儒《小窗幽记》曰："扫径迎清风，登台邀明月，琴觞之余，间以歌咏，止许鸟语花香，来吾几榻耳。"作为"幽人"，幽隐的生活中同样不可缺少几榻。

古人制几榻[1]，虽长短广狭不齐，置之斋室，必古雅可爱，又坐卧依凭，无不便适。燕衍之暇[2]，以之展经史，阅书画,陈鼎彝③,罗肴核④,施枕簟⑤,何施不可。今人制作,徒取雕绘文饰⑥,以悦俗眼,而古制荡然,令人慨叹实深。志《几榻第六》。

**【注释】**

①几榻:案之小者为几,床低而小者为榻。

②燕衎(kàn):宴饮行乐。燕,通"宴"。

③鼎彝:古代祭器,上面多刻着表彰有功人物的文字。

④肴核:肉类和果类食品。

⑤枕簟(diàn):枕头和席子。簟,竹席。

⑥文饰:彩饰。

**【译文】**

古人制作几榻,虽然长短宽窄不一,但放置于居室之内,都很古雅可爱,而且坐卧凭靠,都非常方便舒适。宴饮行乐之余,在上面观览经籍,阅读书画,陈放古代祭器,摆放菜肴果蔬,放置枕头席子,无所不可。今人制作几榻,只求雕绘装饰,以取悦时尚,古代的形制荡然无存,实在是让人感慨。记《几榻第六》。

# 榻

**【题解】**

东汉服虔《通俗文》载:"三尺五曰榻,八尺曰床。"《释名·释床帐》如此描述:"长狭而卑曰榻,言其榻然近地也。"可见榻是和床对比而言,与床有大小之别,狭长而矮,是供坐卧的矮床。日本房屋铺在室内地板上的草垫或草席现在还叫榻榻米。

文震亨介绍了榻的制作定式、用料及各种样式,也指出了一些俗套,与明屠隆《考槃余事》中的描述大致一样:"高一尺二寸,长七尺有奇,横如长之半,周设木格,中实湘竹。置之高斋,可足午睡,梦寐中如在潇湘洞庭之野。有大理石镶者,或花楠者,或退光黑漆中刻竹,以粉填之,俨如石榻者,佳。"但文震亨又做出了一些补充。一向崇古的文震亨对于元代制作的榻,却直言"其制亦古,然今却不适用",足证文震亨并不迂腐,不一味地以古为贵,反倒是很注意时尚流行的样式。

对榻而眠、抵足而眠是文人间亲密关系的体现,唐张籍《祭退之》悼念与韩愈相处的时日:"出则连辔驰,寝则对榻床。"而赵匡胤灭南唐时所谓"卧榻之侧,岂容他人酣睡"则是以卧榻比作天下,证明了帝王政治中从来都是实力与暴力说了算。

坐高一尺二寸,屏高一尺三寸,长七尺有奇[1],横二尺五寸[2],周设木格,中实湘竹,下座不虚[3]。三面靠背,后背与两傍等,此榻之定式也。有古断纹者,有元螺钿者[4],其制自然古雅。忌有四足,或为螳螂腿[5],下承以板,则可。近有大理石镶者,有退光朱黑漆中刻竹树以粉填者,有新螺钿者,大非雅器。他如花楠、紫檀、乌木、花梨,照旧式制成,俱可用。一改长大诸式,虽曰美观,俱落俗套。更见元制榻,有长一丈五尺,阔二尺余,上无屏者,盖古人连床夜卧,以足抵足。其制亦古,然今却不适用。

## 【注释】

①有奇(jī):有余。

②二尺五寸:文震亨对榻的描述与明屠隆《考槃余事》中的叙述大致一样,《考槃余事》中记载,"高一尺二寸,长七尺有奇,横如长之半",可作参考。

③下座不虚:床脚不摇晃。下座,床脚。

④元螺钿(diàn)：元代的螺钿，与下文的新螺钿相对。螺钿，将各种
　　贝壳磨制后镶嵌在家具器物表面的装饰工艺。

⑤螳螂腿：榻足像螳螂腿的形状。

【译文】

　　榻座高一尺二寸，靠背高一尺三寸，长七尺有余，宽二尺五寸，周围设置木栏杆，中间铺设湘竹，床脚不摇晃。三面有靠背，后背与两旁的靠背相等，这是榻的定式。有的榻有旧断纹，有的榻有元螺钿，样式自然古雅。榻忌讳做成四只脚，或做成螳螂腿形状，下面用木板支撑就可以。现在有用大理石镶嵌的，有在退光朱黑漆中刻画竹树用粉填涂的，还有新螺钿的，这些完全不属于古雅器物。其他如花楠木、紫檀木、乌木、花梨木，按照旧式规格制成，都可以使用。如果都改成长大的样式，虽说美观，但都落入了俗套。见到过元代制作的榻，长一丈五尺，宽二尺多，上面没有靠背，因为古人同床而卧，抵足而眠。它的样式虽然古朴，却不适合今天使用。

# 短榻

【题解】

　　明代高濂《遵生八笺》描述短榻："高九寸，方圆四尺六寸，三面靠背，后背少高。如傍置之佛堂、书斋闲处，可以坐禅习静，共僧道谈玄，甚便斜倚，又曰弥勒榻。"明屠隆《考槃余事》提到短榻，照抄了《遵生八笺》，文震亨介绍的"短榻"与二人所述有所不同，此文的短榻没有三面靠背。

　　而短榻的作用被他们三人描述得很一致，就是在佛堂、书斋使用，文震亨描述为"可以习静坐禅，谈玄挥麈"，高濂所谓"可以坐禅习静，共僧道谈玄"。显然是文人的而非大众的短榻。或静坐冥思，或手挥麈尘谈玄说理，这是文人生活方式的一部分，顾炎武后来总结明亡的教训时提

到晚明文人："无事袖手谈心性，临危一死报君王。"从文震亨及其同时代的文人来看，此言不虚。

高尺许，长四尺，置之佛堂、书斋，可以习静坐禅①，谈玄挥麈②，更便斜倚，俗名"弥勒榻"。

**【注释】**

①习静坐禅：修心养气之术。

②谈玄：谈论玄妙之道理。挥麈（zhǔ）：晋人清谈时，常挥动麈尾以为谈助。后因称谈论为挥麈。麈，指闲谈时用以驱虫、掸尘的工具。

**【译文】**

短榻高一尺左右，长四尺，安置在佛堂、书斋，可以习静坐禅，或者手挥拂尘谈玄论道，还可以斜靠躺卧，俗称"弥勒榻"。

## 曲几

**【题解】**

几是古人坐时凭依或搁置物件的小桌，后专指放置小件器物的家具。文震亨文中所谓以怪树天然的枝杈来做几的几条腿，非常别致，却并不容易得到。几样式繁多，用途也各不相同，有放置香炉的香几，有放置茶具的茶几，有放置花盆的花几，有放于炕上的炕几，不一而足，是居家生活中的必需品。晋陆机《赴洛道中作》诗："抚几不能寐，振衣独长想。"夜不成寐，凭几退思。清姚鼐《青华阁帖跋》诗："吾今适无事，旧册陈几棐。"几棐（fěi），即几案。诗中几案之上陈放的则是旧书册。

以怪树天生屈曲若环若带之半者为之，横生三足，出自

天然，摩弄滑泽，置之榻上或蒲团，可倚手顿颡[1]。又见图画
中有古人架足而卧者，制亦奇古。

**【注释】**

①顿颡（sǎng）：用手托住头部。颡，额头。

**【译文】**

用怪树天生的圆弧状的树枝的一半来制作几，凭空生出几只脚，出
自天然，打磨光滑后，放置在榻上或蒲团上，用来放手或以手支头。还看
见过图画中有古人躺卧时用来放脚的几，形制也非常奇特。

# 禅椅

**【题解】**

禅椅是用来坐禅的，坐禅即静坐息虑，凝心参究。因此禅椅既要具
备能悬挂念珠等物的实用功能，还要具备古老天然的审美趣味，带有禅
意。在禅椅上粘贴五灵芝既有违天然，也不简洁，所以文震亨认为乃画
蛇添足，这是站在文人家具的角度来观察与审视，让家具也带有文人的
气息。唐白居易《罢药》诗："自学坐禅休服药，从他时复病沉沉。"明唐
寅《感怀》诗："不炼金丹不坐禅，饥来吃饭倦来眠。"显然，坐禅是文人
生活的一部分，并非普通大众的行为，所以文震亨才拈出"禅椅"单独为
文。明高濂《遵生八笺》："禅椅较之长椅，高大过半，惟水摩者为佳。斑
竹亦可。其制惟背上枕首横木阔厚，始有受用。"

以天台藤为之[1]，或得古树根，如虬龙诘曲臃肿[2]，槎牙
四出[3]，可挂瓢、笠及数珠、瓶、钵等器[4]，更须莹滑如玉，不
露斧斤者为佳。近见有以五色芝粘其上者[5]，颇为添足[6]。

**【注释】**

①天台藤：浙江天台山所产的藤条。

②诘(jié)屈：屈曲，屈折。

③槎(chá)牙：分枝。

④数珠：念珠。瓶、钵：僧人出行所带的食具。瓶盛水，钵盛饭。

⑤五色芝：五色灵芝，即青芝、赤芝、黄芝、白芝、黑芝。

⑥添足：多此一举。

**【译文】**

禅椅用天台山的藤条来制作，或者用弯曲粗大的老树根来制作，枝蔓横生，可以悬挂瓢、笠和念珠、瓶、钵等物体，以光滑如玉、不露刀斧痕迹者为佳。近来见有将五色灵芝粘在禅椅上做装饰的，真是多此一举。

# 天然几

**【题解】**

天然几是厅堂所用的几案，一般长七尺或八尺，宽尺余，高过桌面五六寸，两端飞角起翘，下面两足作片状。装饰有如意、雷纹、剧字等。作为厅堂的陈设用具，用料要讲究，需要体质丰厚，气势大度，即文震亨所谓的"阔大为贵"，所以用花梨木、香楠木。狭长的样式及龙凤花草等图案则是文震亨所反对的，因为俗。处处可见文震亨对俗制的抵制，也见他对俗制的熟悉。

以文木如梨花、铁梨、香楠等木为之。第以阔大为贵，长不可过八尺，厚不可过五寸，飞角处不可太尖①，须平圆，乃古式。照倭几下有拖尾者②，更奇，不可用四足如书桌式；或以古树根承之，不则用木，如台面阔厚者，空其中，略雕云头、如意之数类，不可雕龙凤花草诸俗式。近时所制，狭而长者，最可厌。

**【注释】**

①飞角处：两端起翘的尖角。

②倭几：日本式的几。倭，我国古代对日本人及其国家的称呼。

**【译文】**

天然几用花梨木、铁梨木、香楠木等纹理细密的木材来制作。以宽大为珍贵，长不超过八尺，厚不超过五寸，两端翘起的角不可太尖，要平滑，这才是古式。日本式的几下面有拖尾的更奇特，不能做成四只脚像书桌一样；也可以用老树根来做脚，不然就用木板做脚，台面宽厚的，留下中间的面积，可以略微雕刻一些云头、如意之类的图样，不能雕刻龙凤花草这些庸俗的东西。近来的一些样式，狭而长，最难看。

# 书桌

**【题解】**

书桌是文人最常用的家具，上面需要摆放笔墨纸砚，所以文震亨说"中心取阔大"。又因为是文人所用，所以不能俗。早在四千年前古埃及就有木桌，1世纪古罗马就出现了大理石和青铜制的桌，我国何时开始使用桌子已不可考，但战国时候已有几案之物。

中心取阔大，四周镶边，阔仅半寸许，足稍矮而细，则其制自古。凡狭长、混角诸俗式①，俱不可用，漆者尤俗。

**【注释】**

①混角：圆角。

**【译文】**

书桌桌面要阔大，四周的镶边宽半寸左右，桌腿稍矮而细，如此规格，自然古朴。凡是狭长、圆角这些庸俗的样式，都不能使用，上漆尤其庸俗。

# 壁桌

**【题解】**

壁桌靠墙壁安放，多用来供佛。文震亨认为各种款式都可以，用旧式的大理石也可以。因为不是文人常用的主要家具，作为陪衬存在，所以文震亨一笔带过。

长短不拘，但不可过阔，飞云、起角、螳螂足诸式，俱可供佛。或用大理及祁阳石镶者①，出旧制，亦可。

**【注释】**

①祁阳石：湖南祁阳县所产的石头。又称永州石。

**【译文】**

壁桌长短不拘，但不能过宽，飞云、起角、螳螂足这些样式都可用来供佛。或者用大理石、祁阳石镶嵌装饰壁桌，属于旧式，也可以。

# 方桌

**【题解】**

文震亨介绍了三种桌子：书桌、壁桌、方桌，乃是按桌子的功能来介绍的。书桌用来读书，桌面要宽大；壁桌用来供佛，不能过宽；方桌供展玩书画，宜古朴宽大。在对三种桌子的介绍中，文震亨提到俗式、旧制，有明显的古今对立意识，旧制是古，古朴是雅，近制则不雅，不雅即俗，隐含的话语模式是今不如古,今即俗,古即雅。但是"古"与"今"本就相对而言,文震亨笔下的"今"在今天已成"古",而他笔下的"古"在宋元时代还是"今"。何为雅? 何为俗? 雅俗的观念本就是时代的产物。

旧漆者最佳,要取极方大古朴,列坐可十数人者,以供展玩书画。若近制八仙等式①,仅可供宴集,非雅器也。燕几别有谱图②。

**【注释】**

①八仙:即八仙桌。每边可坐两人,共坐八人。

②燕几:一种用来依靠的小几。

**【译文】**

方桌中用旧漆的最佳,需要宽大古朴,可围坐十几人,可以供展开观赏书画。像现在的八仙桌的样式,只能供宴饮集会,不是文雅的器物。燕几,另有图样。

# 台几

**【题解】**

文震亨提到台几是日本人所制,古雅精丽,旧式台几也有佳品,按照装饰不同,他介绍了三种,从中可以见出当时日式台几之精致、华丽与价格之高。文震亨认为红漆、狭小、三角形诸样式者为俗制,不可用。不知道这是他个人的审美偏好,还是当时文人的审美共识。

倭人所制①,种类大小不一,俱极古雅精丽,有镀金镶四角者,有嵌金银片者,有暗花者,价俱甚贵。近时仿旧式为之,亦有佳者,以置尊彝之属<sup>②</sup>,最古。若红漆、狭小、三角诸式,俱不可用。

**【注释】**

①倭人:日本人。

②尊彝:盛酒的器皿。

**【译文】**

日本人制作的台几,种类大小不一,都非常古雅精致,有镀金镶四角者,有嵌金银片者,有暗花者,价值甚为昂贵。现在仿造旧式的台几,也有佳品,用来放置盛酒的器皿,最为古雅。至于红漆、狭小、三角形等样式,都不能使用。

# 椅

**【题解】**

椅子乃常见之坐具,有各式各样,文震亨所谓"椅之制最多"。他见过样式最古的椅子,也见过最贵重的椅子,对某些样式的椅子也存有偏见。他认为又矮又阔的椅子最好,这应该是从坐具的舒适度来说的。

椅之制最多,曾见元螺钿椅<sup>①</sup>,大可容二人,其制最古;乌木镶大理石者,最称贵重,然亦须照古式为之。总之,宜矮不宜高,宜阔不宜狭,其折叠单靠、吴江竹椅、专诸禅椅诸俗式<sup>②</sup>,断不可用。踏足处,须以竹镶之,庶历久不坏。

**【注释】**

①螺钿(diàn):一种手工艺品。用螺蛳壳或贝壳镶嵌在漆器、硬木家具或雕镂器物的表面,做成有天然彩色光泽的花纹、图形。

②折叠单靠：单靠背可以折叠的椅子。吴江竹椅：江苏吴江产的竹
椅。专诸禅椅：苏州专诸所产的禅椅。专诸，指专诸巷。是苏州
城区西北部的一条街巷，位于阊门内，以春秋时刺杀吴王僚的勇
士专诸得名。明清时期，苏州的专诸巷是江南手工业的聚集地。

## 【译文】

椅子的规格最多，曾见到过元代的螺钿椅，宽大到可以坐两个人，
它的样式最古老；镶嵌大理石的乌木椅最珍贵，但也需要按照古式制作。
总之，椅子宜矮不宜高，宜阔不宜狭，如折叠单靠、吴江竹椅、专诸禅椅这些
样式，一定不能使用。椅子的踏脚处，应该镶上竹子，这样可以经久不坏。

# 杌

## 【题解】

文震亨介绍了方、圆两种形状的杌。方形的有正方形与长条形，圆
形的四脚旁出，三种样式各有特点。杌与椅的不同是杌没有靠背、扶
手，为单片木板下接四根腿柱组合的木制坐具，轻巧简便，官员的女眷外
出游玩，会带着杌，休息时作为坐具。它也是非常普及的民间坐具。文
震亨提到竹子做的、绳子编的杌，应该就是因材制宜改编过的杌，因为不
是木质的，文震亨认为俗，不可使用。

杌有二式①，方者四面平等，长者亦可容二人并坐。圆
杌须大，四足彭出②。古亦有螺钿朱黑漆者，竹杌及绦环诸
俗式③，不可用。

## 【注释】

①杌（wù）：没有靠背的小凳子。
②彭出：旁出。

③绦环:绳子。

**【译文】**

机有两种,方机是四边相等的方形,长的可容两人并坐。圆机要做的大一些,四脚向外旁出。古式也有螺钿朱黑漆样式的,但竹子做的、绳子编的机,不能使用。

# 凳

**【题解】**

我们今天一直"机凳"同时使用,将机与凳等同,但文震亨将二者分开来介绍,显然在明代二者还是有区别的。凳子镶边、有桌面,显然比机更沉重些,样式也更多些。明代的圆凳造型非常敦实凝重,不受角的限制,最少三足,最多可达八足。方凳因受角的限制,面下都用四足。以带束腰的占多数。三腿者大多无束腰,四腿以上者多数有束腰。

凳亦用狭边镶者为雅。以川柏为心①,以乌木镶之,最古。不则竟用杂木,黑漆者亦可用。

**【注释】**

①川柏:柏木。心:桌面。

**【译文】**

凳子也是镶有窄边的为雅致。用柏木为桌面,用乌木镶边,最为古朴。不然的话就全用杂木,漆成黑色也可以。

# 交床

**【题解】**

椅子、凳、机、交床均为坐具,椅子有靠背,机、凳都没有靠背,交床有靠背,是古代被称为"胡床"的折叠椅。胡床不仅是文震亨所说的可用于游山逛水,古时行军、巡游、狩猎时也多用到它。因为携带方便,使用舒适,它改变了人们席地而坐的方式。《世说新语》中有"灵帝好胡床"的记载。唐杜甫《树间》诗亦曰:"几回沾叶露,乘月坐胡床。"宋秦观《桥南纳凉》词曰:"曳杖来追柳外凉,画桥南畔倚胡床。"可见胡床使用之广泛。胡床又被称为交椅,而交椅则演变为权力的象征,"椅子"便与权力挂了钩。

即古胡床之式,两脚有嵌银、银铰钉圆木者,携以山游,或舟中用之,最便。金漆折叠者,俗不堪用。

**【译文】**

交床即古代胡床的样式,两脚有镶嵌了银片的银铰钉相连接,携带外出游山,或者在船中使用,最为方便。漆成金色的折叠椅,俗不可用。

# 橱

**【题解】**

题目是橱,实际上主要在讲藏书橱,因为明代的存物橱主要是书橱。橱与桌案相似,前面有门,无门则为架,主要用于收藏日常衣物用品,多为木制。最早的橱是从橱屋演变发展而来的,形体比箱、柜都要大些,主要用来存放食物、食具等。魏晋以后,有的橱也用于存书,但是形体结构并没有太大的变化。宋代以后出现了新型的屉橱,一种是"上柜下橱"式,即上部采用双开门柜的形式,其内加以樘板或抽屉,柜下与一个深仓相连通。另一种橱主要采用桌案式橱的造型,但是改用柜的结构,与宽矮的桌案式橱形体相似,主体部分采用的是前面双开门的形式。以文震亨的介绍来看,主要是横设的桌案式橱。有阔至丈余的大橱,设有底座,也有二尺余的小橱。大橱与小橱都只能用两扇门,材质、风格也要与商贾、药店区分开来。

　　藏书橱须可容万卷,愈阔愈古,惟深仅可容一册。即阔至丈余,门必用二扇,不可用四及六。小橱以有座者为雅,四足者差俗,即用足,亦必高尺余。下用橱殿①,仅宜二尺,不则两橱叠置矣。橱殿以空如一架者为雅。小橱有方二尺余者,以置古铜玉小器为宜。大者用杉木为之,可辟蠹②,小者以湘妃竹及豆瓣楠、赤水、椤木为古③。黑漆断纹者为甲品,杂木亦俱可用,但式贵去俗耳。铰钉忌用白铜,以紫铜照旧式,两头尖如梭子,不用钉钉者为佳。竹橱及小木直楞④,一则市肆中物,一则药室中物,俱不可用。小者有内府填漆⑤,有日本所制,皆奇品也。经橱用朱漆⑥,式稍方,以经册多长耳⑦。

**【注释】**

①橱殿:底座。

②蠹(dù):蛀虫。

③赤水:即赤水木。明曹昭《格古要论·赤水木》:"色赤,纹理细,性稍坚且脆,极滑净。"椤木:明曹昭《格古要论·椤木》:"椤木,色白,纹理黄,花纹粗,亦可爱,谓之倭椤。不花者多。有一等稍坚理,直而细,谓之草椤。"

④小木直楞:小木架。

⑤填漆:漆器制法之一种。

⑥经橱:藏经书的橱柜。

⑦经册:经书。

## 【译文】

藏书的橱柜应该能容纳万卷书籍,越大越好,但深度以容纳一册书为限。书橱宽可达一丈多,门必须用两扇,不能用四扇或六扇。小橱柜以有底座为雅致,四只脚的稍俗,即使要做成带脚的,脚要一尺多高。下部的底座只宜两尺,不然的话就做成两个叠放在一起。底座空如一架显得古雅。小橱柜一般为两尺多见方,用来放置铜器、玉器等古玩。大的橱柜用杉木来做,可避免生虫,小的橱柜,用湘妃竹、豆瓣楠、赤水木、楞木做比较古雅。黑漆断纹的材质为佳品,杂木也都可使用,但样式贵在不俗。铰钉不能用白铜,要用紫铜照着古式去做,两头尖如梭子,不用钉钉最好。竹橱和小木架,一为商铺所用,一为药铺所用,都不能用作书橱。小书橱有用内府填漆的,有用日本制造的,都是奇品。收藏佛经的书橱要用红漆,稍微深厚一些,因为经书册子较长。

## 架

### 【题解】

此文介绍了大架、小架两种书架,并对大架的设置规格予以说明。明代的架以立木为四足,取横板将空间分割成几层,被称为书架,但不限于放书,也可存放它物。明代架格的制作工艺有繁有简,样式也有多种,文震亨的介绍极为简略。

书架有大小二式,大者高七尺余,阔倍之。上设十二格,每格仅可容书十册,以便检取。下格不可置书,以近地卑湿故也,足亦当稍高。小者可置几上,二格平头、方木、竹架及朱黑漆者俱不堪用。

**【译文】**

书架有大小两种,大的七尺多高,宽为高的两倍。分为十二格,每格只能放十册书,便于取放。下面几格不能放书,因为靠近地面,容易受潮,脚要稍微高一些。小的书架可放置在几案之上,两格的平头书柜、方木、竹架及朱黑漆的书柜都不能用。

# 佛橱　佛桌

**【题解】**

橱、架、桌都是极常用的家具。文震亨在对橱、架提出诸多规格、样式后,还提出在材料与制作上要与酒肆、贾肆区别开,很明显地表现出对酒肆、贾肆的排斥与抗拒。对于佛橱、佛桌,他介绍了几种古雅的样式,讲究华整,不能有脂粉气。佛桌、佛橱的制作一般都较为精细,用来放置香炉、供品等物。

用朱黑漆,须极华整,而无脂粉气。有内府雕花者,有古漆断纹者,有日本制者,俱自然古雅。近有以断纹器凑成者,若制作不俗,亦自可用。若新漆八角委角及建窑佛像[1],断不可用也。

**【注释】**

①八角委角:四角下垂而成八角。建窑佛像:明代福建德化县的窑所烧的佛像,色泽白润。

**【译文】**

佛橱和佛桌要用朱黑漆,必须华丽整齐,不带脂粉气。有内府雕花的,有旧漆断纹的,有日本制造的,都很自然古雅。近来有用断纹木材制成的，如果制作不俗气，也可以使用。至于新漆八角委角和建窑瓷的佛像，绝不能使用。

# 床

## 【题解】

文震亨给床分了三个等次，又列出了民间流行的样式，以"俱俗"加以否定。他提到新近精美的竹床，应该是当时新流行的样式，虽然精美，但他认为只适宜置于闺阁及小斋。

床在古代是坐卧之具，并非只是今天的卧具。《说文解字》曰："床，安身之坐也。"《孔雀东南飞》中焦仲卿的母亲"捶床便大怒"，唐李白《长干行》一诗中"郎骑竹马来，绕床弄青梅"，"床"均为坐具。但《古诗十九首》中有"昔为倡家女，今为荡子妇。荡子行不归，空床难独守"的描写，"床"又是卧具。到唐宋时期，桌椅普遍使用，床才独立成为专供卧眠的用具。供卧眠，而辗转其上难以入眠，所以"床"在古典诗词中便有一种孤独萧索的意境。唐李商隐《端居》诗曰："远书归梦两悠悠，只有空床敌素秋。"在满怀心事的夜晚，听秋风渐起，陪伴自己的却只有一张空床。延伸开来，在人生的悲欢离合中，在春秋的时光转换中，有多少不眠之夜，陪伴不眠之人的也只有一张床而已。

以宋元断纹小漆床为第一，次则内府所制独眠床，又次则小木出高手匠作者亦自可用。永嘉、粤东有折叠者①，舟中携置亦便。若竹床及飘檐、拔步、彩漆、卍字、回纹等式②，俱俗。近有以柏木琢细如竹者，甚精，宜闺阁及小斋中。

## 【注释】

①永嘉：今浙江永嘉县，是温州下辖的一个县，位于浙江东南部，瓯

江下游北岸,与温州隔江相望。永嘉历史悠久,建县已有1800多
年,历史上先有永嘉郡、后有温州府,是温州的历史之根、文化之
源。粤东:是广东东部的简称,主要包括潮州、汕头、汕尾、揭阳等
四个地级市,粤东以潮汕地区为主,居民主要是潮汕民系,是潮汕
人的祖籍地与聚居地,是潮汕文化的发源地与兴盛地。

②飘檐:此指床外踏步上设架如屋檐,称为飘檐。拔步:即拔步床。
旧时大床,床前有踏板,踏板上架设有像小屋一样的装置。

**【译文】**

　　床以宋元时期的断纹小漆床为最好,其次是内府所制造的单人床,
再次是出自手艺高超的工匠做的不知名的木床。永嘉、粤东有折叠床,
在船中携带放置也很方便。像竹床和飘檐、拔步、彩漆、卍字、回纹等样
式,都很俗气。近来有用柏木雕琢成竹子形状的床,非常精美,适宜放于
闺阁及小居室中。

# 箱

**【题解】**

　　文震亨描绘了几种样式的箱子,俱奇巧华美。明代以前箱子造型较
为朴实,明清时期则用料讲究,愈来愈精美。文震亨多次提到倭制品,都
以古雅精致来形容,充满喜爱之情,可见当时日本的制品在中国已很常
见,工艺技巧也得到了国人的认可。

　　箱子用来放置散乱的物品,也用来收藏古籍名画,女性多用来放置
饰品等小物件。明代冯梦龙《杜十娘怒沉百宝箱》一文让人记住了那个
价值连城的百宝箱,也让多少人惋惜、遗憾,感慨杜十娘的节烈,叹息李
甲的负心。然而,当杜十娘将百宝箱中的宝贝一件一件地扔到江水里
时,她是否想过,那百宝箱锁住的不只是宝物,也锁住了她的心扉、锁住
了她的青春? 杜十娘若能敞开心扉,不去试探、不去考验懦弱的李甲,悲

剧是不是就不会发生了呢？然而，明代程岫《故妇叹》诗曰："妾心如箱奁，内好难自陈。"每个孤独的个体在内心有多少言语、多少感受，却只能将这些像宝物珍藏于箱子一样深深地埋藏。

倭箱黑漆嵌金银片①，大者盈尺，其铰钉锁钥俱奇巧绝伦，以置古玉重器或晋唐小卷最宜。又有一种差大，式亦古雅，作方胜、缨络等花者②，其轻如纸，亦可置卷轴、香药、杂玩，斋中宜多畜以备用。又有一种古断纹者，上圆下方，乃古人经箱，以置佛座间，亦不俗。

**【注释】**

①倭箱：日本制造的箱子。

②缨络：即璎珞。用珠玉串成的装饰品，多用于项饰。

**【译文】**

日本式的箱子镶有金银片的黑漆，大的一尺多，铰钉锁钥都很奇巧精美，用来放置古玉等贵重饰物或者晋唐时期的小卷书画最好。还有一种稍大些的，样式也很古雅，上面绘有方胜、璎珞等饰品图样，轻巧如纸，也可放置书画、香药、杂玩，居室中应该多收藏几个以备用。还有一种旧式断纹的箱子，上圆下方，是古人所用的经箱，放置在佛座上，也不俗气。

# 屏

**【题解】**

屏风既可用来分隔室内空间，也用做装饰。文震亨在文中所欣赏的是大理石、花蕊石镶嵌下座的精美屏风，对于不入流的屏风非常不屑。

在古代，屏风总是和闺房联系在一起。五代韦庄《望远行》词曰：

"欲别无言倚画屏,含恨暗伤情。"一个女子分别时的不舍、眷恋和伤情由"倚画屏"这一动作表露出来。不管画屏上是山高水阔还是花鸟繁闹,别离后闺房只能剩下寂寞的期待和盼望。宋词里缠绵不断的哀怨便多有画屏的意象,宋秦观《浣溪沙》:"漠漠轻寒上小楼,晓阴无赖似穷秋,淡烟流水画屏幽。"宋柳永《迷神引》:"水茫茫,平沙雁,旋惊散。烟敛寒林簇,画屏展。"画屏不但与闺房相关,也容易让人联想到屏风背后的秘密,有多少阴谋在屏风背后形成,与屏风相关的不只是闺房幽情,还有刀光剑影。

　　屏风之制最古,以大理石镶下座,精细者为贵。次则祁阳石,又次则花蕊石①。不得旧者,亦须仿旧式为之,若纸糊及围屏、木屏②,俱不入品。

**【注释】**

①花蕊石:又名花乳石。色黄,中间有淡白点。明李时珍《本草纲目》集解引刘禹锡语曰:"花乳石出陕华诸郡,色正黄,形之大小方圆无定。"

②围屏:用以围绕障蔽的屏风。

**【译文】**

　　屏风的制作最为古老,以大理石镶嵌下座,做工精细的为珍贵。其次是祁阳石的,再次是花蕊石的。如果没有古旧的,也应该仿照古旧样式制作,至于纸糊的、围屏、木屏,都不入品。

# 脚凳

**【题解】**

　　脚凳并非凳子,而是一种蹬具,可用来上床等,常和大椅、床榻组合使用。还具有搭脚的作用,因为坐具较高时,超过人的小腿,坐在上面双腿会悬空,如果设有脚凳,把腿足放在上面,就会很舒服。文震亨介绍的脚凳就是用来放脚的,而且还具有按摩脚底涌泉穴的作用。从中能看出古人的别出心裁,小小的物件上面流露出古人创造的智慧。

　　以木制滚凳,长二尺,阔六寸,高如常式,中分一档①,内二空,中车圆木二根②,两头留轴转动,以脚踹轴,滚动往来,盖涌泉穴精气所生③,以运动为妙。竹踏凳方而大者,亦可用。古琴砖有狭小者④,夏月用作踏凳,甚凉。

【注释】

①档:起连接和固定作用的木条。

②车:切削物件。

③涌泉穴:人体的经穴,在脚心。

④古琴砖:古时弹琴所用的空心砖。

【译文】

　　以木头制成能滚动的凳子,长二尺,宽六寸,高如正常的凳子,中间有一根木档,将它分为两格,中间插上削圆的两根木头,两端露头做轴,以脚蹬轴,轴来回滚动,因为涌泉穴是产生精气的地方,所以运动按摩是最妙的。竹踏凳四方而宽大的,也可使用。狭小的古琴砖,夏天可用来做踏凳,特别清凉。

# 卷七　器具

【题解】

本篇为此卷序言，却并没有概括器具的陈设，而是古今对比，藉古人器具之精良、雅致批判当下制作之敷衍、收藏之混乱。虽还是一贯的古雅追求，但却突出了器具"尚用"的特性，大概是因为器具最重要的特点是供人使用。明代的器物大致有琴棋书画、奇石古玩，以及品酒烹茶、说佛谈禅所用之物和园林中物。器物固然要实用，但主要还是供人们休闲时使用，能够带来心理愉悦、怡情养性，又可以挥洒性情。所以文震亨突出的是器具要"精良"，对于徒具华丽形式的制作以及时尚的俗制，他一概排斥。

清李渔《闲情偶寄》说："人无贵贱，家无贫富，饮食器皿，皆所必需。"但文震亨所谓的器具是文人雅士的休闲用品，不是普通庶民的。

我们今天以"成器"比喻一个人成为优秀的人才，但在儒家的文化中并不主张人成为"器"。《易·系辞上》谓："形而上者谓之道，形而下者谓之器。"《论语》载："君子不器。"在圣人眼中，君子不应满足于做"器"，而应追求高远的大道，器只是道的载体而已，君子人格应该通过"器"追求"道"。唐柳宗元《守道论》曰："官也者，道之器也。"世间万物皆为道之器。然而，没有器，又何来的道呢？正如清代王夫之《周易外传·系辞上传二》所谓："无其器则无其道，人鲜能言之，而固其诚然者也。"正是在具体的器具上面渗透着人类对文明永恒的追求与探索，文震亨对器具的鉴赏正是其时文化、文明的反映。

　　古人制器尚用，不惜所费，故制作极备，非若后人苟且。上至钟、鼎、刀、剑、盘、匜之属[①]，下至隃糜、侧理[②]，皆以精良为乐，匪徒铭金石尚款识而已[③]。今人见闻不广，又习见时世所尚，遂致雅俗莫辨。更有专事绚丽，目不识古，轩窗几案，毫无韵事[④]，而侈言陈设，未之敢轻许也。志《器具第七》。

**【注释】**

①匜（yí）：古时舀水用的器具，形状像瓢。

②隃糜（yú mí）：古县名。又作渝糜县。汉置，治今陕西千阳东，属右扶风。东汉为侯国。晋并入汧县。三国魏复为县。西晋废。以产墨著名，后世因以"隃糜"为墨的代称。侧理：即侧理纸。晋王嘉《拾遗记·晋时事》："侧理纸万番，此南越所献。后人言陟理，与侧理相乱。南人以海苔为纸，其理纵横斜侧，因以为名。"亦有以横纹纸为侧理纸者。

③款识：即金文。刻为款，记为识，故以"款识"代称古代铜器上铸刻的文字。一说金文字凹入者为款，字凸出者为识。

④韵事：据陈植校注本应为"韵物"，风雅之物。译文从之。

**【译文】**

　　古人制作器具讲求实用，不惜工本，所以制作非常完备，不像后人这样敷衍了事。上至钟、鼎、刀、剑、盘、匜，下至笔墨、纸张，古人都以制作精良为乐趣，不只是铭刻金石、崇尚铸刻文字。今人见闻不广，又对当前的时尚习以为常，以致不能辨别雅俗。还有人只求华丽，不识古雅，居室窗户几案之间,毫无风雅之物,却大讲陈设,真不敢苟同。记《器具第七》。

# 香炉

## 【题解】

香炉即焚香的器具,用途有多种,或熏衣,或陈设,或敬神供佛。文震亨对香炉的材料、用途、样式、装饰、忌用一一道来,繁乱的名词中却有着清晰的条理,客观叙述中又显示出某种偏爱。明高濂《遵生八笺》对文人书房的陈设如此描绘:"几外炉一,花瓶一,匙箸瓶一,香盒一,四者等差远甚,惟博雅者择之。"可见香炉是文人书房必不可少的风雅之物。

香炉的历史源远流长,样式繁多。文中提到两种著名的香炉:宣铜香炉与博山香炉。宣铜香炉是明代宣德年间创制的铜炉,用料严格,冶炼尤精,最妙在色,其色内融,从黯淡中发出奇光。博山炉在西汉时期已经出现,多为青铜器和陶瓷器,后来盛行于宫廷和贵族的生活之中。1968年河北汉代中山靖王刘胜墓中出土的错金博山炉造型很精美,显示出高超的工艺。

焚香与烹茶、插花、挂画并列为四艺,是古代文人重要的生活内容。宋词中多有"博山"字眼,而"博山沉水香"也作为一种优美的意境沉淀在中国文人的记忆中。清纳兰性德《浪方怨》词:"欹角枕,掩红窗。梦到江南,伊家博山沉水香。"在缥缈的梦境里,见到思念之人,背景却是博山炉上缭绕的轻烟。轻烟如缕不绝,正像斩不断的情思,这就是相思词中多有"博山"字眼的原因吧?与一二知己在博山炉的香烟中闲坐清谈也是文人的一种生活方式。宋代杨万里《和罗巨济山居十咏》曰:"共听茅屋雨,添炷博山云。"室外雨声潺潺,室内香雾缭绕,人生安闲而惬意。夜晚读书更少不得一炷清香,香炉给士子增添了一份生命的灵性,更留下了"红袖添香夜读书"的佳话。

　　三代、秦、汉鼎彝,及官、哥、定窑、龙泉、宣窑,皆以备赏鉴,非日用所宜。惟宣铜彝炉稍大者<sup>①</sup>,最为适用。宋姜铸亦可<sup>②</sup>,惟不可用神炉、太乙及鎏金白铜双鱼、象鬲之类<sup>③</sup>。尤忌者,云间、潘铜、胡铜所铸八吉祥、倭景、百钉诸俗式<sup>④</sup>,及新制建窑、五色花窑等炉<sup>⑤</sup>。又古青绿博山亦可间用<sup>⑥</sup>。木鼎可置山中,石鼎惟以供佛,余俱不入品。古人鼎彝,俱有底盖,今人以木为之。乌木者最上,紫檀、花梨俱可,忌菱花、葵花诸俗式。炉顶以宋玉帽顶及角端、海兽诸样<sup>⑦</sup>,随炉大小配之。玛瑙、水晶之属,旧者亦可用。

**【注释】**

①宣铜彝炉:明朝宣德年间铸造的铜质香炉。由于铜经过精炼,又加进一些金银等贵重金属,色泽极为美观,成为明代一种著名的美术工艺品。

②宋姜铸:宋代姜氏铸造的铜器,工艺精良,名噪一时。

③神炉:神佛前烧香之炉。太乙:星名。鎏金:镀金。双鱼:双鱼的形象,寓吉祥之意。象鬲(lì):做成象形的无足炊器。鬲,古代一种炊器。口圆,似鼎,三足中空而曲。

④云间:今上海松江区。潘铜:潘氏所铸铜器。明宋濂《遵生八笺》:"近有潘铜打炉,名'假倭炉'。"胡铜:胡氏所铸铜器。康熙《松江府志》:"万历年间,华亭胡文明有鎏金鼎、炉、瓶、盒等物,上海有黄娴轩古色炉瓶,制皆精雅,今效之者远不及。"八吉祥:指法螺、法轮、宝伞、宝盖、莲花、宝瓶、吉祥结、金鱼八种佛教宝物。倭景:日本风景式。百钉:指香炉表面铸成无数如钉子一样的凸起点。

⑤建窑:此指福建诸窑所产瓷器。五色花窑:五彩花瓷器。

⑥博山：即博山炉。古香炉名。因炉盖上的造型似传闻中的海中名
　　山博山而得名。一说像华山，因秦昭王与天神博于是，故名。后
　　作为名贵香炉的代称。

⑦宋玉：宋代之玉。角端：传说中的异兽。其形如豕，角在鼻上。传说
　　能人言，懂不同语言，日行一万八千里。其角可作弓，称"角端弓"。

## 【译文】

　　夏商周三代、秦汉时期的鼎彝，及官窑、哥窑、定窑、龙泉窑、宣窑所
制的香炉，都是用来赏玩的，不适合日常使用。只有稍大的明代宣德年
间的铜炉最适用。宋代姜氏所铸铜炉也可以，只是不可用烧香之炉、太
乙炉以及镀金白铜双鱼、象形之类的铜炉。尤其忌用的是云间、潘氏、胡
氏所铸造的八吉祥、日本风景、百钉等一类的俗制铜炉，以及新产的建窑
瓷、五彩花瓷器香炉。另外，青绿古铜博山炉也可以偶尔使用。木香炉
可置于山中，石香炉只可用于供佛，其余的都不入品。古代的香炉都有
底盖，现在的都用木头做成。乌木的最好，紫檀木、花梨木都可用，忌讳
装饰有菱花、葵花这些俗样式的。炉顶可做成玉石帽顶和角端、海兽这
些样式，大小与香炉相配。玛瑙、水晶这一类旧样式也可用于炉盖。

# 香盒

## 【题解】

　　因为焚香多为香丸、香饼、天然香木等，香品易于挥发，香气易于走
散，所以文人们就增添了香盒这一文玩。即便如此不起眼的物件，文震
亨也极为讲究，本篇介绍了香盒的雕刻花样、制作样式、所用材料，哪种
珍贵，哪种不入品级。《红楼梦》第三回林黛玉去王夫人房内就见到两边
设一对梅花式洋漆小几，左边几上文王鼎箸香盒，右边几上汝窑美人觚。
探春也托宝玉买来整竹子根抠的香盒，可见香盒在富贵人家也是必不可
少的用品。

宋剔合色如珊瑚者为上<sup>①</sup>。古有一剑环、二花草、三人物之说<sup>②</sup>。又有五色漆胎，刻法深浅，随妆露色，如红花、绿叶、黄心、黑石者次之。有倭盒三子、五子者<sup>③</sup>，有倭撞金银片者<sup>④</sup>。有果园厂<sup>⑤</sup>，大小二种，底、盖各置一厂，花色不等，故以一合为贵<sup>⑥</sup>。有内府填漆合，俱可用。小者有定窑、饶窑蔗段、串铃二式<sup>⑦</sup>，余不入品。尤忌描金及书金字，徽人剔漆并磁合<sup>⑧</sup>，即宣、成、嘉、隆等窑<sup>⑨</sup>，俱不可用。

**【注释】**

①宋剔合：即宋代剔红盒。剔红，即雕红漆。为漆器制法之一种。

②一剑环、二花草、三人物：均指雕刻的花样。

③三子、五子：三个格子、五个格子。子，盒内分成的格子。

④倭撞金银片：日式提盒。撞，提盒。

⑤果园厂：明代官廷漆器作坊。

⑥一合：底盖花色一致。

⑦饶窑：即景德镇窑。景德镇旧属饶州府浮梁县，故旧时又有"饶窑"之称。蔗段、串铃：香盒的样式，蔗段如甘蔗样的圆形，串铃即两铃串在一起的样子。

⑧徽人剔漆：徽州出产的漆器。

⑨宣、成、嘉、隆等窑：指明朝宣德（1426—1435）、成化（1465—1487）、嘉靖（1522—1566）、隆庆（1567—1572）年间景德镇官窑所出产的瓷器。

**【译文】**

香盒以宋代如珊瑚色雕漆盒为上品。古时有一剑环、二花草、三人物的说法。其次是漆胎为五色，因雕刻深浅而显现不同颜色，花色如红花、绿叶、黄心、黑石的。另有日式三格、五格的，还有日式提盒式的。果

园厂制作的有大小两种,底、盖分厂制作,花色不同,所以底、盖花色一致
的更为珍贵。有内务府填漆香盒,这些都可以用。小香盒有定窑、饶窑
生产的蔗段、串铃两种样式,其余的都不入品级。尤其忌讳的是描金和
书写金字的,徽州雕漆及宣德、成化、嘉靖、隆庆年间景德镇官窑所产的
瓷香盒都不可使用。

# 隔火

## 【题解】

　　所谓隔火,即焚香时所用的隔火片。古人焚香并非直接点燃,而是
隔火熏香。在香炉开孔处放置易导热的隔火片,常用的材质有陶片、云
母、玉、银、石、瓷、铜等薄片,使炭火的热量导至隔火片上,然后把香料添
置于隔火片上,焚香才开始。文震亨认为即便不焚香也要让香炉一直不
断火。但也不能使火太旺,太旺香会变味道。保持香炉中的火温适宜,
焚香才有意趣。

　　炉中不可断火,即不焚香,使其长温,方有意趣。且灰燥
易然[1],谓之活灰。隔火砂片第一,定片次之,玉片又次之[2]。
金银不可用。以火浣布如钱大者[3],银镶四围,供用尤妙。

## 【注释】

①易然:即易燃。

②"隔火砂片第一"几句:砂片,砂锅底磨成的薄片。定片,定窑瓷
　片。玉片,磨玉成薄片。三者都是用以隔火之物。

③火浣布:石棉布的古称。用火燃法可除去石棉布上的污垢,故名
　火浣布。

**【译文】**

香炉中不能断火,即便不焚香,使香炉长时间燃烧才有意趣。香灰干燥易燃,称之为"活灰"。隔火的用物,砂片第一,定片次之,玉片又次之。不能使用金银。用铜钱大的火浣布在四周镶上银边,用作隔火,尤其有趣。

# 匙箸

**【题解】**

香料燃烧成灰,需要用香箸和香匙这两件工具来夹炭理灰。宋代陈敬《陈氏香谱》卷三谓:"香匙,平灰置火则必用圆者,分香抄末则必用锐者。香箸,和香取香总宜用箸。"文震亨认为紫铜最佳,表现出日常生活中精致的艺术取向。

紫铜者佳,云间胡文明及南都白铜者亦可用①,忌用金银及长大填花诸式。

**【注释】**

①胡文明:明万历年间云间(今上海松江区)人,著名工艺家,以制作铜鎏金文房用器见长,按古式制彝鼎尊卣之属极精,与正统宣德炉之崇尚线条、不重纹饰之风格迥异,时人称其制品为"胡炉"。南都:南京。

**【译文】**

匙箸以紫铜的为佳,松江胡文明制作的及南京的白铜匙箸也可以用,忌讳用金银制作的和长大的填花样式的匙箸。

# 箸瓶

**【题解】**

箸瓶盛放香匙、香箸。清李渔《闲情偶寄》说香盒与箸瓶："皆香与炉之股肱手足，不可或无者也。"《红楼梦》第五十三回也说贾母花厅上摆了十来席酒，每席旁边设一几，几上设炉瓶三事，焚着御赐百合官香。这里的"炉瓶三事"指的就是香炉、箸瓶及香盒三种焚香器具。焚香时，中间放置香炉，两边各置箸瓶、香盒。

香盒、隔火、匙箸、箸瓶均为香炉的附属品，是焚香时所使用到的器具。即便如此不起眼的物件，文震亨也极为讲究：香盒哪种珍贵，哪种不入品级；隔火用何种材料既有意趣，又实用；匙箸、箸瓶用何种材料，做成何种样式。不同的物件有不同的材料要求，看不出文震亨最钟爱何种材料。而他在追求趣味与高雅的同时，并没有忘记最主要的实用功能。

官、哥、定窑者虽佳，不宜日用，吴中近制短颈细孔者，插箸下重不仆<sup>①</sup>，铜者不入品。

**【注释】**

①不仆：不倒下。

**【译文】**

官窑、哥窑、定窑所产的箸瓶虽好，但不宜日常使用，吴中近年所产的短颈细孔的箸瓶，插箸进去，瓶身重不会倒下，铜制箸瓶不入品。

# 袖炉

**【题解】**

袖炉是旧时宫廷乃至民间普遍使用的熏衣、暖手的工具。明屠隆

《考槃余事》记载："袖炉，书斋中薰衣炙手对客常谈之具，如倭人所制漏空罩盖漆鼓可称清赏。"文震亨的审美与屠隆一致。他们一致认同日本制作的镂空罩盖漆鼓为最上。

熏衣炙手，袖炉最不可少[①]。以倭制漏空罩盖漆鼓为上。新制轻重方圆二式，俱俗制也。

**【注释】**

①袖炉：可放入袖中的火炉。

**【译文】**

熏衣暖手，袖炉最不可缺少。以日本制造的有镂空炉盖的漆鼓形袖炉为上品。新制的有轻重方圆区别的两种样式，都是俗品。

## 手炉

**【题解】**

袖炉与手炉两文实际介绍了袖炉、手炉、脚炉、被炉四种器物，袖炉与手炉功能相同，用来暖手熏衣，脚炉用来暖脚，被炉则放于被子中。虽没有今天使用的暖气方便，古人也想方设法来取暖避寒。《红楼梦》中不乏这样的器具，如第六回凤姐手内拿着小铜火箸儿拨手炉内的灰；第八回雪雁给黛玉送小手炉，黛玉借机奚落宝玉一番；第九回宝玉要去学堂，袭人提到脚炉、手炉的炭也交出去了。脚炉、手炉在贵族家庭中广为使用，炉盖、炉身多有雕刻，以寓意吉祥喜庆的图案为主，既可取暖，又可观赏。我们今天仍用手炉，只不过不用炭，而改用电来加热，更为方便。

以古铜青绿大盆及篔簹之属为之[①]，宣铜兽头三脚鼓炉亦可用[②]，惟不可用黄白铜及紫檀、花梨等架。脚炉旧铸有俯仰莲坐细钱纹者③，有形如匣者最雅。被炉有香球等式④，俱俗，竟废不用。

**【注释】**

①簠簋（fǔ guǐ）：两种盛黍、稷、稻、粱之礼器。

②宣铜：明代宣德年间所产铜器。

③脚炉：冬天用以暖脚的炉子。多用铜制，也有用瓦制的。状圆而稍扁，有提梁。炉中燃烧炭、锯末或砻糠等。

④被炉：可放入被褥取暖的火炉。

**【译文】**

用古青绿铜大盆及簠簋等器皿用作烘手取暖的炉子，宣铜制作的兽头鼓身的三脚炉也可用，只是不能用黄白铜及紫檀、花梨木做炉架。旧制脚炉中有莲花座细铜钱花纹的，有形状像匣子的，最为雅致。被炉有香球等样式的，都很俗气，完全废置不用。

# 香筒

**【题解】**

香筒是古代净化空气的室内用具。将香料放入香筒内，香气便从筒壁、筒盖的气孔中溢出。清人褚礼堂《竹刻脞语》载："圆径相同，长七八寸者，用檀木作底盖，以铜作胆，刻山水人物，地镂空，置名香于内焚之，香气喷溢，置收案间或衾枕旁，补香篝之不足，名曰香筒。"香筒多用黄杨木、紫檀木雕刻而成，制作考究，工艺精湛，还是一种清雅的室内陈设品。文震亨主张香筒以古朴简约为美，认为一涉脂粉气或雕刻故事人物便成为俗品。

旧者有李文甫所制①，中雕花鸟竹石，略以古简为贵②。

若太涉脂粉,或雕镂故事人物,便称俗品,亦不必置怀袖间。

**【注释】**

①李文甫:名耀,苏州人。嘉靖时著名雕工,善雕扇骨。是文震亨祖
　父文彭的代刀,文彭的很多文章出自李文甫之手。

②古简:古朴简约。

**【译文】**

旧制的香筒有李文甫制作的,上面雕刻有花鸟竹石,还是以古朴简
约为珍贵。如果太有脂粉气,或者上面雕刻故事人物,就成为了俗品,也
不必放入怀袖间使用了。

# 笔格

**【题解】**

笔格即笔架,用以置笔,以免毛笔污损他物,为古人书案上最不可缺
少之文具。文震亨提到玉制、铜制、瓷器三类,南朝徐陵在《玉台新咏》
序中说:"琉璃砚匣,终日随身;翡翠笔床,无时离手。"南朝梁简文帝有
《咏笔格》诗,吴筠也有《笔格赋》,可见笔格出现的时间之早,文震亨认
为研山的出现淘汰了笔格,但实际上笔架在清代也仍然是文人书房常用
的物品。宋代刘子翚《书斋十咏·笔架》曰:"刻画峰峦势,尸功翰墨余。
锁窗闲昼永,高卧数中书。"书架与万卷书相伴,卧于书房中。

笔格虽为古制,然既用研山①,如灵璧、英石,峰峦起
伏,不露斧凿者为之,此式可废。古玉有山形者,有旧玉子
母猫②,长六七寸,白玉为母,余取玉玷或纯黄、纯黑玳瑁之
类为子者③。古铜有鋄金双螭挽格④,有十二峰为格,有单

螭起伏为格。窑器有白定三山、五山及卧花哇者⑤,俱藏以供玩,不必置几研间。俗子有以老树根枝蟠曲万状,或为龙形,爪牙俱备者,此俱最忌,不可用。

**【注释】**

①研山:砚台的一种。利用山形之石,中凿为砚,砚附于山,故名。

②子母猫:大小猫。

③玉玷:有瑕疵的玉。

④鏒(sǎn)金:一种饰金工艺,用金泥附着于器物表面。双螭挽格:双螭相挽形成的格子。螭,古代传说中无脚的龙,常用它的形状作建筑和工艺品上的装饰。

⑤白定:白色定窑瓷器。三山:三峰。卧花哇:即卧花娃娃。

**【译文】**

笔架虽是古制,但是现在已用砚台,如用灵璧石、英石制作的,峰峦起伏,不显露任何斧凿痕迹,所以笔架可以废弃不用了。古玉笔架有山形的,有旧玉子母猫的,长六七寸,用白玉做成母猫,用有瑕疵的玉或者纯黄、纯黑的玳瑁做成小猫。古铜笔架有鏒金双螭相挽为格,有单螭起伏为格。瓷器笔架有定窑白瓷的三山峰、五山峰和躺卧娃娃,都是用来收藏供赏玩的,不必放置于几案之上。有一些俗人将盘曲万状的老树根制作成龙形笔架,带有爪牙,这是最忌讳的,不可用。

# 笔床

**【题解】**

笔床是搁放毛笔的专用器物,起源较早。笔床就像今天的文具盒。唐代岑参《山房春事》诗曰:"数枝门柳低衣桁,一片山花落笔床。"文震亨的介绍显然抄袭自屠隆的《考槃余事》:"笔床之制,行世甚少。有古鋈金者,长六七寸,高寸二分,阔二寸,余如一架,然上可卧笔四矢。以此为式,用紫檀、乌木为之,亦佳。"

笔床之制,世不多见。有古鋈金者,长六七寸,高寸二分,阔二寸余,上可卧笔四矢,然形如一架,最不美观。即旧式,可废也。

笔床的制作,现世不多见。古时有镀金的,长六七寸,高一寸二,宽两寸多,上面可放置四管毛笔,但像一个架子,最不美观。虽是旧式,也可废弃了。

# 笔屏

【题解】

笔格、笔床、笔屏,均为放置毛笔的器具,但在文震亨时代已多废置不用。虽废弃,却作为文化留存于后人的视野中。

笔屏用来插笔,文震亨认为不雅观,可完全废弃。一向好古的文震亨,在对笔格、笔床、笔屏的鉴赏中,却表达了这样的倾向:"即旧式,可废也。"虽是古制,也可废弃。与古相比,美与雅观更重要,古与美冲突时,则放弃古。

镶以插笔,亦不雅观。有宋内制方圆玉花版①,有大理旧石,方不盈尺者,置几案间,亦为可厌,废此式可也。

【注释】

①宋内制:宋代内府所制。

## 【译文】

笔屏是用来插笔的,也不雅观。有宋代内府所制的方圆玉花板的,有大理石的,不到一尺见方,放置于几案之上,也很难看,可以完全废弃不用。

# 笔筒

## 【题解】

笔筒用来放置毛笔,多为圆形。笔筒因使用方便,自从明代中晚期风行以来,至今仍盛而不衰,是中国古代除笔、墨、纸、砚以外最重要的文房用具。制作笔筒的材质有镏金、翡翠、紫檀木、乌木等,文震亨以湘竹、棕榈材料的为佳,鼓形笔筒虽是旧制,但也不雅观。杂乱的纸笔,有了笔筒便井井有条。清人朱彝尊曾作《笔筒铭》曰:"笔之在案,或侧或颇,犹人之无仪,筒以束之,如客得家,闲彼放心,归于无邪。"以笔喻人,以笔筒喻家室,笔在笔筒,如漂泊之人得寓居之所,有安稳的归宿,方才安心放心。这正是飘泊不定的文人内心情绪的投射。

湘竹、栟榈者佳①,毛竹以古铜镶者为雅,紫檀、乌木、花梨亦间可用,忌八棱菱花式。陶者有古白定竹节者,最贵,然艰得大者。冬青磁细花及宣窑者②,俱可用。又有鼓样中有孔插笔及墨者③,虽旧物,亦不雅观。

## 【注释】

①栟榈:棕榈。
②冬青磁:据陈植校注本认为应该是"青冬磁"。
③鼓样:鼓的形式。

【译文】

笔筒以湘竹、棕榈制成的为佳,毛竹做的,以镶有古铜的为雅,紫檀、乌木、花梨木也间或可用,忌讳八棱菱花样式。陶瓷制作的以古代定窑白瓷竹节形状的最为珍贵,但很难得到大的。细花青冬瓷及宣窑瓷的笔筒,都可用。还有一种鼓形笔筒,中间有孔可用来插笔和墨,虽为旧物,但也不雅观。

# 笔船

【题解】

笔船也是用来放置毛笔的,平卧式置笔,与笔床在功用与形制上都极为相似,为长方形,口沿外撇,内设笔搁。大多以木、牙、铜、玉质材料制作,但文震亨认为不可以象牙、玉石制作,估计因为是流行的俗制吧?

紫檀、乌木细镶竹篾者可用,惟不可以牙、玉为之。

【译文】

以紫檀木、乌木镶有竹篾的笔盘都可用,只是不可用象牙、玉石制作。

# 笔洗

【题解】

笔洗是毛笔使用后用来洗涤余墨的工具,造型多样,但以深海碗状为主。笔洗虽不在文房四宝之列,却是文人案头不可缺少的物件。文震亨提到玉石、铜制、陶瓷三种材质的笔洗,并详细介绍了不同瓷窑所产的笔洗,对陶瓷笔洗介绍得尤为详细。目前留存的笔洗也以陶瓷为主。

玉者有钵盂洗、长方洗、玉环洗。古铜者有古鏒金小洗，有青绿小盂，有小釜、小卮、小匜①，此五物原非笔洗，今用作洗最佳。陶者有官、哥葵花洗、磬口洗、四卷荷叶洗、卷口帘段洗②。龙泉有双鱼洗、菊花洗、百折洗③。定窑有三箍洗、梅花洗、方池洗。宣窑有鱼藻洗、葵瓣洗、磬口洗、鼓样洗，俱可用。忌绦环及青白相间诸式④，又有中盏作洗，边盘作笔觇者⑤，此不可用。

**【注释】**

①釜：古炊器，敛口，圆底。卮（zhī）：古酒浆器。匜（yí）：古代盥洗时的舀水用具。

②帘段洗：也作"蔗段洗"。

③龙泉：即龙泉窑。宋瓷窑名，因在浙江龙泉而得名。所产为青瓷，土细质厚，色葱翠，釉彩多碎纹。

④绦环：丝绳做成的环。

⑤笔觇（chān）：即试笔所用的碟子之类的器皿。

**【译文】**

玉制的笔洗有钵盂洗、长方洗、玉环洗。古铜笔洗有古鎏金小洗，有青绿小盂，有小釜、小卮、小匜，这五种原本不是笔洗，现在用作笔洗最好。陶瓷笔洗有官窑、哥窑的葵花洗、磬口洗、四卷荷叶洗、卷口帘段洗。龙泉窑产有双鱼洗、菊花洗、百折洗。定窑产有三箍洗、梅花洗、方池洗。宣窑产有鱼藻洗、葵瓣洗、磬口洗、鼓样洗，这些都可用。忌用绦环及青白相间等样式，还有中盏作笔洗，边盘作笔觇的，这些都不可用。

# 笔觇

**【题解】**

有毛笔书写开始，就必须要搽笔。搽笔先用绢布、纸、砚台，后来慢慢发展成笔觇。明屠隆《考槃余事》一书中将笔觇列为文具第八。到了清代,笔觇的材质由陶瓷、玉石类,改变成更具有应用功能的砚石,造型也由原先的花色浅碟状,演变成不事雕琢、打磨细腻的砚式素面状。笔洗、笔觇皆为笔墨的附属品,是书房案头文具,用以共同完成书写、绘画的程序,虽不起眼,却又必不可少。文震亨对笔洗介绍很详细,对笔觇则一笔带过。

随着书写工具的变化,古代的笔墨纸砚渐渐退出了人们的视野,笔洗、笔觇本为实用性器物,但它们附带的观赏价值和装饰作用在今天却让它们进入古董的行列。文房用具代表着一种生活品位,古人在追求精致、优雅的时候是否会想到多年以后它价值的变化呢?

定窑、龙泉小浅碟俱佳,水晶、琉璃诸式俱不雅,有玉碾片叶为之者尤俗。

**【译文】**

定窑、龙泉窑所产的小浅碟都很好,水晶、琉璃的样式都不雅观,有一种玉碾片叶做成的笔觇,尤为俗气。

# 水中丞

**【题解】**

水中丞又名水丞、水盂,是供磨墨用的盛水器,多是肚大口小的瓮状,有口无嘴。文震亨对水中丞的介绍重在材质,明代的水中丞样式繁多,所用材料也有竹、玉、石、瓷、金、银、象牙、玛瑙等多种。

磨墨除要具备砚、墨外,还需要水来磨出墨汁,所以水中丞应运而生,在三国时期就已开始流行,两晋至南朝时期数量逐渐增多。水注则宋、元时期较为盛行。宋代赵希鹄《洞天清禄集·水滴辨》曰:"古人无水滴,晨起则磨墨,汁盈砚池,以供一日用,墨尽复磨,故有水盂。"显然,水中丞的出现早于水注。水中丞一般不大,多为敞口,口内放置一只精致的小勺,用之取水于砚台之上。随着能工巧匠技术与想象力的提高,器物的区分便越来越细微。

　　铜性猛,贮水久则有毒,易脆笔,故必以陶者为佳。古铜入土岁久,与窑器同,惟宣铜则断不可用①。玉者有元口瓮,腹大仅如拳,古人不知何用？今以盛水,甚佳。古铜者有小尊罍、小甑之属②,俱可用。陶者官、哥瓮肚小口钵盂诸式。近有陆子冈所制兽面锦地与古尊罍同者③,虽佳器,然不入品。

【注释】

①宣铜：明代宣德年间所制铜器。

②尊罍（léi）：泛指酒器。尊,也作"樽"。古盛酒器,用作祭祀或宴享的礼器。早期用陶制,后多以青铜浇铸,盛行于商及西周。罍,古代的一种容器。外形或圆或方,用来盛酒或水。多用青铜铸造,亦有陶制的。甑（zèng）：蒸食炊器。其底有孔,古用陶制,殷周时代有以青铜制,后多用木制。

③陆子冈：明末苏州碾玉名手。

【译文】

　　铜性猛烈,贮水过久就会有毒,容易坏笔,所以水盂以陶制的为佳。古铜器埋藏土里多年,与窑器性质相同,但宣铜绝不能使用。有一种玉制的圆口瓮,瓮腹只有拳头大小,不知古人用来做什么的？现在用它来盛水甚好。古铜器中的小酒器、小炊器一类的也都可用作水盂。陶制的有官窑、哥窑所产的大肚小口钵盂等样式。近来有陆子冈制作的兽面装饰锦地花纹的玉器,与古代酒器相同,虽是佳器,却不入品。

# 水注

## 【题解】

水注也称"水滴""砚滴",是专供注水于砚的盛水器。水注有敞开的口入水,小嘴出水,这是与水中丞不同的地方。文震亨对水注的介绍重在形状和样式。水注在宋、元时期开始盛行,文震亨介绍了各种器形,明代以景德镇窑制品为佳。

古铜、玉俱有辟邪、蟾蜍、天鸡、天鹿、半身鸬鹚杓、鋄金雁壶诸式滴子①,一合者为佳。有铜铸眠牛,以牧童骑牛作注管者②,最俗。大抵铸为人形,即非雅器。又有犀牛、天禄、龟、龙、天马口衔小盂者③,皆古人注油点灯,非水滴也。陶者有官、哥、白定方圆立瓜、卧瓜、双桃、莲、蒂、叶、茄、壶诸式,宣窑有五采桃注、石榴、双瓜、双鸳诸式,俱不如铜者为雅。

## 【注释】

①辟邪:传说中能驱邪避祸的神兽。天鹿:传说中的灵兽。鸬鹚杓(sháo):酒具。鋄(sǎn)金雁壶:鋄金的雁形壶。滴子:滴水的器具。

②注管:注水口。

③天禄:即天鹿。

## 【译文】

古铜和玉制的水注都有辟邪、蟾蜍、天鸡、天鹿、半身鸬鹚杓、鋄金雁壶等式样的滴子,有盂有盖的为佳。有一种铜铸的眠牛水注,以牧童骑牛做注水口,最俗。大多铸成人形的,都不雅观。还有犀牛、天鹿、龟、龙、天马口衔小盂的样式，都是古人注油点灯的器具，而不是水注。陶制水注有官窑、哥窑、定窑产的白色方圆立瓜、卧瓜、双桃、莲、蒂、叶、茄子、壶等样式，宣窑产的有五彩桃、石榴、双瓜、双鸳鸯等样式，都不如铜制的雅致。

# 糊斗

## 【题解】

装糨糊的糊斗为文房用具之一，是缄封或贴书写文稿必不可少的用具。文震亨列出了带有提把、瓮肚如酒杯、下有三足以及回纹小方斗四种糊斗，真让今天的我们讶异于古人想象力之丰富，如此简单的物件，却有如此多的花样。

　　有古铜有盖小提卣大如拳①，上有提梁索股者②；有瓮肚如小酒杯式，乘方座者；有三箍长桶、下有三足；姜铸回文小方斗③，俱可用。陶者有定窑蒜蒲长罐④，哥窑方斗如斛中置一梁者，然不如铜者便于出洗。

## 【注释】

①卣（yǒu）：古代酒器。

②提梁：两耳之上的横把。索股：绳索扭结状。

③姜铸：宋代姜氏铸造的铜器。

④蒜蒲长罐：形似蒜头的长方形罐子。蒜蒲，蒜头。

## 【译文】

糊斗有古铜制的拳头大小的有盖小提卣，上面有绳索的横把；有瓮肚如小酒杯，下有方座的；有三箍长桶、下有三足的；有宋代姜氏铸的回纹小方斗，这些都可使用。陶制的有定窑蒜头形长方罐子，有哥窑产的如斛中置一梁的方斗,但斗不如铜器便于清洗。

# 蜡斗

**【题解】**

蜡斗是宋元时期的东西,在文震亨的时候已不使用,只是当作古物来收藏。

古人以蜡代糊,故缄封必用蜡斗熨之①。今虽不用蜡,亦可收以充玩,大者亦可作水杓。

**【注释】**

①蜡斗:用以熨蜡使之熔化的器具。

**【译文】**

古人用蜡代替糨糊,所以封口就要用蜡斗熨烫。现在虽然不用蜡了,但也可以收藏蜡斗来供赏玩,大的蜡斗也可用作水勺。

# 镇纸

**【题解】**

镇纸是书写绘画时用到的器具,文震亨的介绍较为简单,只提到材质和造型,并做出雅俗之分。明高濂《遵生八笺》中介绍了更多样式和材质的镇纸。镇纸用以压纸,起源于古人对小型青铜器、玉器的珍赏,放置案头,随时把玩,所以经常拿来压纸、压书,后来发展为文房用具。镇纸多做成兽形。中国人使用镇纸的年代可以上溯秦汉,历经漫长的历史,镇纸雕琢工艺分出了刻画、刻书、浮雕、圆雕、光板等几十个门类,因各地风俗、各朝代流行不同而异彩纷呈。

玉者有古玉兔、玉牛、玉马、玉鹿、玉羊、玉蟾蜍、蹲虎、辟邪、子母螭诸式①,最古雅。铜者有青绿虾蟆、蹲虎、蹲螭、眠犬、鎏金辟邪、卧马、龟、龙,亦可用。其玛瑙、水晶、官、哥、定窑,俱非雅器。宣铜马、牛、猫、犬、狻猊之属②,亦有绝佳者。

**【注释】**

①子母螭(chī):大小两螭。螭,古代传说中无角的龙。

②狻猊(suān ní):兽名,狮子的别称。

**【译文】**

玉制的镇纸有古玉兔、玉牛、玉马、玉鹿、玉羊、玉蟾蜍、蹲虎、辟邪、大小两螭等样式,最古雅。铜制的有青绿蛤蟆、蹲虎、蹲螭、眠犬、鎏金辟邪、卧马、龟、龙,也可用。玛瑙、水晶、官窑、哥窑、定窑产的瓷器,都不是雅器。宣铜制作的马、牛、猫、犬、狻猊这一类的,也有极好的。

## 压尺

**【题解】**

压尺用以压纸,功能与镇纸相同,但多做成长条形,以镌刻铭文或对联来显现书卷气。压尺并非重要的文具,所以文震亨介绍得极简略。明高濂在《遵生八笺》中介绍得较多,并且自己还仿古制制作了一把。

以紫檀、乌木为之,上用旧玉璏为纽①,俗所称“昭文带”是也。有倭人鏒金双桃银叶为纽,虽极工致,亦非雅物。又有中透出窍②,内藏刀锥之属者,尤为俗制。

## 【注释】

①玉璏（wèi）：剑鞘旁的玉制附件。古人佩剑，以带穿璏而系之腰
间。璏，剑鼻。纽：器物上用以提携悬系的襻纽。

②出窍：有误，据陈植校注本应为“一窍”。

## 【译文】

压尺用紫檀、乌木做成，上面用旧的玉制剑鼻作为襻纽，即俗称的
“昭文带”。有一种日本所制的镂金双桃银叶为襻纽的压尺，虽非常精
致，但并非雅物。还有一种在中间挖一孔，内藏刀锥类东西的压尺，更加
俗气。


# 秘阁

## 【题解】

秘阁即臂搁，古人是自右至左的书写方式，为防止手腕与未干的字
迹相接触，所以用秘阁将手臂垫起。臂搁一般多是竹木、象牙质地，其中
以竹制为多，一般将去节后的竹筒分劈成三块，然后在凸起的竹面上进
行镌刻，镌刻的内容有文字也有图案，通常是座右铭、诗画以及赠言等。
文震亨以古玉制作的为最雅，日本人制作的也很精妙。小小的物件能看
出古人精心制作的智慧，臂搁不仅增加了文人创作时的风雅，也避免了
衣袖沾上墨水的尴尬。


以长样古玉璏为之，最雅。不则倭人所造黑漆秘阁如
古玉圭者①，质轻如纸，最妙。紫檀雕花及竹雕花巧人物者，
俱不可用。


## 【注释】

①玉圭：古代帝王、诸侯朝聘或祭祀时所持的玉器。

**【译文】**

用长条古玉剑鼻做成的秘阁最雅致。另外，日本所造的像古代玉圭样式的黑漆秘阁，轻薄如纸，最为美观。紫檀雕花和竹子雕刻的花卉人物的秘阁，都不可用。

# 贝光

**【题解】**

贝光是一种今天已退出实用而极为稀见的中国传统文房用具，最初当是以贝壳所制，用来砑光纸张的，故称之为"贝光"。贝光用来碾磨宣纸，使纸张紧密光亮，便于书写。贝光在明朝时已较为稀见。文震亨介绍了贝光的材质，内容和明高濂《遵生八笺》中的介绍几乎一样。

古以贝螺为之，今得水晶、玛瑙。古玉物中，有可代者更雅。

**【译文】**

贝光在古代是用贝壳、螺壳做成的，现在用水晶、玛瑙做成。古玉器中，如有能代替水晶、玛瑙做贝光的，更雅致。

# 裁刀

**【题解】**

裁刀本为除去竹简上的青皮，但明代已不需在竹简上写字，所以裁刀也就被淘汰了，也就是文震亨所谓的"仅可供玩"。文震亨很欣赏日本产的一种锋利裁刀，对于当时流行的品牌陆小拙则充满鄙弃。明高濂《遵生八笺》则认为"姚刀之外，无可入格"。

有古刀笔<sup>①</sup>，青绿裹身，上尖下圆，长仅尺许，古人杀青为书<sup>②</sup>，故用此物，今仅可供玩，非利用也。日本番人有绝小者<sup>③</sup>，锋甚利，刀把俱用灜鹕木<sup>④</sup>，取其不染肥腻，最佳。滇中鍐金银者亦可用。溧阳、昆山二种<sup>⑤</sup>，俱入恶道，而陆小拙为尤甚矣<sup>⑥</sup>。

**【注释】**

①刀笔：古人在竹简上写字，要除去表面青皮，写字有误须刮去重写，故称"刀笔"。

②杀青：古代制竹简程序之一，将竹火炙去汗后，刮去青色表皮，以便书写和防蠹。

③番人：旧指边境的少数民族。

④灜鹕木：即红豆树。

⑤溧阳、昆山：今江苏的两个县。溧阳隶属江苏，由常州代管的县级市，位于江苏西南部，地处长江三角洲，与苏、浙、皖三省接壤。明代的溧阳初为州，后改县，属应天府。昆山是江苏辖县级市，由苏州市代管，自秦代置娄县以来已有2200多年。明代降昆山州为县，仍属苏州府。

⑥陆小拙：明代苏州剪刀店名，其余不详。

**【译文】**

古代的刀笔，通身青绿，上尖下圆，长仅一尺左右，古人刮去竹简青色表皮来写字，所以要用到它，现在只是赏玩而已，不再使用。日本有一种极小的裁纸刀，刀刃非常锋利，刀柄完全用灜鹕木做成，利用了灜鹕木不沾油腻的特性，非常好。云南装饰有金银的裁刀也可用。溧阳、昆山两地产的，都落入俗套，陆小拙店铺的更是俗不可耐。

# 剪刀

## 【题解】

文震亨介绍了精铁所制作的剪刀和日本产的剪刀,他都很欣赏。剪刀是到今天还在使用的金属工具,用来铰断布、纸、绳等物。古代并州剪最有名,以锋利著称,并州即今天的太原。历代文人墨客多有咏叹并刀、并剪的诗词,唐杜甫《戏题王宰画山水图歌》:"焉得并州快剪刀,翦取吴松半江水。"元代杨维桢《庐山瀑布谣并序》:"便欲手把并州剪,剪取一幅玻璃烟。"水、烟岂可剪得? 不过是喻说并刀的锋利罢了。然而,再锋利的剪刀也难以剪断离情别恨,宋姜夔《长亭怨慢》曰:"算空有并刀,难剪离愁千缕。"在要求女孩子做女红的年代,女孩出嫁时,剪刀还是嫁妆之一呢。

有宾铁剪①,外面起花镀金,内嵌回回字者,制作极巧。倭制折叠者,亦可用。

## 【注释】

①宾铁:精炼之铁。

## 【译文】

有一种精炼之铁制作的剪刀,外面有镀金花纹,里面镶嵌回族文字,制作极精巧。日本制作的折叠式剪刀,也可使用。

# 书灯

## 【题解】

文震亨将书灯作为专门的一类,与灯分开来写,因为书灯是专供文人书房所用。书和灯不可分割,匡衡凿壁、孙康映雪、车胤囊萤、苏颋吹火、陆佃映月、王冕僧寺夜读等故事都和灯密切联系,他们能够刻苦攻读,在于获得了照明的条件。但有些只可把玩,并不适用。本篇中文震亨认为金莲灯最雅致。

有古铜驼灯、羊灯、龟灯、诸葛灯①,俱可供玩,而不适用。有青绿铜荷一片檠②,架花朵于上,古人取金莲之意,今用以为灯,最雅。定窑三台、宣窑二台者,俱不堪用。锡者取旧制古朴矮小者为佳③。

**【注释】**

①诸葛灯:即孔明灯,可以手提的、能防风雨的灯。

②檠(qíng):灯架或灯台。

③锡者:将麻布加灰捶洗,使其洁白光滑。

**【译文】**

书灯有古铜驼灯、羊灯、龟灯、诸葛灯,均可供赏玩,但不适用。有一种铜制灯架,状如一片荷叶上撑起一枝荷花,古人取其金莲之意,现在用来作灯,最为雅致。定窑三台、宣窑二台,都不能使用。旧制中用洁白光滑的麻布做成,形状古朴矮小的较好。

# 灯

**【题解】**

灯具是人类使用火、保存火的技术延续,而随着灯具技术的发展,其作用不仅是照明,且逐渐地兼有实用与观赏的功能。文震亨提到多种材质、多种样式的灯,以文化权威的口吻,指出古灯不适用但可供赏玩。适用的灯何者古,何者雅,何者佳,何者俗,何者酸腐,何者不入品级,体现的仍是对古朴雅致的崇尚。

文震亨的介绍并无诗意,但古典诗词中"灯"是一个重要意象,与文人的身世、心境、人格纠缠在一起,而与灯为伴的词语又多为"孤""残""寒"等字眼。夜深人静,陪伴飘泊之人的只有一盏孤灯;见证人生悲欢离合之际遇的仍是那盏灯。正是宋黄庭坚《寄黄几复》诗所谓:"桃李春风一杯酒,江湖夜雨十年灯。"江湖飘泊,该有多少个灯下听雨的不眠之夜。唐代李郢《秋思》:"一点孤灯人梦觉,万重寒叶雨声多。"不眠的长夜,灯光摇曳,人生的凄凉与无奈便涌上心头。《红楼梦》中林黛玉秋夜不眠,写下《秋窗风雨夕》:"秋花惨淡秋草黄,耿耿秋灯秋夜长。"唐刘长卿《夜宴洛阳程九主簿宅,送杨三山人往天台寻智》曰:"千载已如梦,一灯今尚传。"千古万载已如梦,只有灯下不眠人的诗句像那微弱的灯光永远闪烁在历史的长河中。

　　闽中珠灯第一,玳瑁、琥珀、鱼鲊次之①,羊皮灯名手如赵虎所画者②,亦当多蓄。料丝出滇中者最胜③,丹阳所制有横光④,不甚雅。至如山东珠、麦、柴、梅、李、花草、百鸟、百兽、夹纱、墨纱等制⑤,俱不入品。灯样以四方如屏,中穿花鸟,清雅如画者为佳,人物、楼阁,仅可于羊皮屏上用之,他如蒸笼圈、水精球、双层、三层者,俱最俗。篾丝者虽极精工华绚⑥,终为酸气⑦。曾见元时布灯,最奇,亦非时尚也。

## 【注释】

①玳瑁:动物名。亦作瑇瑁、蟕蠵。属爬行动物,生活于热带及亚热带海洋中。其形似龟,四肢鳍足状。背甲有褐色与淡黄色相间的花纹,且带黑斑,光滑。其甲片可作装饰品,亦可入药。琥珀:玉

石名。由碳、氢、氧组成的有机物,产于煤层中,是地质时代中植物树脂经过石化的产物。质优、色美、无瑕、透明,可作项链、戒面和领花等,也可用作玉雕材料。有时在琥珀中,可见包有蜜蜂、蚜虫和蚂蚁等各种昆虫,亦可用来制成摆饰品。鱼魫(zhěn):即鱼魫灯,用鱼脑骨架制成的灯。鱼魫,鱼脑骨。

②羊皮灯:用羊皮裹住的油灯,可防风雨。

③料丝:即料丝灯。以玛瑙、紫石英等为主要原料,煮浆抽丝制成的灯。明郎瑛《七修类稿·事物五·料丝》:"料丝灯出于滇南,以金齿卫者胜也。"

④丹阳:今江苏丹阳县。明代丹阳县盛产料丝灯。

⑤夹纱:即夹纱灯。是明清时常见的彩灯之一。《苏州府志》载:"剡纸刻花竹禽鸟,用轻纱夹之,名'夹纱灯'。"墨纱:即墨纱灯。彩灯名。明代曹学佺有一首《咏墨纱灯》诗:"质裂横疑水,光生薄似苔。凭将彩笔画,认作剪刀裁。鸟向空中度,花从镜里开。细看若无力,不畏晓风催。"通过此诗可大略了解这种灯的工艺。

⑥篾丝:竹篾劈的细丝。

⑦酸气:寒酸气。

**【译文】**

福建珠灯为第一,玳瑁、琥珀、鱼脑骨灯次之,由名家赵虎画的羊皮灯,也应该多收藏。料丝灯以云南产的最好,丹阳产的有横光,不是很雅致。至于像山东产的珠灯、麦灯、柴灯、梅灯、李灯、花草灯、百鸟灯、百兽灯、夹纱灯、墨纱灯等,都不入品级。灯的样式以四面如屏,中间画有花鸟,清雅入画为佳,人物、楼阁,只可用于羊皮灯上面,其他的如蒸笼圈、水精球、双层、三层等样式的,都很俗气。篾条编制的虽然做工精巧绚美,但终有寒酸之气。曾见过元代的布罩灯,最奇特,也并不时尚。

# 镜

## 【题解】

　　我们今天所用为玻璃镜，古人用的则多是铜镜。文震亨对镜的鉴赏以"古"为标准，越古越好，黑漆色、古铜，带有青绿铜锈为上品。他认为菱角、八角、有柄方镜俗不可用，是因为落入套式，而物以稀为贵。鲁迅在《坟·看镜有感》一文中批判一位国粹主义者："他说，照起面貌来，玻璃镜不如铜镜之准确。"如果文震亨活到民国，大概也会如此吧？

　　古乐府《木兰诗》中已有"当窗理云鬓，对镜贴花黄"的句子，唐韩愈《芍药歌》曰："欲将双颊一晒红，绿窗磨遍青铜镜。"铜镜是女子生活中必不可少的用具。唐温庭筠《菩萨蛮》一词中写女子的梳妆："照花前后镜，花面交相映。"美丽的女子总是喜欢看到镜中的自己，但镜子能映照如花的容颜，也能映照衰老的悲哀，李白《将进酒》诗中就有"君不见高堂明镜悲白发，朝如青丝暮成雪"的焦虑，时光越是美好，流逝得就越快，镜中的容颜便也变化越大。

　　秦陀、黑漆古、光背质厚无文者为上[1]，水银古花背者次之[2]。有如钱小镜[3]，满背青绿，嵌金银五岳图者[4]，可供携具。菱角、八角、有柄方镜，俗不可用。轩辕镜[5]，其形如球，卧榻前悬挂，取以辟邪，然非旧式。

## 【注释】

　　[1]秦陀：此指秦代具有图形之古镜。黑漆古：指黑漆色古铜。

　　[2]水银古：古墓中殉葬的铜器，为灌入棺内的水银浸渍，内外皆呈银白色者，称为"水银古"。明谢肇淛《五杂组·物部四》："古人棺内多灌水银，遂有水银古者。然亦视其款制何如耳，未必古者尽

　佳也。"

　③如钱小镜：如铜钱一样大的小镜。

　④五岳图：此指镜背作五岳图形。

　⑤轩辕镜：镜名。古人谓用之可以辟邪。宋赵希鹄《洞天清禄集》：

　　"轩辕镜，其形如球，可作卧榻前悬挂，取以辟邪。"

**【译文】**

　饰有秦代图形、黑漆色、镜背厚实无纹的古铜镜为上品，如银色古铜镜背带有花纹的次之。有一种像铜钱大的小镜，背面布满铜绿，镶嵌有金银五岳的图样，便于携带。菱角形、八角形、有柄方镜，俗不可用。轩辕镜，形状如球，悬挂在榻前，用以辟邪，但不属于旧式。

# 钩

**【题解】**

　文震亨用寥寥数语介绍了三代及秦汉的带钩，不过时至明代，古带钩作用已发生变化，不是用来装饰腰带，而是用来悬挂物件。可以看出文震亨对古物的眷恋之情。制作带钩的原料，大多采用金属，如金、银、铜、铁等，也有用玉、石、骨、木做成的，但为数不多。随着服饰文化的发展，在朝做官的官员视官阶高下，分别以金、玉、犀、银、铜、铁为饰。

　　古铜腰束绦钩①，有金、银、碧填嵌者，有片金银者，有用兽为肚者，皆三代物也②。有羊头钩、螳螂捕蝉钩，鏒金者，皆秦汉物也。斋中多设，以备悬壁挂画，及拂尘、羽扇等用③，最雅。自寸以至盈尺，皆可用。

**【注释】**

　①绦钩：束腰丝带的钩。

②三代：此指夏、商、周三个朝代。

③拂尘：古代用以掸拭尘埃和驱赶蚊蝇的器具。

**【译文】**

　　古代腰带铜钩，有用金、银、玉镶嵌的，有装饰金银片的，有做成兽形的，这些都是三代的物品。有鎏金的羊头钩、螳螂捕蝉钩，都是秦汉时代的。室中多摆设一些，用来悬挂书画、拂尘、羽扇等，最为雅致。钩的尺寸从一寸到一尺，都可使用。

# 束腰

**【题解】**

　　文震亨介绍的束腰是用带钩和佩玉制成的，上面有丝绦装饰。今天的时装展览，肯定少不了形形色色的腰带，不仅装饰，也用来突出人体各部位的比例，达到更佳的视觉效果。古代的腰带作用与今天不同。古人最初的衣服没有纽扣，只有小带子系在一起，为了不使衣服散开，又在腰部系上一根大带，即腰带。它与今天人们所用来系束裤裙的带子名称虽同，作用却并不一样。

　　汉钩、汉玦仅二寸余者①，用以束腰，甚便。稍大则便入玩器，不可日用。绦用沉香、真紫②，余俱非所宜。

**【注释】**

①汉钩、汉玦（jué）：汉代的带钩、佩玉。

②绦：丝绳。沉香、真紫：此指沉香色、真紫色两种颜色。沉香色指黄黑色。

**【译文】**

　　汉代的带钩、佩玉只有两寸多长，用来作为腰带，很方便。稍微大一些的就成为玩物了,不可日常使用。丝绳用沉香色、真紫色,其余的颜色都不适宜。

# 禅灯

**【题解】**

　　禅灯,寺庙里的灯。文震亨将禅灯作为单独的一类,主要介绍了高丽的禅灯,即用高丽窈石做成的石灯,窈内盛油点灯,因所用石头不同而发出不同光色,即文中所谓的月灯与日灯。明代唐之淳有《咏高丽石灯》:"窈石烛幽遐,虚明诓异纱。"唐代戴叔伦《宿天竺寺晓发罗源》诗曰:"黄昏投古寺,深院一灯明。"日暮途穷的客人,看到寺院中的灯火,该是怎样地欣喜!

　　高丽者佳①,有月灯,其光白莹如初月;有日灯,得火内照,一室皆红,小者尤可爱。高丽有俯仰莲、三足铜炉,原以置此,今不可得,别作小架架之。不可制如角灯之式②。

**【注释】**

　　①高丽:朝鲜历史上的王朝(918—1392)。我国习惯上多沿用来指
　　　称朝鲜或关于朝鲜的物产。
　　②角灯:即羊角灯。用透明的角质材料为罩的灯。

**【译文】**

　　禅灯以高丽产的为佳,有月灯,灯光洁白晶莹如月光;有日灯,用火点燃照亮,满屋通红,小的尤其惹人喜爱。高丽有俯仰莲、三足铜炉,原来就是放置禅灯的,但今天很难得到,可以另做小架子来搁置。禅灯不可制作成羊角灯的样式。

# 香橼盘

## 【题解】

作为山居生活的点缀,香橼以芳香的气味得到文人的青睐。用来盛放香橼的盘子也各式各样,但文震亨重点不在盘子,而在怎样放置香橼。从他的叙述来看,一盘放四头便是"极板且套"。一成定式,便落入俗套,追求整齐对称,便失却个性。这是文人审美趣味的典型体现,也是刻意表现出与大众的区别、与时尚的疏离。

有古铜青绿盘,有官、哥、定窑冬青磁[1],龙泉大盘,有宣德暗花白盘、苏麻尼青盘、朱砂红盘[2],以置香橼[3],皆可。此种出时,山斋最不可少。然一盘四头既板且套,或以大盘置二三十,尤俗。不如觅旧珠雕茶托架一头[4],以供清玩也。或得旧磁盘长样者,置二头于几案间亦可。

## 【注释】

①冬青磁:据陈植校注本应为"青冬磁"。

②苏麻尼青:此指宣窑青花瓷。

③香橼(yuán):常绿小乔木或大灌木。有短刺。叶子卵圆形,总状花序,花瓣里面白色,外面淡紫色。果实长圆形,黄色,果皮粗而厚,供观赏。果皮中医入药。亦指这种植物的果实。

④旧珠:当作"旧朱"。

## 【译文】

香橼盘有古铜青绿色的,有官窑、哥窑、定窑的冬青瓷盘,有龙泉窑的大瓷盘,有宣德年间的暗花白盘、青花瓷盘、朱砂红盘,这些用来放置香橼,都可以。香橼结果实时,山斋之中最不可缺少。但是如果一盘放四个果实,既呆板又俗套,有的人以一大盘放置二三十个,更俗。不如找来旧朱雕的茶托，上面放置一个，用来玩赏。有的人在古旧长瓷盘上放两个，置于几案之间，也可以。

# 如意

**【题解】**

如意是梵语"阿那律"的意译，古之爪杖，用骨、角、竹、木、玉、石、铜、铁等制成。文震亨提到的是古时候的铁如意，供指挥所用。和尚宣讲佛经时，也持如意，记经文于上。唐张祜《题画僧》诗："终年不语看如意，似证禅心入大乘。"后来的如意，长一二尺，其端多作芝形、云形，不过因其名吉祥，以供玩赏而已。

古人用以指挥向往，或防不测，故炼铁为之，非直美观而已。得旧铁如意①，上有金银错②，或隐或见，古色蒙然者③，最佳。至如天生树枝、竹鞭等制，皆废物也。

**【注释】**

①如意：器物名。古之爪杖，长三尺许，前端作手指形。脊背有痒，手所不到，用以搔抓，可如人意，因得得名。或作指划和防身用。

②金银错：一种在凹下去的文字、花纹中镶嵌或涂上金银的工艺。

③蒙然：迷糊貌，蒙昧貌。此指模糊不清。

**【译文】**

古人用如意来指挥往来或者预防不测，所以用铁做成，不只是为了美观而已。古旧的铁如意，上面有金银错，或隐或现，古色模糊的，最好。至于用天生的树枝、竹根等制作的，都是废物。

# 麈

## 【题解】

麈尾是古人闲谈时执以驱虫、掸尘的一种工具。在细长的木条两边及上端插设兽毛，或直接让兽毛垂露外面，类似马尾松。古人清谈时必执麈尾，相沿成习，成为名流雅器，不谈时，亦常执在手。时至明代，麈早已废弃不用，文震亨虽好古，却也不得不承认手执麈尾令人作呕，可毕竟是古物，且为文人雅器，所以即便手中不需要，文震亨认为墙壁上还是要悬挂一把以示风雅的。

文震亨所谓的"古人用以清谈"中的"古人"最典型的是魏晋时期的名士，宽袍长袖，手执麈尾，聚坐谈玄，越名教而任自然，恃才放旷又一往情深。他们光风霁月的个性，作为远逝的风流，让后人追慕、怀想。

古人用以清谈，今若对客挥麈①，便见之欲呕矣。然斋中悬挂壁上，以备一种。有旧玉柄者，其拂以白尾及青丝为之②，雅。若天生竹鞭、万岁藤③，虽玲珑透漏，俱不可用。

## 【注释】

①麈（zhǔ）：鹿类，俗称四不像。古代以麈尾做拂尘。

②白尾：此指白麈尾。青丝：青色丝线。

③万岁藤：此指古藤。

## 【译文】

古人手执拂尘用来清谈，现在如果对客挥舞拂尘，便会令人作呕了。但是斋中在墙上悬挂一把，可作为收藏。有旧玉柄的拂尘，用白麈尾或者青色丝线做的，很雅致。至于天然竹根、古藤制作的，虽然玲珑别透，但都不能使用。

# 钱

**【题解】**

中国古代钱币的发展经历了漫长的历程,种类丰富,体系完整,非三言两语可说清楚,所以文震亨说"详具《钱谱》"。但在文震亨之前命名《钱谱》的书籍就有好几部,之后又多有名为《钱谱》的著作。文震亨此文所谓的钱,是指古代各种样式的铜钱,用来收藏。

钱之为式甚多,详具《钱谱》[①]。有金嵌青绿刀钱,可为签[②],如《博古图》等书成大套者用之[③]。鹅眼、货布[④],可挂杖头。

**【注释】**

①《钱谱》:南朝顾烜著《钱谱》,唐代封演著《续钱谱》。宋代李孝美著《历代钱谱》,董逌著《续钱谱》,以后历代均有《钱谱》类著作。

②签:此处用同书签,夹入某一处作为标志。

③《博古图》:疑指宋代王黼等著《宣和博古图》。

④鹅眼:小钱。货布:王莽时货币名。

**【译文】**

钱的样式非常多,《钱谱》有详细记载。有金嵌青铜刀币,可作书签,可以用在如《博古图》等大套书中做标记。鹅眼小钱、货布,可挂于杖头做装饰。

# 瓢

**【题解】**

瓢是以老熟的葫芦对半剖开制成的舀水或盛酒器,《庄子·逍遥游》

谓:"剖之以为瓢,则瓠落无所容。"怎样使用瓢呢? 文震亨说可悬挂在
手杖、禅椅上面。瓢使用的是天然材料,代表的是天然而简朴的生活,
《论语·雍也》中孔子赞颜回:"一箪食,一瓢饮,在陋巷,人不堪其忧,回
也不改其乐。"一瓢饮显示的正是安贫乐道的生活态度。佛经故事中有
"弱水三千,只取一瓢饮"的说法,比喻人生中会有很多美好的东西,只
要好好把握住一样就够了。


　　得小匾葫芦,大不过四五寸,而小者半之,以水磨其中,
布擦其外,光彩莹洁,水湿不变,尘污不染,用以悬挂杖头及
树根禅椅之上,俱可。更有二瓢并生者,有可为冠者,俱雅。
其长腰鹭鸶曲项①,俱不可用。


**【注释】**

①鹭鸶(lù sī):即鹭。因其头顶、胸、肩、背部皆生长毛如丝,故称。

**【译文】**

　　找一小扁葫芦,大不过四五寸,小则两三寸,倒入水磨擦里面,再用
布擦拭外面,使之光洁平滑,遇水不变形,不染尘埃,用来悬挂在杖头和
树根禅椅上,都可以。还有两瓢并生的,有的可做帽子,都很雅致。但中
间细长的、如鹭鸶颈项弯曲的,都不可使用。


# 钵

**【题解】**

　　钵最初为僧人食具,底平,口略小,形圆稍扁,多为瓦、铁塑铸,后进
入百姓日常生活,材质也就多样化。文中提到的钵是大竹根做成的,上面
刻佛经。后来出现的"衣钵"一词则指前人传下来的思想、学术、技能等。

取深山巨竹根，车旋为钵，上刻铭字或梵书<sup>①</sup>，或五岳图，填以石青<sup>②</sup>，光洁可爱。

**【注释】**

①铭字：刻文字于器物。梵书：佛经。

②石青：蓝色的矿物质颜料，多用于国画。

**【译文】**

取深山的大竹根，切削为钵，上面刻上铭记或者佛经，或者五岳图，填入石青，光洁可爱。

# 花瓶

**【题解】**

文震亨提到花瓶的两个用途：插花或供清玩。他最欣赏的是铜制的花瓶，不仅古色古香，而且能让花色鲜亮。文震亨对诸多样式的瓷瓶则很排斥，无他，俗而已。

比较常见的传统花瓶口稍大，脖径细，再往下是丰满的弧度，最后下方线条收住，呈S型。今天人们将徒具外表并无才能的人形容为"花瓶"，因为花瓶外表美观，却并无多大实用价值，且易坏。然而，在室内鲜花盛开的瞬间，不正是花瓶在默默打底吗？作为装饰品、收藏物，花瓶极尽华美之姿，成为鲜花的配角，也静静地绽放美丽。

古铜入土年久，受土气深，以之养花，花色鲜明，不特古色可玩而已。铜器可插花者，曰尊<sup>①</sup>，曰罍<sup>②</sup>，曰觚<sup>③</sup>，曰壶，随花大小用之。磁器用官、哥、定窑古胆瓶、一枝瓶、小菖草瓶、纸槌瓶，余如暗花、青花、茄袋、葫芦、细口、匾肚、瘦足、药坛及新铸铜瓶,建窑等瓶,俱不入清供。尤不可用者,鹅颈壁瓶也④。古铜汉方瓶,龙泉、均州瓶,有极大高二三尺者,以插古梅,最相称。瓶中俱用锡作替管盛水⑤,可免破裂之患。大都瓶宁瘦,无过壮,宁大,无过小,高可一尺五寸,低不过一尺,乃佳。

**【注释】**

①尊:古代注酒之器。

②罍(léi):盛酒或水的容器。

③觚(gū):古代饮酒器。

④鹅颈壁瓶:一种挂在墙壁上的瓶子,状如鹅颈。

⑤替管:即屈管,用以盛水之物。

**【译文】**

古铜花瓶藏于土中多年,地气深厚,用来养花,花色鲜亮,不只是古色古香可供赏玩而已。可用于插花的铜器称之为尊、罍、觚、壶,根据花的大小来选用。瓷器用官窑、哥窑、定窑的古胆瓶、一枝瓶、小菖草瓶、纸槌瓶,其余的如暗花、青花、茄袋、葫芦、细口、匾肚、瘦足、药坛及新铸铜瓶,建窑等瓷瓶,都不能用于清玩。尤其不能使用的,是鹅颈壁瓶。古铜汉代方瓶,龙泉窑、均州窑产的瓷瓶,有一种两三尺高的瓶子,用来插梅花,最相称。瓶子中用锡制的屈管来盛水,可防止瓶子破裂。花瓶大多宁可瘦长,不可过于粗壮,宁大勿小,瓶高在一尺至一尺五寸最好。

# 钟磬

**【题解】**

钟和磬是两种乐器,钟为青铜制,悬挂于架上,以槌叩击发音,祭祀或宴享时用,战斗中亦用以指挥进退。西周中期开始有十几个大小成组的称编钟,大而单一的特称钟。磬为打击乐器,状如曲尺,用玉、石或金属制成,悬挂于架上,击之而鸣。

　　文震亨的介绍虽极为简单,却显示了鲜明的审美趋向。一为钟磬"不可对设",为何不能相对摆设?他没有说原因,其实在于对称摆设显出死板、俗套,而雅与美是不能落入套数的,独特的才美;二为"击以清耳",之所以要选择秦汉古铜编钟及古灵璧石磬,不仅是外在形式的古雅,更在于身处古雅氛围中,人通过对自身的思考、反省,得到身心的净化。


　　不可对设,得古铜秦、汉镈钟、编钟[1],及古灵璧石磬声清韵远者,悬之斋室,击以清耳[2]。磬有旧玉者,股三寸[3],长尺余,仅可供玩。


【注释】

①镈(bó)钟:古代乐器,大钟。编钟:古代打击乐器。铜制,顶端铸有半环,钟数有多至十六枚者,各应律吕和依大小顺序排列,悬于一木架上,故称"编钟"。

②清耳:犹净耳。表示不愿意让污浊的话语污染耳朵。

③股:磬的上端设悬处。

【译文】

　　钟磬不可相对摆设,收藏秦汉时期的古铜镈钟、编钟及古代灵璧石磬中声音清越悠远的,悬挂在室中,敲击以净耳。有一种旧玉的磬,股三寸,长一尺多,只可用来赏玩。


# 杖

【题解】

　　此篇的杖是手杖,据推测由早期木棒等狩猎工具演化而来。手杖最引人注目的地方在于各式各样的杖头,文震亨提到了最为古老的鸠形拐杖,对于龙头样式则极力排斥,因为龙头样式已广为使用,不具备独特之美。

手杖被称为老人的"第三条腿",年迈之人离不开手杖。汉崔瑗《杖铭》曰:"乘危履险,非杖不行,年老力竭,非杖不强。"清人田松岩有《手杖》诗曰:"月夕花晨伴我行,路当坦处亦防倾。敢因持尔心无虑,便向崎岖步不平!"有了手杖,老人便多了一份安全感。

鸠杖最古①,盖老人多咽②,鸠能治咽故也。有三代立鸠、飞鸠杖头,周身金银填嵌者,饰于方竹、筇竹、万岁藤之上③,最古。杖须长七尺余,磨弄滑泽,乃佳。天台藤更有自然屈曲者,一作龙头诸式,断不可用。

**【注释】**

①鸠杖:杖头刻有鸠形的拐杖。

②咽:咽喉梗塞。

③方竹:四季竹,四季都出笋。筇(qióng)竹:竹子的一种,因其坚洁,可作手杖。

**【译文】**

杖头刻有鸠形的拐杖最古老,因为老人多易咽喉梗塞,而鸠鸟能治咽喉梗塞的缘故。鸠杖有夏、商、周时期的立鸠、飞鸠杖头,周身镶嵌金银,装饰于方竹、筇竹、古藤之上,最为古雅。手杖需要七尺多长,磨弄光滑的最好。天台藤中有自然弯曲的,一旦做成龙头等样式,就断断不可用了。

## 坐墩

**【题解】**

"墩"在汉代已经出现,最早时多用竹藤制成,是室内、室外都很常

用的一种家具。也有石制、瓷制和木制的。到五代时期，出现了蒙有绣
套的圆墩，到了宋代，墩的使用已经相当普遍了。文震亨介绍了蒲墩、藤
墩、绣墩三种坐墩。坐墩在造型艺术上千姿百态，座面的式样除圆形外，
还有海棠、梅花、瓜棱、椭圆形等，很有古雅之趣。

　　坐墩是一种无靠背坐具，它的特点是面下不用四足，而采用攒鼓的
做法，形成两边小中间大的腰鼓型，为便于携带，在中间开出门洞，称之
为"开光"。沈从文先生在《中国古代服饰研究》中介绍说，腰鼓形坐墩
是战国以来妇女为熏香取暖专用的坐具。《红楼梦》三十八回，众人在大
观园里品酒吟诗时，林黛玉因不大吃酒，又不吃螃蟹，自令人掇了一个绣
墩，倚栏杆坐着，拿着钓竿钓鱼。可见，坐墩哪里需要就放在哪里，使用
起来十分方便。


　　冬月用蒲草为之<sup>①</sup>，高一尺二寸，四面编束，细密坚实，
内用木车坐板以柱托顶，外用锦饰。暑月可置藤墩，宫中有
绣墩，形如小鼓，四角垂流苏者<sup>②</sup>，亦精雅可用。


**【注释】**

①蒲草：即香蒲。其茎叶可供编织用。

②流苏：用彩色羽毛或丝线等制成的穗状垂饰物，常饰于车马、帷帐
　等物上。

**【译文】**

　　冬天用蒲草做成坐墩，高一尺二寸，四面编织细密坚实，内用木板做
柱子托住顶端，外用织锦装饰。夏天可用藤墩，宫中有绣墩，形如小鼓，
四角垂吊流苏，也很精巧雅致，可供使用。

# 坐团

**【题解】**

坐团即坐垫,用蒲草、棕叶等编织而成的圆形草垫子。软硬度和厚度都很适宜,避免地面潮气上冲侵袭身体,具有文震亨所谓的"远湿辟虫"的效果。宋苏轼《谪居三适·午窗坐睡》诗:"蒲团盘两膝,竹几阁双肘。"席地而坐时,蒲团用以铺垫,僧人坐禅和跪拜时多用到它。

蒲团大径三尺者[1],席地快甚,棕团亦佳[2]。山中欲远湿辟虫,以雄黄熬蜡布团[3],亦雅。

**【注释】**

①蒲团:用蒲草编织的圆形坐具。

②棕团:以棕丝织成的圆形坐具。

③雄黄:矿物名,也叫鸡冠石。中医可入药。

**【译文】**

蒲团直径大的有三尺,席地而坐很舒适,棕团也很好。居住山中想远离潮湿避开虫子,可以用雄黄与蜡熬制,做成蜡布坐团,也很雅致。

# 数珠

**【题解】**

数珠又称念珠,它是一些宗教在祈祷、歌颂、念经、念咒或灵修时所用的物品,一般是圆球形的珠子,表示圆满。佛教徒在念佛时为了摄心一念而拨动数珠计数。

唐释道宣《续高僧传》说隋唐时代的道绰大师,教人们拿着念珠持诵三宝名号。有人称数珠为"拴马索",隐喻人心如狂奔野马,杂念纷飞,刹那不停,手掐数珠可以遏制妄念。所以修行者都要有数珠作为必备法物。数珠有一定的数目,而且每一个数字都有它特定的含意。佛教徒用数珠藉以约束身心、帮助修行、消除妄念,待日久功深,以便能增加智慧。对于文震亨这类文人来说,数珠只是拿来把玩的收藏品。

　　以金刚子小而花细者为贵<sup>①</sup>,以宋做玉降魔杵、玉五供养为记总<sup>②</sup>,他如人顶、龙充、珠玉、玛瑙、琥珀、金珀、水晶、珊瑚、车渠者<sup>③</sup>,俱俗。沉香、伽南香者则可<sup>④</sup>。尤忌杭州小菩提子,及灌香于内者。

**【注释】**

①金刚子:菩提树的种子。

②降魔杵:佛教法器,形如手杖,用以降伏鬼怪。五供养:供佛的五种方式,即涂香、供花、烧香、饭食、灯明。记总:指一串念珠中插入的配件,用以计数。

③人顶:人头骨。龙充:龙鼻骨。车渠:海中软体动物,贝壳可做装饰品。

④沉香:此指沉香木。伽南香:也称奇南香。清阮葵生《茶馀客话》:"奇南香出占城等国,志书作奇南,《星槎胜览》作棋楠,安南人书作奇蓝,近人又作伽南。"

**【译文】**

　　数珠以珠小而花纹细的菩提树种子制成的为珍贵,宋代的玉制降魔杵、玉制五供养做记总,其他的如人脑骨、龙鼻骨、珠玉、玛瑙、琥珀、金珀、水晶、珊瑚、车渠等做成的,都很俗气。沉香木、伽南香做成的则可以。尤其忌讳用杭州小菩提树种子及里面灌注香料的数珠。

# 番经

## 【题解】

数珠与番经均为佛教用物，而经书不属于器具类，文震亨将之放入"器具"卷，在于外来经书样式别致，非中土所产，具有收藏价值，而且文震亨重在介绍番经的收藏用具，而不在介绍番经本身。可见文震亨的着眼点还是在于文人的收藏与雅趣，并不在于对佛教的尊崇。

常见番僧佩经①，或皮袋，或漆匣，大方三寸，厚寸许，匣外两傍有耳系绳。佩服中有经文，更有贝叶金书、彩画、天魔变相②，精巧细密，断非中华所及。此皆方物③，可贮佛室，与数珠同携。

## 【注释】

①番僧：外国的僧人。

②贝叶金书：贝叶树的叶子上描金字的书页。贝叶，此指贝叶树，叶子大而薄，可在上面写字。

③方物：地方特产。

## 【译文】

经常看到外国僧人携带经书，有的用皮袋装，有的用漆匣装，匣子三寸见方，一寸左右厚，匣子两旁有两耳系着绳子。僧人携带的有经文，还有贝叶金书、彩画、天魔神像，精巧细密，绝不是中土所能比得上的。这些都是外来佛物，可以存于佛室之内，与数珠一同携带。

# 扇　扇坠

## 【题解】

扇子起初是一种礼仪工具，后来转变为纳凉、娱乐、欣赏等生活用品和工艺品。古代扇子种类繁多，但真正被收藏家所垂青的，只有折扇和团扇两种，文震亨在文中提到的也是这两种扇子。除了结尾提到扇坠之外，此文大部分篇幅都在介绍扇子。有不同材质的扇子，有不同地方产的扇子，文震亨最欣赏的是四川府进献的扇子，虽然对苏州的扇子介绍较详细，却以苏州特色为俗。

诸葛亮羽扇纶巾，扇子轻轻一摇，就有了计谋，扇子一时成为儒雅智慧的象征。隋唐之后，羽扇与纨扇大量出现，文人墨客喜爱把玩扇子，视其为"怀袖雅物"，不管是赋诗饮酒还是闲坐清谈，都手持一把扇子，扇子成为风雅的象征。明清时期，扇子广为流行。因为夏天使用，入秋便被收藏起来，所以扇子又被赋予了恩情短暂、人情易变的寓意。汉班婕妤《怨歌行》提到扇子："常恐秋节至，凉飙夺炎热，弃捐箧笥中，恩情中道绝。"晋陶渊明《闲情赋》表达对所爱之人的眷恋："愿在竹而为扇，含凄飙于柔握；悲白露之晨零，顾襟袖以缅邈！"虽然作为扇子被爱人紧紧握住，但秋风来临，就要面临被抛弃的命运。清纳兰性德《木兰花令》曰："人生若只如初见，何事秋风悲画扇。"画扇只能在秋风中悲伤，人生不会永远如初见。

明代之前用的都是团扇，在明代才开始流行折扇。文震亨说折扇来自日本，这也许可以解释为何明代之前很少见到折扇的原因。到清代孔尚任写作戏剧《桃花扇》时，其中李香君所用的还是团扇。扇坠也是宋代才有，明谢肇淛《五杂组·物部二》："扇之有坠，唐前未闻，宋高宗宴大臣，见张循王扇有玉孩儿坠子，则当时有之矣。"


羽扇最古，然得古团扇雕漆柄为之，乃佳。他如竹篾、纸糊、竹根、紫檀柄者，俱俗。又今之折叠扇，古称聚头扇，乃日本所进，彼中今尚有绝佳者，展之盈尺，合之仅两指许，所画多作仕女、乘车、跨马、踏青、拾翠之状，又以金银屑饰地面，及作星汉人物①，粗有形似，其所染青绿奇甚，专以空青、海绿为之②，真奇物也。川中蜀府制以进御，有金铰藤骨③，面薄如轻绡者，最为贵重。内府别有彩画、五毒、百鹤鹿、百福寿等式④，差俗，然亦华绚可观。徽、杭亦有稍轻雅者。姑苏最重书画扇⑤，其骨以白竹、棕竹、乌木、紫白檀、湘妃、眉绿等为之⑥，间有用牙及玳瑁者，有员头、直根、绦环、结子、板板花诸式⑦，素白金面，购求名笔图写，佳者价绝高。其匠作则有李昭、李赞、马勋、蒋三、柳玉台、沈少楼诸人⑧，皆高手也。纸敝墨渝⑨，不堪怀袖，别装卷册以供玩，相沿既久，习以成风，至称为姑苏人事，然实俗制，不如川扇适用耳。扇坠夏月用伽南、沉香为之，汉玉小珙及琥珀眼掠皆可⑩，香串、缅茄之属⑪，断不可用。

**【注释】**

①星汉人物：银河中牛郎、织女类的神仙。星汉，银河。

②空青：孔雀石的一种。又名杨梅青。产于川赣等地，随铜矿生成，球形、中空，翠绿色。可作绘画颜料，亦可入药。海绿：疑指国外绿色颜料。

③金铰藤骨：用金属钉铰穿制藤骨。金铰，铆钉。

④五毒：指蛇、蝎、蜈蚣、壁虎、蟾蜍五种毒虫。

⑤姑苏：苏州吴县（今江苏苏州）的别称。因其地有姑苏山而得名。

⑥眉绿：斑竹之一种。

⑦员头、直根、绦环、结子、板板花：均为扇子的形状。员头，即圆头。

⑧李昭、李赞、马勋、蒋三、柳玉台、沈少楼：皆为制扇名手。

⑨纸敝墨渝：纸墨品质低劣，易损坏。渝，变化。

⑩眼掠：用如现在的墨镜。

⑪香串：香珠。缅茄：常绿乔木，种子可以雕刻成装饰品。

**【译文】**

扇子中羽扇最古老，但要配以古团扇的雕漆柄才好。其他如竹篾扇、纸糊扇、竹根及紫檀做柄的扇，都很俗气。现在的折叠扇，古代称作聚头扇，是从日本引进的，日本现在还有极佳的折叠扇，展开有一尺大，合拢来仅有两指宽，扇面所画多仕女、乘车、跨马、踏青、拾翠，还有画金银屑布满地面及银河中的神仙的，形状大致相像，所用青绿色颜料非常奇特，专门用空青、海绿来染色，真是奇物。四川府进献朝廷的，有一种用金属铆钉穿制扇骨、扇面轻薄如丝的，最为贵重。内府还有彩画、五毒、百鹤鹿、百福寿等样式的，有些俗气，但也华丽可观。徽州、杭州也有比较轻薄雅致的。苏州最看重书画扇，扇骨以白竹、棕竹、乌木、紫白檀、湘妃、眉绿等做成的，间或也有用象牙及玳瑁做成的，有圆头、直根、绦环、结子、板板花等样式，扇面是素白全面，请名家题字作画，其中的佳品价格极高。制扇的工匠有李昭、李赞、马勋、蒋三、柳玉台、沈少楼等人，都是高手。纸墨品质低劣，易损坏，不堪携带，所以将扇面装订成册以供赏玩，相沿既久，习以成风，以致成为苏州的特色，但实为俗气的做法，不如四川的扇子适用。扇坠宜用伽南木、沉香木来制作，或者用汉代的小佩玉或者琥珀掠眼也可以，香珠、缅茄一类的，断不可使用。

# 枕

**【题解】**

枕为床上用具，为人类睡眠舒适而设。文震亨简单介绍了三种枕头，认为枕忌讳用长一尺者，因为此乃古墓中物。枕的材质、样式也非常多，明高濂在《遵生八笺》中还介绍了石枕、瓷枕、磁石枕、菊枕、皮枕等。

宋柳永《轮台子》曰："一枕清宵好梦，可惜被、邻鸡唤觉。"唐人沈既济作《枕中记》，卢生在枕上经历荣华富贵与宦海浮沉，一觉醒来，却是黄粱一梦。唐岑参《春梦》诗曰："枕上片时春梦中，行尽江南数千里。"一方小枕，给人带来休息的安宁，也带来绵长的梦境。

有书枕，用纸三大卷，状如碗，品字相叠，束缚成枕。有旧窑枕，长二尺五寸，阔六寸者，可用。长一尺者，谓之尸枕，乃古墓中物，不可用也。

**【译文】**

有书枕，用纸三大卷，卷成碗形，叠成品字束缚在一起成为枕头。有旧窑枕，长二尺五寸，宽六寸，可使用。有长一尺的，称之为尸枕，是古墓中物，不可用。

# 簟

**【题解】**

簟是供坐卧铺垫用的苇席或竹席。文震亨介绍了茭蔁簟和竹簟，茭蔁簟冬天用，竹簟夏天用，以冬暖夏凉来选择。

簟用来栖身，唐白居易《竹窗》诗："轻纱一幅巾，小簟六尺床。无客尽日静，有风终夜凉。"不管是快乐还是悲伤，不管是辗转反侧还是酣然入睡，陪伴人们的不就是那小小的枕和轻薄的簟吗？人生所能拥有的不就是这栖身之具吗？栖身于簟上的人又是天地间孤独的过客，明朱彝尊《桂殿秋》所谓的"共眠一舸听秋雨，小簟轻衾各自寒"。小小的簟，轻薄的衾，正是寒冷寂寞的人生体验，即便同处一船，即便一起聆听秋雨，却都要独自面对人生的艰难。

茭蔁出满喇伽国①，生于海之洲渚岸边，叶性柔软，织为细簟，冬月用之，愈觉温暖，夏则蕲州之竹簟最佳②。

**【注释】**

①茭草：席草名。满喇伽国：即马六甲，在马来半岛西南。

②蕲州：今湖北黄冈地区。

**【译文】**

茭草产自马六甲，生长在海岛岸边，叶子柔软，织成细草席，冬天使用，非常温暖，夏天则用蕲州的竹篾席最好。

# 琴

**【题解】**

琴棋书画是才子佳人才能的标志，所以文震亨说即便不会弹琴，也要在墙上挂一张。文震亨介绍了琴轸、琴弦的鉴别及夏日弹琴的宜忌，对于琴的装饰等小细节也一一说明，他还列举了唐、宋、元、明的造琴高手，推崇琴弦的天然之妙。

在《诗经》中我们古人已经用琴声来表达爱情了，《诗经·国风·关雎》曰："窈窕淑女，琴瑟友之。"面对心爱之人，表达倾慕之情的方式也只是弹琴鼓瑟。《诗经·小雅·鹿鸣》："我有嘉宾，鼓瑟鼓琴。"接待嘉宾，表达情意，最高的礼遇便是琴声。琴声不是肆意宣泄，而是含蓄隽永，在平和中表达执着与超脱。

琴与书籍是文人的常伴之物。晋陶潜《归去来辞》曰："悦亲戚之情话，乐琴书以消忧。"元王旭《离忧赋》："抱琴书以归来兮，愿终老而欣然。"有琴书相伴，忘却人间忧愁，终老于此而欣然不悔。

琴为古乐，虽不能操，亦须壁悬一床。以古琴历年既久，漆光退尽，纹如梅花，黯如乌木，弹之声不沉者为贵。琴轸犀角、象牙者雅①。以蚌珠为徽②，不贵金玉。弦用白色柘丝③，古人虽有朱弦清越等语，不如素质有天然之妙④。唐有雷文、张越,宋有施木舟,元有朱致远,国朝有惠祥、高腾、祝海鹤及樊氏、路氏,皆造琴高手也。挂琴不可近风露日色,琴囊须以旧锦为之,轸上不可用红绿流苏,抱琴勿横。夏月弹琴,但宜早晚,午则汗易污,且太燥,脆弦。

**【注释】**

①琴轸:琴上调弦的小柱。

②徽:徽识。

③柘(zhè)丝:食柘叶的蚕所吐的丝,即柘蚕丝。北魏贾思勰《齐民要术·种桑柘》:"柘叶饲蚕,丝好,作琴瑟等弦,清鸣响彻,胜于凡丝远矣。"

④素质:未经加染的本色。

**【译文】**

琴是古乐器,即便不会弹琴,也需要在墙壁上挂一张。古琴以久经岁月,漆光退尽,纹如梅花,木色深暗,弹奏之声不低沉的为珍贵。琴轸以犀角、象牙的为雅致。以蚌珠作为徽识,不必用金玉。琴弦用白色柘丝,古人虽有朱弦清越的说法,但不如本色琴弦有天然之美妙。唐代有雷文、张越,宋代有施木舟,元代有朱致远,本朝有惠祥、高腾、祝海鹤及樊氏、路氏,这些都是造琴高手。悬挂古琴不可靠近风吹日晒之处,装琴的袋子要用古织锦来做,琴轸上不可有红绿流苏,不可横着抱琴。夏天弹琴,只宜早晚,中午时汗水多容易把琴弄脏,并且空气干燥,琴弦易断。

# 琴台

**【题解】**

卷一已介绍过"琴室",此处又有"琴台",足见琴在文人生活中不可或缺的地位。文震亨列举了三种琴台,推崇的是以小几做成的琴台。南朝谢朓《奉和随王殿下》其七曰："宴私移烛饮,游赏藉琴台。"这是文震亨认为适合放置盆景与山石的琴台。现今武汉保存的古琴台是著名的旅游景点,始建于宋代,有"天下知音第一台"之称,据说是俞伯牙、钟子期相遇,俞伯牙弹奏《高山流水》处。唐杜甫作《琴台》诗曰:"茂陵多病后,尚爱卓文君。酒肆人间世,琴台日暮云。野花留宝靥,蔓草见罗裙。归凤求皇意,寥寥不复闻。"杜甫在司马相如弹琴的琴台边徘徊,遥想二人的风流轶事,真诚地赞扬他们传奇的爱情。

以河南郑州所造古郭公砖①,上有方胜及象眼花者②,以作琴台,取其中空发响,然此实宜置盆景及古石。当更制一小几,长过琴一尺,高二尺八寸,阔容三琴者,为雅。坐用胡床,两手更运动③,须比他坐稍高,则手不费力。更有紫檀为边,以锡为池,水晶为面者,于台中置水蓄鱼藻,实俗制也。

**【注释】**

①郭公砖:砖名。空心,以长而大者为贵。相传古代用作琴桌,琴声清泠可爱。

②方胜:形状像由两个菱形部分重叠相连而成。象眼:此指象眼的样式。

③更运动:据陈植校注本应是"更便运动",少一字。

**【译文】**

用河南郑州所产有方胜、象眼花样的空心砖建造琴台,利用了空心使琴声更响亮的特点,但这种琴台更适合放置盆景和山石。应该另置一小几做琴台,长度超过琴身一尺,高二尺八寸,宽度可容三架琴,这样才雅致。坐凳用胡床,两手更便于运动,需要比一般的稍高,这样不费力。还有一种琴台,以紫檀镶边,用锡做水池,以水晶做台面,在水池中蓄养鱼藻,实在是很俗的做法。

# 研

## 【题解】

　　笔墨纸砚,被称为文房四宝,是文人书斋的重要用具。文震亨花费了较多笔墨讲述了砚台的优劣之辨、雅俗之辨以及使用方法。我们看到文中大量的地名和色彩名词,那是产砚台的地方和砚台的颜色,说明文震亨对之极为熟悉,也很有研究。

　　文震亨对砚台的选择有明确的品牌意识。宋代以来,文房四宝特指湖州笔、徽州墨、宣州纸、端州砚,这是品牌选择的结果。明代高濂《遵生八笺》曰:"砚为文房最要之具,古人以端砚为首。"明代的文人在砚台的选择上有共识。

　　明代陈继儒在《妮古录》中有说砚之妙语:"文人之有砚,犹美人之有镜也,一生之中最相亲傍,故镜须秦汉,砚必宋唐。"正像美人随身携带的镜子须秦汉所产一样,文人也要与雅致上好的古砚为伴,美人对镜子的高要求源于自身容颜的美丽,文人对砚的要求也因为对自身较高的期许与肯定。这不只是像今天的人们用奢侈品来显示身份,还因为古人认为万物皆有灵性,生活中最常用的东西都是最亲密的朋友,选择良友当然要严苛。

　　研以端溪为上[①],出广东肇庆府,有新旧坑、上下岩之辨,石色深紫,衬手而润,叩之清远,有重晕、青绿、小鸲鹆眼者为贵[②],其次色赤,呵之乃润。更有纹慢而大者,乃西坑石,不甚贵也。又有天生石子,温润如玉,摩之无声[③],发墨而不坏笔,真希世之珍。有无眼而佳者,若白端、青绿端[④],非眼不辨。黑端出湖广辰、沅二州[⑤],亦有小眼,但石质粗燥,非端石也。更有一种出婺源歙山、龙尾溪[⑥],亦有新旧二坑,南唐时开,至北宋已取尽,故旧砚非宋者,皆此石。

【注释】

①研:即砚,磨墨用器,多为砖石材质。端溪:在今广东高要东南。产砚石。制成者称端溪砚或端砚,为砚中上品。后即以"端溪"称砚台。

②小鹳鹆(qú yù)眼:此指砚石上的圆形斑点。鹳鹆,俗称八哥。

③摩之:同"磨之"。发墨:磨墨时发涩不滑,磨出的墨汁很光亮。

④白端:白色的端溪砚。又名锦石。广东高要七星岩特产,可制砚或柱础、器皿,最白者磨细后可作搽面的干粉。青绿端:青绿色的端溪石。

⑤湖广:即湖广行省。元至元中置,治所在武昌路(今湖北武汉市武昌区)。辰:即辰州府。元至正二十四年(1364)朱元璋改辰州路置,治所在沅陵县(今湖南沅陵)。沅:即沅州府。元至正二十四年(1364)朱元璋改沅州路置,属湖广行省,治所在卢阳县(今湖南芷江侗族自治县)。明洪武九年(1376)改为沅州。

⑥婺源:唐开元二十八年(740)置,属歙州。治所即今江西婺源西北清华镇。宋宣和后属徽州。元元贞元年(1295)升为婺源州。明洪武二年(1369)复为县,属徽州府。

【译文】

砚台以端溪石为上品,产自广东肇庆府,端溪砚有新旧坑、上下岩之别,以石色深紫、手感温润、敲击声音清远,有重晕、青绿色、有圆形斑点的为珍贵,其次是颜色赤红、呵气才温润。还有一种石纹粗大的西坑石,不太珍贵。有一种天然石子,温润如玉,研磨无声,发墨而不坏笔,确为稀世珍品。也有无眼的好砚台,如白端、青绿端,不能以是否有眼来辨别优劣。黑端出自湖广辰州、沅州,虽有小眼,但石质粗糙干燥,不是端石。还有一种出自婺源歙山、龙尾溪的砚石,也有新旧二坑,南唐时开始开采,到北宋时已采尽,所以所谓旧砚并不是宋代的,而是这里的石头。

　　石有金银星及罗纹、刷丝、眉子①,青黑者尤贵。黎溪石出湖广常德、辰州二界②,石色淡青,内深紫,有金线及黄脉,俗所谓紫袍、金带者是。洮溪研出陕西临洮府河中③,石绿色,润如玉。衢研出衢州开化县④,有极大者,色黑。熟铁研出青州⑤,古瓦研出相州⑥,澄泥研出虢州⑦。

**【注释】**

①罗纹:回旋的花纹或水纹等。刷丝:一种名石,产安徽歙县,用以制砚,称"刷丝砚"。石纹精细缜密如刷丝,称刷丝罗纹。眉子:安徽歙县眉子坑所产的砚石。宋洪适《歙砚说》:"眉子,色青或紫。短者簇者如卧蚕,而犀纹立理;长者阔者如虎纹,而松纹纵理。"

②湖广常德、辰州二界:此指湖广行省的常德府、辰州府二界。常德府,元至正二十四年(1364)朱元璋改常德路置,治所在武陵县(今湖南常德)。辰州府,元至正二十四年(1364)朱元璋改辰州路置,治所在沅陵县(今湖南沅陵)。

③临洮府:金皇统二年(1142)升熙州置,属临洮路。治所在狄道县(今甘肃临洮)。

④衢州:即衢州府。元至正二十六年(1366)朱元璋改龙游府置,属浙江行省。治所在西安县(今浙江衢州)。开化县:北宋太平兴国六年(981)升开化场置,属衢州。治所即今浙江开化县。元属衢州路。明、清属衢州府。

⑤青州:即青州府。明洪武初改益都路置,治所在益都县(今山东青州)。

⑥相州：北魏天兴四年（401）分冀州置，治所在邺县（今河北临漳西南邺镇）。金明昌三年（1192）改为彰德府，治所在安阳县（今河南安阳）。元改为彰德路，明洪武元年（1368）改为彰德府。

⑦澄泥研：《砚谱》："虢州澄泥，唐人品砚，以为第一，今人罕用。"虢州：隋开皇三年（583）改东义州置，治所在卢氏县（今河南卢氏）。大业三年（607）废。唐武德元年（618）复置。贞观八年（634）移治弘农县（即今河南灵宝）。元世祖至元八年（1271）废。

**【译文】**

砚石有金银星及罗纹、刷丝、眉子等样式，其中青黑色的尤为珍贵。黎溪石出自湖广常德、辰州两地，石色淡青，内中深紫色，有金黄色的纹理，俗称紫袍、金带。洮溪砚出自陕西临洮府的河中，石绿色，温润如玉。衢砚出自衢州开化县，有极大的，黑色。熟铁砚出自青州，古瓦砚出自相州，澄泥砚出自虢州。

研之样制不一，宋时进御有玉台、凤池、玉环、玉堂诸式，今所称贡研，世绝重之。以高七寸，阔四寸，下可容一拳者为贵，不知此特进奉一种，其制最俗。余所见宣和旧研有绝大者，有小八棱者，皆古雅浑朴。别有圆池、东坡瓢形、斧形、端明诸式①，皆可用。葫芦样稍俗，至如雕镂二十八宿、鸟、兽、龟、龙、天马②，及以眼为七星形，剥落研质，嵌古铜玉器于中，皆入恶道。研须日涤，去其积墨败水，则墨光莹泽，惟研池边斑驳墨迹，久浸不浮者，名曰墨锈③，不可磨去。研，用则贮水，毕则干之。涤砚用莲房壳，去垢起滞，又不伤研。大忌滚水磨墨，茶酒俱不可，尤不宜令顽童持洗。研匣宜用紫黑二漆，不可用五金④，盖金能燥石。至如紫檀、乌木及雕红、彩漆，俱俗，不可用。

【注释】

①端明：此指端明砚。

②二十八宿：古代天文学分周天为二十八星宿。

③墨锈：此指砚池边的斑驳墨迹。

④五金：此指金、银、铜、铁、锡。

【译文】

砚的样式规格不相同，宋代进献皇宫的，有玉台、凤池、玉环、玉堂等样式，即现在所谓的"贡砚"，很为世人看重。砚台以高七寸、宽四寸，下面可容一只拳头的为珍贵，不知道这种规格而进奉的另一种，它的制作很俗气。我所见到的宣和古砚台，有极大的，有小八棱形的，都古雅浑朴。还有圆池、东坡瓢形、斧形、端明砚等样式的，都可使用。葫芦形状的稍俗，至于像雕镂二十八星宿、鸟、兽、龟、龙、天马及剥落部分砚石，嵌入古铜玉器，做成七星形眼的，都堕入俗道。砚台要每天清洗，清除积存墨汁，新的墨汁就光亮润泽，但是砚池边久浸不上浮的斑驳墨迹，称之为"墨锈"，不可清除。砚台用的时候就灌水，用毕就要使它干燥。洗涤砚台可用莲蓬壳，能清除污垢淤滞，又不损伤砚台。特别忌讳用滚水磨墨，茶水、酒水都不行，更不要让顽童清洗砚台。砚台匣子适宜用紫漆、黑漆，不能用金属的，因为金属使砚石干燥。至于紫檀、乌木及雕红、彩漆的匣子，都很俗，不可使用。

# 笔

【题解】

文震亨所说的笔指的是中国的毛笔。人类最开始的笔是埃及人发明的鹅毛笔。中国最初的毛笔是用来涂描甲骨文的笔画的，而真正用毛笔写字，可能开始于简牍和锦帛上文字的书写。传说秦始皇派去筑长城的大将蒙恬，取中山兔毫制成毛笔。但今天学者认为，早在蒙恬之前就有毛笔存在了。1954年在长沙左公山出土了战国时期的毛笔,它的确是用兔毛制成的。随着书画艺术的发展,制笔工艺也随之发展。笔工们根据使用者的需要,曾试用过各种禽兽毫毛做原料,如鹿毛、獾毛、猪毛、鸡毛、兔毛、羊毛、黄鼠狼毛等,结果发现兔毫、黄鼠狼毫、羊毫性能最好,以后就被广泛使用,成为制笔三大原料。

从文震亨的论述便能看出,经历长久的发展之后,笔花样百出,质量各异。他认为毛笔制作时笔毫、笔杆、笔头、笔洗都要讲究,正因为文人对毛笔近乎挑剔的选择,毛笔为后人留下了无数书法珍品。唐韩愈作《毛颖传》便是为毛笔立传,他笔下的毛笔不仅是书写工具,还有自己的家族历史、做事原则和思想情感。

尖、齐、圆、健,笔之四德,盖毫坚则尖①,毫多则齐,用苘贴衬得法②,则毫束而圆,用纯毫附以香狸、角水得法③,则用久而健,此制笔之诀也。古有金银管、象管、玳瑁管、玻璃管、镂金、绿沈管④,近有紫檀、雕花诸管,俱俗不可用。惟斑管最雅⑤,不则竟用白竹⑥。寻丈书笔⑦,以木为管,亦俗。当以笻竹为之,盖竹细而节大,易于把握。笔头式须如尖头⑧,细腰、葫芦诸样,仅可作小书,然亦时制也。画笔,杭州者佳。古人用笔洗,盖书后即涤去滞墨,毫坚不脱,可耐久。笔败则瘗之⑨,故云败笔成冢⑩,非虚语也。

**【注释】**

①毫:长而锐的毛。指毛笔头。

②苘(qǐng):即苘麻。一年生草本植物,供制绳索用。

③香狸:灵猫。因肛门下部有分泌腺,能发香味,又称香狸。角水:胶水。

④绿沈管：深绿色的笔杆。管，笔杆。

⑤斑管：斑竹所制的笔杆。

⑥白竹：以箬竹制成的普通笔管。箬竹叶缘略有白色，故称白竹。

⑦寻丈：泛指八尺到一丈之间的长度。

⑧尖头：陈植校注本认为当作"尖笋"。译文从之。

⑨瘗（yì）：埋葬。

⑩败笔成冢：用坏的笔埋起来成一个坟墓。唐李肇《唐国史补》卷中："长沙僧怀素好草书，自言得草圣三昧，弃笔堆积，埋于山下，号曰'笔冢'。"

**【译文】**

尖、齐、圆、健是毛笔的四德，因为毫毛坚硬就"尖"，毫毛多就"齐"，毫毛粘贴得好就"圆"，用纯净的毫毛添加香狸油、胶水黏合得法，经久耐用，笔就"健"，这是制作毛笔的诀窍。古代有金银管、象管、玳瑁管、玻璃管、镂金、绿沈管，近有紫檀、雕花等笔杆，这些都很俗气，不可使用。只有斑竹做的笔杆最雅致，不然的话就用箬竹来做笔杆。寻丈的大笔，用木做笔杆，也俗气。应当以筇竹来做，因为竹子细而且竹节大，易于把握。笔头的样式应该像尖笋，细腰、葫芦等样式的，仅可用于写小字，但也是现在时尚的样式。画笔以杭州产的为佳。古人用笔洗，因为写完字就洗去剩余的墨汁，笔毛坚硬不脱落，经久耐用。笔坏了就埋起来，所以有败笔成冢的说法，此话不虚。

# 墨

**【题解】**

文震亨从质地、颜色、味道、声音、样式几个方面提出好墨的标准。文人又称墨士，对于墨要求更高，墨色再好，只要样式俗，也断不能使用。别的用品尚可将就，墨一定要用精品。为什么对墨要求如此之高呢？我们与明代高濂的《遵生八笺》作互文阅读，会发现高濂已经回答了这个问题。

《遵生八笺》在列举了诸多好墨后，自问自答："客曰：'墨惟适用足矣，何以奇为？'噫，匪好奇也，墨品精者，不特于今为佳，存于后世更佳。不特词翰藉美于今，更藉传美于后。若晋唐之书，宋元之画，传数百年，墨色如漆，书画神气，赖墨以全。若墨之下品，用浓见水则沁散湮污，用淡重褙则神气索然，未及数年，墨迹以脱。由此观之，则墨之为用，果好奇也？知此则可与言墨矣。"墨能用不就行了吗？绝非如此。高濂认为只有好墨才能让书画传之于后，只有用好墨才能有好的作品产生，下等的墨影响书写，而且不能传之于后。高濂道出了文人在创作书画时的心理，他们都希望作品能够在后世流传，所以一定要用上等墨。

墨之妙用，质取其轻，烟取其清，嗅之无香，摩之无声，若晋、唐、宋、元画书，皆传数百年，墨色如漆，神气完好，此佳墨之效也。故用墨必择精品，且日置几案间，即样制亦须近雅，如朝官、魁星、宝瓶、墨玦诸式①，即佳亦不可用。宣德墨最精，几与宣和内府所制同②，当蓄以供玩，或以临摹古书画，盖胶色已退尽，惟存墨光耳。唐以奚廷珪为第一③，张遇第二④，廷珪至赐国姓，今其墨几与珍宝同价。

**【注释】**

①朝官、魁星、宝瓶、墨玦（jué）：均为墨的一种样式。朝官，宋代称一品以下常参官员。魁星，星名，指北斗七星的第一星天枢。宝瓶，尊称盛佛具法具之瓶器。有花瓶、水瓶等数种。

②宣和：宋徽宗赵佶的年号（1119—1125）。

③奚廷珪：易县（今河北易县）人，五代时制墨名家。父迁居歙州

（今安徽歙县）。本姓奚，南唐赐姓李，故又名李廷珪。所制墨，
坚如玉，文如犀，时称"廷珪墨"。与"澄心堂纸""龙尾砚"并称
三宝。弟廷璋、子文用皆袭其业。

④张遇：唐代墨工。

## 【译文】

墨的妙用，质地要轻，墨色要清，闻之无香，研磨无声，如晋、唐、宋、
元书画，都流传数百年，仍然墨色如漆，神气完好，这都是好墨的功效。
所以用墨一定要选择精品，并且墨要每天放于几案之间，即便是样式也
要雅致，如朝官、魁星、宝瓶、墨块等样式，即使墨色很好也不能用。宣德
墨最好，几乎与宋代宣和内府的墨相同，可以收藏以供玩赏，或者用来临
摹古书画，因为墨的胶色已经退尽，只剩下墨光。唐代的墨以奚廷珪所
制为第一，张遇所制为第二，廷珪被皇帝赏赐国姓，他制作的墨现在几乎
与珍宝同价。

# 纸

## 【题解】

文震亨介绍了北纸、南纸，唐、宋、元、明各种各样的纸笺，对于明代
的纸张，他对产地、优劣也非常清楚，甚至对高丽的纸张也很熟悉。高丽
的纸张到清代的时候成为非常流行的用品。

笔墨纸砚有着悠久的历史，纸虽较笔墨砚晚出，但造纸术还是中国
四大发明之一。古代文明曾采用过各种材料书写文字。古巴比伦人将
楔形文字刻在泥板上，古埃及人在莎草纸上书写，古印度人用贝叶刻写
佛经，古近东人与中古欧洲人用野兽皮书写。古代中国的甲骨文刻在龟
甲和兽骨上，西周铭文刻在青铜器上，秦汉陶文刻在陶器上，以后还有刻
石、竹简、木片、丝帛等等作为书写的载体。宋代造纸原料范围扩大，竹
被大量用来造纸。

　　文震亨提到唐代的硬黄纸，五代和北宋时的澄心堂纸等，都是属于熟宣纸一类，而歙州制造的澄心堂纸，宋代被公认为是最好的纸，此纸滑如春水，细密如蚕茧，坚韧胜蜀笺，明快比剡楮，轻薄软韧。

　　我们闻不到古人留下的文字的墨香，却能想见那与文人和谐亲密的笔墨纸砚怎样激发出文人的灵性，好的笔墨纸砚正像好的朋友一样，可遇不可求。正是文人与笔墨纸砚的相遇给后人创造了丰盛的精神宴会。

　　古人杀青为书，后乃用纸。北纸用横帘造①，其纹横，其质松而厚，谓之侧理。南纸用竖帘②，二王真迹③，多是此纸。唐人有硬黄纸，以黄蘗染成④，取其辟蠹。蜀妓薛涛为纸⑤，名十色小笺，又名蜀笺。宋有澄心堂纸⑥，有黄白经笺，可揭开用；有碧云春树、龙凤、团花、金花等笺；有匹纸，长三丈至五丈；有彩色粉笺及藤白、鹄白、蚕茧等纸⑦。元有彩色粉笺、蜡笺、黄笺、花笺、罗纹笺，皆出绍兴；有白箓、观音、清江等纸，皆出江西。山斋俱当多蓄以备用。国朝连七、观音、奏本、榜纸⑧，俱不佳。惟大内用细密洒金五色粉笺⑨，坚厚如板，面研光如白玉，有印金花五色笺，有青纸如段素，俱可宝。近吴中洒金纸，松江谭笺，俱不耐久，泾县连四最佳⑩。高丽别有一种，以绵茧造成⑪，色白如绫，坚韧如帛，用以书写，发墨可爱，此中国所无，亦奇品也。

**【注释】**

①横帘：横式帘，供荡料及压纸用。

②竖帘：竖式帘，供荡料及压纸用。

③二王：指王羲之、王献之二人。

④黄蘗（niè）：落叶乔木，树皮可入药，也可作黄色染料。

⑤薛涛（？—约834）：字洪度，唐长安（今陕西西安）人。幼时随父入蜀，后为乐妓。能诗，时称女校书。曾居浣花溪，创制深红小笺写诗，人称"薛涛笺"。

⑥澄心堂纸：南唐后主李煜所造的一种细薄光润的纸，以澄心堂得名。

⑦藤白：剥去皮的藤。鹄（hú）白：洁白。鹄，天鹅。

⑧连七、观音、奏本、榜纸：均为明代所造纸的一种。

⑨大内：宫廷。

⑩泾县：今安徽泾县，明属宁国府。连四：纸的一种。

⑪绵茧：吴俗称囊头。指质量较差的茧子。

**【译文】**

古人刮去竹简表面的青皮来写字，后来才使用纸张。北纸用横帘制造，纹理是横的，纸质疏松粗厚，称为"侧理"。南纸用竖帘制造，王羲之、王献之的真迹用的多是南纸。唐代有硬黄纸，用黄蘗染成，利用了它能杀虫的特性。唐代四川名妓薛涛所作纸笺，名为"十色小笺"，又叫蜀笺。宋代有澄心堂纸，有黄白经笺，可以揭层使用；有碧云春树、龙凤、团花、金花等笺；有匹纸，长三至五丈；有彩色粉笺及藤白、鹄白、蚕茧等纸。元代有彩色粉笺、蜡笺、黄笺、花笺、罗纹笺，都产自绍兴；有白箓、观音、清江等纸，都产自江西。山居应当多收藏一些以备用。本朝的连七、观音、奏本、榜纸，都不好。只有宫廷用的细密洒金五色粉笺，像板子一样坚硬厚实，表面光亮如白玉，有印成金花五色笺的，有像素色绸缎的青纸，都很宝贵。现在苏州的洒金纸，松江谭笺，都不耐久，泾县的连四纸最好。高丽还有一种纸，是用绵茧制造的，色白如绫，坚韧如帛，用来书写，发墨可爱，这是中土所没有的，也是奇品。

# 剑

**【题解】**

在文震亨的时代，剑已失去实用功能，成为收藏品，供文人把玩而已。然而，琴与剑曾是文人的随身之物，一琴一剑走天涯曾经是很多文人的浪漫幻想。宋代陆游《出都》诗曰："重入修门甫岁余，又携琴剑返江湖。"一琴一剑，一柔一刚，驰骋于偌大的江湖，刚柔相济，施展才华，实现抱负，人生既完满又充满诗意。然而仗剑走天涯的文人却多是琴剑飘零，落得"青山憔悴卿怜我，红粉飘零我忆卿"（吴伟业《琴河感旧》其三）的结局。明代钱晔《赠周岐凤》诗："琴剑飘零西复东，旧游清兴几时同？"近代陈巢南《归家杂感》诗："琴剑飘零千里别，江湖涕泪一身多。"携琴剑而飘零，落魄江湖，涕泪相随，看来浪漫的琴剑生涯只能存在于武侠小说中，潇洒的书生琴声响起，人间便是正义与安宁。而在现实生活中，琴声中只有红粉知己，那把剑也只能刺向书生自己，深刻地解剖自己的内心，却没有举起它刺向外界的力量。

今无剑客，故世少名剑，即铸剑之法亦不传。古剑铜铁互用，陶弘景《刀剑录》所载有①："屈之如钩，纵之直如弦，铿然有声者"，皆目所未见。近时莫如倭奴所铸②，青光射人。曾见古铜剑，青绿四裹者，蓄之，亦可爱玩。

**【注释】**

①陶弘景（456—536）：字通明，自号华阳隐居，丹阳秣陵（今江苏南京）人。南朝齐、梁道教思想家、医学家。仕齐任左卫殿中将军。入梁隐居句曲山（茅山），武帝礼聘不出，辄以朝政咨询，时称"山中宰相"。有《神农本草经》《陶氏效验方》等。

②倭奴：日本人。

**【译文】**

现在没有剑客了，所以世上少有名剑，即便是铸剑的方法也失传了。古剑铜铁互用，陶弘景所著《刀剑录》载有："弯曲如钩，伸展如弦，铿锵有声"，这些都是不曾亲眼见到的。现在没有能比得上日本所铸的剑，寒光逼人。曾见到过古铜剑,布满青绿的古铜,可以收藏,也可供玩赏。

# 印章

**【题解】**

　　文震亨从材质与形状两方面对印章做出鉴别,可概括为三个字:贵、雅、俗。

　　古代印章多用铜、银、金、玉、琉璃等为印材,后有牙、角、木、水晶等,元代以后盛行石章。印章至少在春秋战国时已经被使用,秦朝以前,印章统称为"玺",秦统一天下后规定只有皇帝的印章才能称作"玺",普通的印章一律称为"印",战国时主张合纵的苏秦曾佩戴六国相印。

　　印章在春秋时期只是商人交收货物时的凭证,秦朝统一六国以后,才变成了表示权力的东西。古人造假不多,所以印章具有相当大的实用性和权力。《三国演义》中,孙坚捡到汉朝的玉玺藏匿起来,遭人抢夺,死于刀剑之下。后来其子孙策拿玉玺找袁绍换了几千兵马,才开创了江东的基业。孙策才是个明白人,印章是死的,人是活的,在乱世里土地、人口和城池比印章管用得多。袁绍的眼光就不如孙策,看不到问题的本质,被一个玉玺蒙蔽了双眼,看不到天下大势。这样的思维方式就注定了他以后遇见曹操必然会失败。拿着印章,却没有实力去保护它,最后很可能带来杀身之祸。

　　唐宋之后,印章成为文人的特有符号,诗画题识、日常应用,均离不开印章。文人私章,率性而为,从中能窥出文人禀性之一斑。


　　以青田石莹洁如玉、照之灿若灯辉者为雅①。然古人实不重此,五金、牙、玉、水晶、木、石皆可为之,惟陶印则断不可用,即官、哥、冬青等窑,皆非雅器也。古鏒金、镀金、细错金银、商金、青绿、金玉、玛瑙等印,篆刻精古,钮式奇巧者[2],皆当多蓄,以供赏鉴。印池以官、哥窑方者为贵[3],定窑及八角、委角者次之[4],青花白地、有盖、长样俱俗。近做周身连盖滚螭白玉印池,虽工致绝伦,然不入品。所见有三代玉方池,内外土锈血浸[5],不知何用,今以为印池,甚古,然不宜日用,仅可备文具一种。图书匣以豆瓣楠、赤水、椤为之,方样套盖,不则退光素漆者亦可用,他如剔漆、填漆、紫檀镶嵌古玉,及毛竹、攒竹者[6],俱不雅观。

**【注释】**

①青田石:石料名。产于浙江青田县的方山。一种以叶蜡石为主要成分的石料。色彩丰富,青色居多,为制作印章和雕刻人物花鸟等的上品。

②钮:即印鼻,印章上端的雕饰。古代用以分别官印的等级。有各种不同的形式,如瓦钮、龟钮、虎钮、狮钮等。

③印池:印泥池。

④委角:明清家具工艺术语,指将桌面四个直角改为小斜边而成八角形的做法。

⑤土锈:玉石埋藏地下多年形成的泥土印迹。血浸:玉石埋藏地下多年形成的血色痕迹。

⑥攒竹:竹的一种。

**【译文】**

印章以青田石莹洁如玉、经日光照耀灿烂如灯光的为雅致。但古人实际并不看重青田石,五金、象牙、玉、水晶、木、石都可用来篆刻印章,只有陶瓷印章断不可用,即便是官窑、哥窑、冬青窑的瓷器,也不是古雅器物。古鎏金、镀金、细错金银、商金、青绿、金玉、玛瑙等印章,篆刻精致古雅，钮式奇巧的，都应该多收藏，用来鉴赏。印泥池以官窑、哥窑的方瓷盒为珍贵，定窑以及八角形、委角的次之，青花白地、有盖的、长方形的都很俗。现在有做成全身和盖都是螭形的白玉印池，虽古雅精致，但不入品。曾见过有三代时的玉石方池，内外部有土锈血侵，不知原来是做什么用的，现在作为印池就很古雅，但不适合日用，只可作为一种文具收藏。图书盒子以豆瓣楠、赤水木、椤木来做，做成成套方盒，不然的话就用退光素漆，其他如剔漆、填漆、紫檀镶嵌古玉、毛竹、攒竹等的，都不雅观。

# 文具

## 【题解】

古代文具蔚为大观，文震亨所谓的文具实际是明代高濂《遵生八笺》中的文具匣，是用来盛装笔墨纸砚的盒子。文震亨介绍的是三格一替的文具匣，即三层加一个抽屉，每一格中分类放置不同的东西。从文震亨对物件的安排来看，放的不只是笔墨纸砚，印章、小酒器，精致的古玩都可以放到里面。他提到倭漆小梳匣，"中置玳瑁小梳及古玉盘匜等器"，连梳具也在里面。高濂在《遵生八笺》中描述文具匣较为简单："匣制三格，有四格者，用提架总藏器具，非为观美，不必镶嵌雕刻求奇，花梨木为之足矣。"审美和文震亨相同。文具匣的设置独具匠心，体现出传统的文人审美。

文具匣的结构、功能与现在的文具盒十分接近，但工艺极为高超。自明代开始盛行，最初以实用为主，后来因流行于官廷，逐渐发展为供收藏与鉴赏的艺术珍玩。清代文具匣的功能趋于多样化，还出现了一种组合多用的旅行文具匣，便于外出使用。乾隆时期，特别大的文具匣也叫文具箱。

文具虽时尚[①]，然出古名匠手，亦有绝佳者。以豆瓣楠、瘿木及赤水、椤为雅②，他如紫檀、花梨等木，皆俗。三格一替③，替中置小端砚一，笔觇一，书册一，小砚山一，宣德墨一，倭漆墨匣一。首格置玉秘阁一，古玉或铜镇纸一，宾铁古刀大小各一，古玉柄棕帚一④，笔船一⑤，高丽笔二枝。次格古铜水盂一，糊斗、蜡斗各一，古铜水杓一，青绿鎏金小洗一⑥。下格稍高，置小宣铜彝炉一，宋剔合一⑦，倭漆小撞、白定或五色定小合各一⑧，矮小花尊或小觯一⑨，图书匣一，中藏古玉印池、古玉印、鎏金印绝佳者数方，倭漆小梳匣一，中置玳瑁小梳及古玉盘匜等器⑩，古犀玉小杯二，他如古玩中有精雅者，皆可入之，以供玩赏。

**【注释】**

①时尚：当时流行的风尚。

②瘿木：指楠树树根，可制器具。

③格：一层。替：即屉。

④棕帚：棕制的帚。

⑤笔船：置笔之具。

⑥青绿鎏（liú）金小洗：鎏金铜器所作青绿色笔洗。

⑦宋剔合：宋代剔红的漆盒。

⑧倭漆小撞：日本漆提盒。五色定：五色定窑瓷器。

⑨小觯（zhì）：小酒器。觯，古代饮酒器。圆腹，侈口，圈足，或有盖，形似尊而小。青铜制，盛行于殷代和西周初期。陶制者多为明器。

⑩盘匜（yí）：古代盥洗时用以盛水之具。匜，古代盛器名。出现于西周中期，盛行于东周。青铜制，也有陶制的，形似瓢，无盖，有的有足或圈足。

## 【译文】

文具虽为时下流行用具，但出自古代名匠之手的，也有非常好的。用豆瓣楠、楠木树根及赤水木、椤木来做雅致，其余的如紫檀、花梨等木，都很俗气。三层为一屉，其中放置一个小端砚，一个笔觇，一卷书册，一个小砚台，一块宣德墨，一个日本漆墨匣。首格放置一个玉制秘阁，一个古玉或铜镇纸，精铁古刀大小各一个，一把古玉柄的棕帚，一个笔船，两枝高丽笔。第二层放置古铜水盂一个，糊斗、蜡斗各一个，古铜水杓一个，青绿鎏金笔洗一个。第三格稍高些，放置一个小宣铜彝炉，一个宋代剔红漆盒，日本漆提盒一个，定窑白瓷或五色瓷小盒一个，矮小花酒杯或小酒器一个，图书匣一个，其中收藏几方极好的古玉印池、古玉印、鎏金印，日本漆小梳匣一个，内中置备玳瑁小梳子及古玉盘匜等器物，古犀牛玉石小杯两个，其他精雅的古玩，也都可收藏其中，以供玩赏。

# 梳具

## 【题解】

文震亨所谓的梳具指的是盛装梳妆用品的盒子。梳具的样式与今天的差别不大，古代男性留长发，需要梳理，所以文震亨一类的"韵士"也要使用梳具。理想的梳具是"以瘿木为之，或日本所制"，流行的缠丝、竹丝、螺钿、雕漆、紫檀等梳具样式则被他鄙为"俱不可用"。而且梳具内要放古旧之物，不能放置流行俗物，这里文震亨把流行元素和品位之俗直接对等，明确表达了对时尚的不认同。

本书第八卷《卧室》篇谈论陈设布置，其中提到梳具所在的位置："榻后别留半室，人所不至，以置薰笼、衣架、盥匜、厢奁、书灯之属。"这厢奁，也就是梳妆匣，在文人生活中很重要。在外出、山居时，梳具匣使用起来也很方便。

以瘿木为之，或日本所制，其缠丝、竹丝、螺钿、雕漆、紫檀等[①]，俱不可用。中置玳瑁梳、玉剔帚、玉缸、玉合之类[②]，即非秦、汉间物，亦以稍旧者为佳。若使新俗诸式阑入[③]，便非韵士所宜用也[④]。

**【注释】**

①缠丝：即缠丝玛瑙。玛瑙之有红白丝者。螺钿：一种手工艺品。用螺蛳壳或贝壳镶嵌在漆器、硬木家具或雕镂器物的表面，做成有天然彩色光泽的花纹、图形。

②玳瑁梳：用玳瑁装饰或制成的梳子，妇女插于发髻以为装饰。玳瑁，爬行动物，形似龟。甲壳黄褐色，有黑斑和光泽，可做装饰品。甲片可入药。玉剔帚：玉制的清除梳子污垢的用具。

③阑入：不该入而入。

④韵士：风雅之人。

**【译文】**

用楠木的树根来做梳具，或者是日本所做的，其他的如缠丝、竹丝、螺钿、雕漆、紫檀等，都不可用。其中放置玳瑁梳、玉剔帚、玉缸、玉盒之类的梳具，即便不是秦、汉间的旧物，也要稍微古旧一些的为好。如果把时下流行的一些俗物放进去，就不适合风雅之士使用了。


## 海论　铜玉雕刻窑器

**【题解】**

本文是一篇鉴赏文章，文震亨对玉器、铜器、铜色、篆文、窑器、雕刻的鉴别，分出三六九等，何种材质好，何种颜色雅致，哪个朝代的技艺最精妙，哪个地方产的最珍贵，细微的差别也说得详细明白，对于今天收藏古董来说还是很有借鉴意义。

　　以玉器鉴别开始,提到夏商周三代及秦汉的玉器很少见到,主要还是指秦汉以后玉器的收藏。不仅要根据颜色辨别优劣,还要根据造型、用途来区分。铜器上古时期留存较多,所以主要谈的是夏商周三代铜器的区别。篆文针对的是夏商周及秦汉。铜色则根据颜色来判断,要能慧眼识出赝品。窑器谈论得最多,篇中提到柴窑最珍贵,难得一见,文震亨自己也没有见到过,之前的高濂也没有见到过,文中主要辨别的是官窑、哥窑、汝窑、均州窑器。雕刻以宋代最为精妙,并提到明代的果园厂刀刻虽不如宋代,但也很精细。果园厂是明代官营的漆器生产机构,以制作雕漆、填漆等最著名,大概位于现在北京西什库东边的灵境胡同一带。果园厂雕漆的艺术风格主要源于浙江嘉兴派,其特点是纹样刀法雄健浑厚,磨工圆润光滑,胎质多为木胎、锡胎,施漆多至五六十遍甚至上百遍。

　　文震亨的鉴别中也不乏偏见,何者贵重,何者俗气,何者是旁门左道,并无一个固定的标准。文震亨眼中的俗物与旁门左道之物,留存到今天不少已经是价值连城的雅物了。


　　三代秦汉人制玉,古雅不凡,即如子母螭、卧蚕纹、双钩碾法,宛转流动,细入毫发,涉世既久,土锈血浸最多,惟翡翠色、水银色,为铜侵者,特一二见耳。玉以红如鸡冠者为最,黄如蒸栗、白如截肪者次之[①]。黑如点漆、青如新柳、绿如铺绒者又次之。今所尚翠色,通明如水晶者,古人号为碧,非玉也。玉器中圭璧最贵[②],鼎、彝、觚、尊、杯注、环玦次之[③],钩束、镇纸、玉瓒、充耳、刚卯、瑱珈、玐瑞、印章之类又次之[④],琴剑觿佩、扇坠又次之[⑤]。


**【注释】**

①蒸栗:此指蒸熟的栗子的颜色。截肪:切开的脂肪,喻颜色和质地

白润。

②圭璧：古代帝王祭祀时所持玉制礼器。

③鼎：古代炊器，圆鼎三足两耳。彝：酒器。觚（gū）：酒器。尊：注
酒器。杯注：炊器。环玦（jué）：玉环和玉玦，同为佩玉。

④钩束：钩带。玉璏（wèi）：剑鞘旁的玉制附件。充耳：古代冠冕上
的饰物，下垂至耳，故名。刚卯：古代用以辟邪的佩戴物，于正月
卯日制作，故名。瑱珈（tiàn jiā）：即充耳。珌琫（bì běng）：古代
刀鞘的饰物，在下端的为珌，在上端的为琫。

⑤觽（xī）佩：古代解结用的骨制锥子。

**【译文】**

夏商周及秦汉时期的玉器，古雅不凡，例如子母螭、卧蚕纹、双钩碾
法，变化生动，纤细可入毛发，岁月经久，带有泥土印迹、血色印迹的最
多，只是翡翠色、水银色，有铜锈痕迹的，很少见到。玉以红如鸡冠者为
最好，黄如蒸熟的栗子、白如油脂的次之。黑如点漆、青如新柳、绿如铺
绒者又次之。现在所流行的翠色，透明如水晶的，古人称之为碧，不是
玉。玉器中圭璧最贵，鼎、彝、觚、尊、杯注、环玦次之，钩束、镇纸、玉璏、
充耳、刚卯、瑱珈、珌琫、印章之类又次之，琴剑觽佩、扇坠更次。

　　铜器：鼎、彝、觚、尊、敦、鬲最贵①，匜、卣、罍、觶次之②，
簠簋、钟注、歃血盆、戋花囊之属又次之③。三代之辨，商
则质素无文，周则雕篆细密，夏则嵌金、银，细巧如发，款识
少者一二字，多则二三十字，其或二三百字者，定周末先秦
时器④。

**【注释】**

①敦：古代盛谷物的容器。鬲（lì）：古代炊具，圆口，三足。

②匜（yí）：古代舀水的器具，形状像瓢。卣（yǒu）：礼器，用于注酒。罍（léi）：古代盛酒或水的器具。觯（zhì）：古代饮酒器具。

③簠簋（fǔ guǐ）：古代祭祀宴会用以盛谷物之器。歃（shà）血盆：歃血时用以盛血的器具。歃血，古代盟会中的一种仪式。盟约宣读后，参加者用口微吸所杀牲之血，以示诚意。奁（lián）花囊：存放妇女梳妆用品的器具。

【译文】

铜器：鼎、彝、舟瓜、尊、敦、鬲最贵，匜、卣、罍、觯次之，簠簋、钟注、歃血盆、奁花囊之属又次之。三代的区别在于，商代的质素无文，周代的雕篆细密，夏代的镶嵌金、银，精巧细密如毛发，款识少者一二字，多则二三十字，有二三百字的，一定是周末先秦时的古器。

篆文：夏用鸟迹①，商用虫鱼②，周用大篆③，秦以大小篆④，汉以小篆。三代用阴款⑤，秦汉用阳款⑥，间有凹入者，或用刀刻如镌碑，亦有无款者，盖民间之器，无功可纪，不可遽谓非古也。有谓铜气入土久，土气湿蒸，郁而成青，入水久，水气卤浸，润而成绿，然亦不尽然，第铜气清莹不杂，易发青绿耳。

【注释】

①鸟迹：笔画如鸟形的篆文。

②虫鱼：字迹如虫鱼的篆文。

③大篆：汉字书体的一种。相传周宣王时史籀所作，故亦名籀文或籀书。秦时称为大篆，与小篆相区别。

④小篆：秦代通行的一种字体，省改大篆而成，亦称秦篆，后世通称篆书。今尚有《琅邪台刻石》《泰山刻石》等残石存世。

⑤阴款：即阴文款，器皿凹陷者为阴文。

⑥阳款：即阳文款，器皿凸起者为阳文。

【译文】

篆文：夏代用鸟迹，商代用虫鱼，周代用大篆，秦代用大小篆，汉代用小篆。三代用阴文，秦汉用阳文，间或也有凹入者，或者用刀刻如镌碑，也有无题款的，是民间的器物，没有标识，不能据此认为就不是古器。有人认为铜器长久地埋在地下，土气蒸发，郁结而生成青色，长久地浸泡水中，被水气浸染，变成绿色，但也不尽然，只是铜气纯正，容易生发出绿锈罢了。

铜色：褐色不如朱砂，朱砂不如绿，绿不如青，青不如水银，水银不如黑漆，黑漆最易伪造，余谓必以青绿为上。伪造有冷冲者①，有屑凑者②，有烧斑者③，皆易辨也。

【注释】

①冷冲：指修补古铜器，此处指故意损坏后再修补，冒充出土古物。

②屑凑：用残缺的古物部件拼凑成一器物，冒充出土古物。

③烧斑：用火烧出斑点，是为了冒充出土古物。

【译文】

铜色：褐色不如朱砂色，朱砂色不如绿色，绿色不如青色，青色不如水银色，水银色不如黑漆色，黑漆色最易伪造，我认为一定要以青绿色为上品。伪造有用冷冲的，有用屑凑的，有用烧斑的，都很容易辨别。

窑器：柴窑最贵①，世不一见，闻其制，青如天，明如镜，薄如纸，声如磬，未知然否？官、哥、汝窑以粉青色为上，淡白次之，油灰最下。

【注释】

①柴窑：后周世宗柴荣时所烧造的陶器。

**【译文】**

窑器：柴窑最珍贵，世间难得一见，听说它的制作，色青如天，透明如镜，轻薄如纸，声如钟磬，不知是否果真如此？官窑、哥窑、汝窑的以粉青色为上品，淡白色次之，油灰色的最差。

纹：取冰裂、鳝血、铁足为上①，梅花片、黑纹次之，细碎纹最下。官窑隐纹如蟹爪，哥窑隐纹如鱼子，定窑以白色而加以泑水如泪痕者佳②，紫色、黑色俱不贵。均州窑色如胭脂者为上，青若葱翠、紫若墨色者次之，杂色者不贵。龙泉窑甚厚，不易茅蒇③，第工匠稍拙，不甚古雅。宣窑冰裂、鳝血纹者，与官、哥同，隐纹如橘皮、红花、青花者，俱鲜彩夺目，堆垛可爱。又有元烧枢府字号④，亦有可取。至于永乐细款青花杯、成化五彩葡萄杯及纯白薄如玻璃者⑤，今皆极贵，实不甚雅。

**【注释】**

①冰裂：如冰裂口的花纹。鳝血：血丝状的花纹。铁足：足色如铁的瓷器。

②泑（yōu）水：即釉水。泑，同"釉"。

③茅蒇：损坏。

④元烧枢府字号：即元代江西景德镇烧造进御的陶瓷器。胎体厚重，色白微青，称卵白釉。常见器皿有盘、碗等，式多小足。装饰以印花为主。

⑤永乐：明成祖朱棣的年号（1403—1424）。成化：明宪宗朱见深的年号（1465—1487）。

**【译文】**

纹理以冰裂、鳝血、铁足为上品，梅花片、黑纹次之，细碎纹最差。官窑的暗花纹如蟹爪,哥窑的暗花纹如鱼子,定窑的以白色而带有如泪痕般釉水的为佳,紫色和黑色的都不珍贵。均州窑器颜色如胭脂的为上品,青若葱翠、紫若墨色的次之,杂色的不好。龙泉窑产的很厚实,不易破损,只是工匠技艺不高,不太古雅。宣窑冰裂、鳝血纹的,与官窑、哥窑的相同,暗花纹如橘皮、红花、青花的,都鲜艳夺目,错落层叠,非常可爱。还有元代有烧枢府字号的瓷器,也有很好的。至于永乐年间的细款青花杯、成化年间的五彩葡萄杯及纯白薄如玻璃的,现在都很贵重,其实不太雅致。

雕刻精妙者,以宋为贵,俗子辄论金银胎,最为可笑,盖其妙处在刀法圆熟,藏锋不露,用朱极鲜,漆坚厚而无敲裂,所刻山水、楼阁、人物、鸟兽,皆俨若图画,为佳绝耳。元时张成、杨茂二家①,亦以此技擅名一时。国朝果园厂所制,刀法视宋尚隔一筹,然亦精细。至于雕刻器皿,宋以詹成为首②,国朝则夏白眼擅名③,宣庙绝赏之④。吴中如贺四、李文甫、陆子冈⑤,皆后来继出高手,第所刻必以白玉、琥珀、水晶、玛瑙等为佳器,若一涉竹木,便非所贵。至于雕刻果核,虽极人工之巧,终是恶道。

**【注释】**

①张成:元末雕漆工艺名家。杨茂:元末雕漆工艺名家。

②詹成:宋代雕刻名手。

③夏白眼:明代雕刻名手。

④宣庙:明宣宗之庙。

⑤贺四:明代苏州琢玉高手。李文甫:明代苏州琢玉高手。陆子冈(约1522—1592):明代琢玉高手,其技艺高超绝伦,可谓巧夺天

工,闻名于世的"子冈牌",便是因他而得名。

**【译文】**

雕刻精妙的,以宋代为贵,俗人崇尚金银胎的,最为可笑,因为雕刻的妙处在于刀法圆熟,藏锋不露,漆色鲜红,漆层坚厚而无破裂,所刻山水、楼阁、人物、鸟兽,都俨若图画,极其绝妙。元代的张成、杨茂两位名家,也以此技名噪一时。本朝果园厂所制雕漆,刀法比宋代稍逊一筹,但也很精细。至于雕刻器皿,宋代以詹成的制作为首,本朝则是夏白眼的最有名气,宣宗年间很受推崇。苏州的贺四、李文甫、陆子冈,都是后出的高手,但雕刻的一定以白玉、琥珀、水晶、玛瑙等为佳品,一雕刻竹木,就不贵重了。至于雕刻果核,虽达到技艺精巧的极端,但终归是旁门左道。

# 卷八　衣饰

**【题解】**

文震亨追溯了历代服饰的样式规格，提出了穿衣服"必与时宜"的重要观点。回溯人类衣饰的发展史，每个时代都有各自的时尚，文震亨对汉服、隋服、唐服、宋服、金元服以及明朝服饰各自的特点作了简要概括。对于"吾侪"的着装要求，文震亨提出"二要""三不要"，要合时宜，要娴雅；不要是草野之民的穿着，不要是官员的穿着，不要与富豪之子争艳。达到的效果即：在城市有儒者之风，在山林有隐逸之气，追求文人阶层普遍的穿衣个性，这当然也是文人个性。

基督教认为人类祖先原本是不穿衣服的，亚当和夏娃赤身裸体生活在伊甸园里，夏娃受到了蛇的诱惑偷吃了禁果，有了羞耻之心，才拿树叶串成衣服来遮羞。这个故事道出了衣服的一个最基本的功能：遮羞。后来衣服越发展功能越多，从遮羞到保暖，再到审美，后来和民族礼法等联系在了一起，衣服就有了多种情感的表述。例如，明初由于实行重农抑商的政策，明政府规定商人不能穿丝绸做的衣服，而且商人的全家都没有穿丝绸衣服的权利。封建社会礼法束缚严重，对女人穿衣服也限制甚严。随着文明的发展，衣服总算顺应了女人的天性，从包裹严实转到薄、透、露，保暖和遮羞功能退居二线，表达个性审美和职业属性开始走向前台。但文震亨所论的衣服针对的却是一个固定的男性群体，这个群体讲究衣着,更讲究着衣之人的风神与品味。

　　衣冠制度,必与时宜,吾侪既不能披鹑带索①,又不当缀玉垂珠②,要须夏葛、冬裘,被服娴雅③,居城市有儒者之风,入山林有隐逸之象。若徒染五采④,饰文缋⑤,与铜山金穴之子⑥,侈靡斗丽,亦岂诗人粲粲衣服之习乎⑦?至于蝉冠朱衣⑧,方心田领⑨,玉佩朱履之为"汉服"也⑩;幞头大袍之为"隋服"也⑪;纱帽圆领之为"唐服"也⑫;檐帽襕衫、深衣幅巾之为"宋服"也⑬;巾环襈领、帽子系腰之为"金元服"也⑭;方巾圆领之为"国朝服"也⑮,皆历代之制,非所敢轻议也。志《衣饰第八》。

**【注释】**

①披鹑:披补缀之衣。带索:以草索为带。

②缀玉垂珠:官服上面佩戴的玉石制品和白珠。

③娴雅:沉静。

④五采:青、黄、赤、白、黑五色相间。

⑤文缋(huì):花纹图画。

⑥铜山:此指金钱、钱库。金穴:藏金之窟,喻豪富之家。

⑦粲粲:鲜明貌。

⑧蝉冠:汉代侍从官所戴的冠,上有蝉饰,并插貂尾。后泛指高官。
　朱衣:大红色公服。

⑨方心田领:当作"方心曲领"。衣服饰品,自汉代始有。

⑩玉佩:以玉为佩饰。朱履:红色的鞋子。

⑪幞(fú)头:古代一种头巾。

⑫纱帽:贵人之服。

⑬檐帽：帽缘形如檐者。襕（lán）衫：进士及国子生、州县生之服。

深衣：古代上衣、下裳相连缀的一种服装。幅巾：头巾。

⑭巾环：巾上所系之环。襈（zhuàn）领：滚领。

⑮方巾：方领大巾。

**【译文】**

服装的样式规格，要与时代相适宜，我辈既不能披补缀之衣，以草索为带，也不能缀玉垂珠，所以就应当夏天穿葛麻，冬天穿皮裘，衣着沉静文雅，居住在城市有儒者风度，闲居山林有隐逸之气象。如果一味追求服饰华丽多彩，与豪富之子争奢斗艳，这哪里是诗人衣着鲜明的宗旨呢？至于蝉冠朱衣，方心曲领，玉佩红鞋的为"汉服"；幞头大袍的为"隋服"；纱帽圆领的为"唐服"；檐帽襕衫、深衣幅巾的为"宋服"；巾环滚领、帽子系腰的为"金元服"；方巾圆领的为"国朝服"，这些都是历代服饰的规格，不敢随便议论。记《衣饰第八》。

# 道服

**【题解】**

文震亨介绍了深衣、月衣两种样式的道衣，语言很简略。道衣是修道之人所穿的衣服。道教是中国土生土长的宗教，服饰属于汉族的传统服饰体系。早期的道教服饰没有严格的规范，后来发展成完整的道服体系，不同的等级对应不同的服饰。普通的道袍都是窄袖，方便日常做事和修炼。文震亨介绍的深衣、月衣却是宽袍大袖。

制如深衣①，以白布为之，四边延以缁色布②，或用茶褐为袍，缘以皂布③。有月衣④，铺地如月，披之则如鹤氅⑤。二者用以坐禅策蹇⑥，披雪避寒，俱不可少。

**【注释】**

①深衣:古代诸侯、大夫、士家居所穿之服,又为庶人的常礼服。衣裳相连,前后深长,故名。

②缁色:黑色。

③皂布:黑布。

④月衣:月形之衣,即披风或一口钟,用以御寒。

⑤鹤氅（chǎng）:鸟羽制成的裘,用作外套。

⑥策蹇（jiǎn）:驱策驽马。

**【译文】**

道服的规格样式和深衣相似,用白布做长袍,四边镶上黑布宽边,或者用褐色长袍,镶以黑布边。另外有月衣,铺在地上如半圆月形,披在身上如鸟羽之衣。这两种衣服是坐禅、骑马和挡雪避寒时必不可少的。

# 禅衣

**【题解】**

禅衣是僧侣的衣服。文震亨介绍了一种厚毡做成的禅衣,来自西域。

印度的僧侣最初只穿一件衣服,即"粪扫衣",一般由垃圾堆或者坟墓上捡来的破衣服重新缝制而成,后来佛教的衣服发展成以各色碎布拼凑而成,这大约是表示要让人惜福,也可能让人通过朴素的穿着来戒掉贪念。随着佛教的发展,尤其当佛教传入中国以后,就与中原的风俗习惯、传统文化紧密结合,佛教服装也逐渐丰富。

以洒海剌为之①,俗名"琐哈剌",盖番语不易辨也②。其形似胡羊毛片缕缕下垂③,紧厚如毡,其用耐久,来自西域,闻彼中亦甚贵。

**【注释】**

①洒海剌：古代西域所产的一种毛织物。

②番语：外国语。

③胡羊：绵羊。

**【译文】**

　　禅衣是用厚毡做成的，俗名"琐哈剌"，是番语译音，不易辨别。它的外形像绵羊毛层层叠叠往下垂，厚密如毡子，经久耐用，来自西域，听说在西域也非常珍贵。


# 被

**【题解】**

　　被、褥是日常生活中最常见的东西，文震亨提到呢绒、蚕丝、芦花几种被子，并分出优劣。我们现在填充被褥的材料有棉花、丝绵、羽绒等，棉花是最主要的材料。

　　在中国古代小说中，也常出现"被褥"的字眼，比如《儒林外史》中就多次提到被褥，只是与被褥相联系的都是些小人物，根本没有那种以天为被、以地为褥的豪气与霸气。当然，这也是可以理解的，由于英雄情结的存在，我们心目中的大人物总是超凡脱俗的，留给我们的总是光辉的背影，怎能和被褥相联系呢？《水浒传》中的英雄们不就整天要么厮杀、要么酒与肉吗？可是，再伟大的人物，他的生活也大多是由琐碎和平凡构成。哪一个英雄或者帝王离开过睡眠、离开过被褥呢？


　　以五色氆氇为之①，亦出西蕃②，阔仅尺许，与琐哈剌相类，但不紧厚；次用山东茧紬③，最耐久，其落花流水、紫、白等锦，皆以美观，不甚雅。以真紫花布为大被，严寒用之，有画百蝶于上,称为"蝶梦"者,亦俗。古人用芦花为被,今却无此制。

**【注释】**

①氆氇(pǔ lu):西域以羊毛织成的呢绒。

②西蕃:西方国家。

③茧绸(chóu):由柞蚕丝织成的绸缎。

**【译文】**

用五色呢绒做成的被子,也出自西方国家,宽仅一尺左右,与琐哈剌相似,但不紧密厚实;其次用山东柞蚕丝绸做成的,最经久耐用,其中有编织成落花流水、紫、白等锦缎的,都很美观,但不很雅致。用紫花布做成的大被,严寒时节使用,有的印上百蝶的图案,称之为"蝶梦",也很俗气。古人用芦花做被芯,现在没有这种做法了。

# 褥

**【题解】**

睡觉时,被盖在身上,褥则垫在身体下面。文震亨提到一种雅致的折叠褥子和用于椅榻的褥子。

古代不同品级官员坐褥也不同,清代徐珂《清稗类钞》曰:"一品,冬用狼皮,夏用全红褐。二品,冬用獾皮,夏用红色镶青褐。三品,冬貉皮,夏青褐。四品,冬野羊皮,夏青布。五品,冬青羊皮,夏蓝布。六品,冬黑羊皮,夏酱色布。七品,冬鹿皮,夏灰布。八品,冬狍皮,夏土布。九品,冬獭皮,夏土布。"

京师有折叠卧褥①,形如围屏,展之盈丈,收之仅二尺许,厚三四寸,以锦为之,中实以灯心②,最雅。其椅榻等褥,皆用古锦为之。锦既敝,可以装潢卷册。

## 【注释】

①褥:坐卧的垫具。

②灯心:即灯芯草。多年生草本水生植物,根茎可入药,也可用来点灯等。

## 【译文】

京城有一种折叠褥子,形状类似围屏,展开有一丈多长,折叠起来只有二尺左右,厚三四寸,用锦缎做表,填充以灯芯草,非常雅致。用于椅榻等的褥子,都是用古锦来做的。锦用坏之后,可用来装潢书籍封面。

# 绒

## 【题解】

夏有凉席冬有绒单,这是富贵之家必不可少的。比起单纯的棉布来,绒单在冬天要贴身而且暖和得多。文震亨说狐腋、貂皮的绒单可以当作温柔乡,大约是有过这种体验吧。倒是"温柔乡"这个词从古至今比绒单出名得多,最有名的是汉成帝所谓的"宁愿醉死温柔乡,不慕武帝白云乡",这是他在得到赵飞燕这个绝色美人之后发出的感慨。温柔乡便是英雄冢,《三国演义》中刘备入赘东吴,英姿飒爽的孙小姐,不也让野心勃勃的刘备深陷于温柔乡里吗?当然文震亨此处所谓的"温柔乡"只是温暖、舒适而已。但是就感觉而言,温柔乡带来的幸福感应该都是差不多的。

出陕西、甘肃,红者色如珊瑚,然非幽斋所宜,本色者最雅,冬月可以代席。狐腋、貂褥不易得①,此亦可当温柔乡矣②。毡者不堪用,青毡用以衬书大字。

**【注释】**

①狐腋：狐腋下的毛皮。貂褥：貂皮制成的褥子。

②温柔乡：温暖舒适的境地。

**【译文】**

绒毯出自陕西、甘肃，红色的像珊瑚，但不适合幽居之所，本色的最雅致，冬天可以代替席子使用。狐腋、貂皮的不易得到，那是最温暖舒适的。毡子不能用作毯子，青毡子可以在写大字时衬在纸下面。

# 帐

**【题解】**

文震亨介绍的“帐”不是今天的帐篷，而是床帐。文中提到的床帐种类较多，古代多用丝织品或者布制作。床帐用来覆盖住整张床，起到保暖、防蚊、防灰尘等多种功效，还可以遮挡光线。三国魏王宋《杂诗》曰：“翩翩床前帐，张以蔽光辉。”而“红烛罗帐”的意象又常常与离别、思念相关，宋辛弃疾《祝英台近·晚春》词：“罗帐灯昏，哽咽梦中语。是他春带愁来，春归何处，却不解、带将愁去。”深闺女子，暮春时节，怀人念远，寂寞惆怅，即使昏然入睡，仍然哽咽叨念，春来送来了惆怅，春去却不把忧愁带走。在罗帐与夜晚的衬托下，相思之情更显得绵远执着。

《孔雀东南飞》中刘兰芝离开焦仲卿时叙说自己的财产时有“红罗覆斗帐，四角垂香囊”的句子，可以想到那时小康家庭中用的帐，颜色和配饰都已经很好了。古代的帐很难保留下来，但是帐上的装饰品帐钩倒是留存不少。1968年河北满城出土的中山靖王刘胜墓中的一套帐钩，经过复原，华美异常。

冬月以茧绸或紫花厚布为之，纸帐与绸绢等帐俱俗，锦帐、帕帐俱闺阁中物①，夏月以蕉布为之②，然不易得。吴中青撬纱及花手巾制帐亦可③。有以画绢为之,有写山水墨梅于上者,此皆欲雅反俗。更有作大帐,号为"漫天帐",夏月坐卧其中,置几榻橱架等物,虽适意,亦不古。寒月小斋中致布帐于窗槛之上,青、紫二色可用。

**【注释】**

①帕帐:陈植校注本认为各版皆误,应该是"帛帐"。译文从之。

②蕉布:蕉麻织成的布。

③青撬纱:一种青色稀纱。

**【译文】**

冬天,用茧绸或紫花厚布做成床帐,纸帐与绸绢做成的床帐都很俗,锦帐、帛帐都是闺阁中物,夏天可以用蕉布做成床帐,但很难得到。吴中青纱和花手巾做成的帐也可以。有在帐上画上山水梅花的,这是想求雅致反倒很俗气。还有做得很大的床帐,称为"漫天帐",夏天坐卧在里面,摆上几榻橱架等物,虽然适意,但不古雅。冬天,居室窗户上挂上布帐,青、紫二色都可使用。

# 冠

**【题解】**

冠是古代系在头上的装饰物,用以束发、装饰。古人留长发,用发笄绾住发髻后再用冠束住。文震亨根据制作材料,将冠分出了四个等次,就样式而言,则只取偃月、高士两种。铁冠最古,被放在第一等次,但铁冠的舒适度显然不如后面几种。

身体发肤受之父母,古人很重视头发,所以冠的穿戴很重要。最初发冠就是套在发髻上的一个罩子,只是为了美观的需要,商朝的时候形成了系统的冠服制度。《礼记·曲礼上》载:"为人子者,父母存,冠衣不纯素。"显然对冠服有明确的规定。到了汉代,冠服制度被重新制定,以区别不同的身份和级别,甚至在不同的场合都要戴相应的冠。当梳成发髻以后,冠又是身上最高的地方,所以冠慢慢就成了超出众人的、第一的代名词。像冠军、冠绝天下等词语现在还在使用。

铁冠最古,犀、玉、琥珀次之①,沉香、葫芦者又次之,竹箨、瘿木者最下②。制惟偃月、高士二式③,余非所宜。

**【注释】**

①犀、玉:此指以犀牛角和玉制作的头饰。

②竹箨(tuò):笋壳。箨,竹笋皮。包在新竹外面的皮叶,竹长成逐渐脱落。俗称笋壳。

③偃月:此指冠形如月。高士:此指高人道士常戴的头冠。

**【译文】**

铁冠最古,犀牛角和玉、琥珀制作的稍次,沉香、葫芦制成的又次一些,笋壳、楠木树根做成的最差。头冠只有偃月、高士两种样式可取,其余的都不适宜。

# 巾

**【题解】**

对于巾,文震亨好像没有找到自己认同的,时下流行的太俗,古雅的又不便使用,不知道文震亨戴的巾是什么样子的。汉代以来,盛行以幅巾裹发,称巾帻。隋大业二年(606)制定舆服,武官平巾帻、袴褶。唐昭宗时,十六宅诸王以华侈相尚,巾帻各自为制度。《释名·释首饰》记载:"士冠,庶人巾。"可见庶人百姓只能戴巾。巾为何物?《玉篇》解释曰:

"巾，佩巾也，本以拭物，后人著之于头。"宋苏轼《浣溪沙》中写的农人：
"簌簌衣巾落枣花，村南村北响缲车。"但文人雅士也爱戴巾，苏轼《念奴
娇·赤壁怀古》中的周瑜"羽扇纶巾，谈笑间，樯橹灰飞烟灭"。周瑜的
纶巾应该和庶民百姓的不一样。

　　汉巾去唐式不远①，今所尚"披云巾"最俗②，或自以意
为之，"幅巾"最古③，然不便于用。

**【注释】**

①汉巾：明代士人假借古名创制的一种头巾。明王圻《三才图
　　会·衣服一》："汉巾，汉时衣服多从古制，未有此巾。疑厌常喜新
　　者之所为，假以汉名耳。"唐式，此指唐巾，也称"唐帽"。一种由
　　唐代幞头演变而来的士人巾，以唐代之巾而得名。唐代巾式变化
　　较多，因此后世"唐巾"的式样也不很固定。宋元时期较为流行。
　　通常用作便服，尊卑均可用之。宫廷妇女亦可戴之。元代改易其
　　制，去其藤骨，做成软角，一般用于文人儒士。明代因之，多以乌
　　纱制成的头巾，硬胎，无角，形制与唐代幞头相类，惟下垂二脚纳
　　有藤篾，向两旁分张，成"八"字形。通常用于士人、小吏。

②披云巾：明代士庶冬季所戴的一种御风寒的头巾。明屠隆《起居
　　器服笺》卷四："披云巾，或段或毡为之，匾巾方顶，后用披肩半
　　幅，内絮以绵，此瞿仙所制，为踏雪冲寒之具。"

③幅巾：古代男子以全幅细绢裹头的头巾。后裁出脚即称幞头。

**【译文】**

汉巾与唐巾的样式差别不大，现在所崇尚的"披云巾"最俗，这是有
的人按自己的喜好来做的头巾，"幅巾"最古雅，但不便于使用。

# 笠

## 【题解】

斗笠用来防暑、防雨，多用竹篾、箬叶或棕皮等编成。文震亨提到细藤、树叶、羽毛三种材料，认为细藤制成的最好。

斗笠在中国有悠久的历史，《诗经·小雅·无羊》载："尔牧来思，何蓑何笠。"《国语·越语上》："譬如蓑笠，时雨既至必求之。"可见至少在公元前5世纪就有了斗笠这样的东西。其实斗笠的出现有可能更早，因为人类的祖先是很善于就地取材来武装或者打扮自己的，很难想象我们的祖先已经能够用树叶做成衣服，却不会用竹草编一顶帽子戴在头上。但斗笠多为南方人的称呼，北方大都称为草帽，多用麦秸等编成，功用和斗笠一样，只是样式有点差异。

细藤者佳，方广二尺四寸，以皂绢缀檐①，山行以遮风日。又有叶笠、羽笠，非可常用。

## 【注释】

①缀檐：滚边。

## 【译文】

细藤做的斗笠最好，方圆二尺四寸，用黑绢滚边，走山路时用来遮风蔽日。还有树叶、羽毛做成的斗笠，不能常用。

# 履

## 【题解】

"千里之行，始于足下"，远行之足都需要有一双适合自己的鞋，即此文的"履"。只是文震亨的时代，鞋子的制作、样式都很简单，所以文震亨从游览远行的角度只提到两种鞋子：冬天的秧履与夏日的棕鞋。他认为温州棕榈鞋不仅质量好，而且样式不俗。

在《周易》中就出现了"履"字，今天我们习惯称履为鞋，但是在汉语里还是保留了很多有关履的词语，像西装革履、削足适履等。由于鞋子穿在脚上，陪伴我们走过了一程又一程，所以履字逐渐也有了踩踏、走过的意思，如履历、如履薄冰、履任等。我们当然也不会忘记童话中灰姑娘的水晶鞋，那是希望和爱情的象征，它告诉我们永远要怀有希望。无论这个世界有没有水晶鞋，善良和希望永远都应该穿在脚上，走得久了，或许会发现原来一直苦苦寻找的水晶鞋就穿在自己的脚上，希望与善良就是每个人的水晶鞋。

　　冬月秧履最适[1]，且可暖足。夏月棕鞋惟温州者佳[2]，若方舄等样制作不俗者[3]，皆可为济胜之具[4]。

**【注释】**

①秧履：暖鞋之一种。冬季着之可御寒冷。

②棕鞋：用棕皮、蒲草编成的鞋。形状与后世草鞋相类，质轻而坚，不畏潮湿，雨天穿着可防滑跌，通常用于出行。

③方舄（xì）：方头的复底之鞋。通常用木制鞋底、不易受潮。舄，古代一种以木为复底的鞋。

④济胜之具：游览用的交通工具。

**【译文】**

冬天穿秧鞋最适宜，可以暖足。夏天穿的棕榈鞋数温州产的最好，像方舄等制作样式不俗的鞋子，都很适合游览远行。

# 卷九　舟车

**【题解】**

《史记·夏本纪》说夏禹"陆行乘车,水行乘船,泥行乘橇,山行乘檋(jū,上山坐的滑竿一类的乘具)"。舟车在那个时候已经出现,是古人最重要的交通工具。本篇虽为舟车总论,读来却像一篇美文,不是介绍舟车的使用,而是想象在船上赏美景、听清吟、发幽思、叙友情之人生快事。并不在意舟车之用途,看重的是舟车之上的氛围与文人雅趣。所以,镶金缀玉之车并无吸引力,简单便捷的篮舆反受到追捧。

清代徐柯《清稗类钞》"舟车"篇曰:"舟以行水,江河湖海皆用之;车以行陆,山岭平原皆用之。行水之具,与舟同其作用者,有鞢,有筏;行陆之具,与车同其作用者,有舆,有轿,有骑,皆所以便交通也。"舟车之外,还有鞢、筏、舆、轿、骑等,但主要的交通工具仍是舟车。《史记·齐太公世家》载了一个有趣的故事:"二十九年,桓公与夫人蔡姬戏船中。蔡姬习水,荡公。公惧,止之,不止,出船,怒,归蔡姬,弗绝。蔡亦怒,嫁其女。桓公闻而怒,兴师往伐。"蔡姬与桓公在船上嬉闹,却引来了婚姻的破裂,并带来了一场战争。

舟之习于水也,大舸连轴①,巨槛接舻②,既非素士所能办③。蜻蜓蚱蜢④,不堪起居。要使轩窗阑槛⑤,俨若精舍⑥,

室陈厦飨<sup>⑦</sup>，靡不咸宜。用之祖远饯近<sup>⑧</sup>，以畅离情；用之登山临水，以宣幽思；用之访雪载月<sup>⑨</sup>，以写高韵；或芳辰缀赏<sup>⑩</sup>，或静女采莲<sup>⑪</sup>，或子夜清声<sup>⑫</sup>，或中流歌舞<sup>⑬</sup>，皆人生适意之一端也。至如济胜之具，篮舆最便<sup>⑭</sup>，但使制度新雅，便堪登高涉远。宁必饰以珠玉，错以金贝<sup>⑮</sup>，被以缋罽<sup>⑯</sup>，藉以簟茀<sup>⑰</sup>，缕以钩膺<sup>⑱</sup>，文以轮辕<sup>⑲</sup>，绚以鞗革<sup>⑳</sup>，和以鸣鸾<sup>㉑</sup>，乃称周行、鲁道哉<sup>㉒</sup>？志《舟车第九》。

**【注释】**

①大舸（gě）：大船。连轴：车船相接。形容数量多。

②巨槛：大船。接舻（lú）：船尾相接。舻，船尾。

③素士：犹言布衣之士，亦指贫寒的读书人。

④蜻蜓蚱蜢：蜻蜓、蚱蜢，两类昆虫，喻指小船。

⑤轩窗：窗户。阑槛：即栏杆。

⑥精舍：精致的屋宇。

⑦室陈：舱内的陈设。厦飨（xiǎng）：舱外宴饮。

⑧祖远：饯送远行。饯近：饯别近游。

⑨访雪：此指《世说新语·任诞》记载的王子猷雪夜访戴逵，兴尽而返的故事。载月：《避暑录话》载欧阳修在扬州做太守时，时常携客月夜游玩，载月而归。

⑩芳辰：良辰。缀赏：赞赏，玩赏。

⑪静女：娴静的女子。

⑫子夜：夜半子时，半夜。子夜也是乐府《吴声歌曲》名。

⑬中流：水中。

⑭篮舆：古代供人乘坐的交通工具，形制不一，一般以人力抬着行走，类似后世的轿子。

⑮金贝：金刀龟贝，古代用作货币，亦泛指金钱财货。

⑯缋罽（huì jì）：有彩画的毛毯。缋，指彩色的花纹图案。罽，毛毯。

⑰簟茀（fú）：遮蔽车厢后窗的竹席。茀，古代车上的遮蔽物。

⑱钩膺：马颔及胸上的革带，下垂缨饰。

⑲轮辕：车辆。

⑳绚以鞗（tiáo）革：以鞗革装饰。鞗革，马络头的下垂装饰。

㉑鸣鸾：即鸣銮（luán）。装在轭首或车衡上的铜铃，车行摇动作响。
有时借指皇帝或贵族出行。

㉒周行：至善之道。《诗经·小雅·鹿鸣》："人之好我，示我周行。"鲁
道：鲁国境内之道路。《诗经·齐风·南山》："鲁道有荡，齐子由归。"

## 【译文】

水中航行的船，大船巨舰，首尾相接，这不是贫寒的读书人所能做
到的。小船小艇，又不堪歇息起居。重要的是能让窗户栏杆如精致的屋
宇，无论是室内陈设还是舱外宴饮都要适宜。可用来迎来送往，以尽离
别之情谊；可用来登山观水，发思古之幽情；可用来踏雪戴月，抒发高远
的情致；或在船上共享良辰美景，或看美女乘舟采莲，或听子夜泛舟清
吟，或赏江中之歌舞，这些都是人生一大快事。至于游览之具，篮舆最为
便捷，只要使它规格适宜、样式新雅，就能登高涉远。难道一定要车驾缀
满金玉，镶嵌金贝，五彩斑斓，挂上竹席，装饰绚丽，车铃响亮，才能行驶
顺畅、道路通达吗？记《舟车第九》。


# 巾车

## 【题解】

所谓"巾车"，即通常所谓的轿子。北宋中期以前，轿子并不普及，
即便对官员乘轿也有严格限制。后来由于轿子便于出行而引领时尚，北
宋末年风行开来，京城里出现了经营出租轿子的店肆。据宋周密《武林

旧事》记载，客人前往歌馆游冶，"或欲更招他妓，则虽对街，亦呼肩舆而至，谓之'过街轿'。"灯红酒绿之际，这些应召歌妓都把轿子作为代步工具，出入于歌馆酒楼之间，就好像今天叫出租车赶场子一样稀松平常。发展到后来，轿子的规格、式样五花八门，不同品级的官员乘坐的轿子级别也不一样，一般平民百姓，只能乘坐两人抬的小轿。文震亨认为轿子不适合文人雅士乘坐，原因在于他针对的是山居之人、幽人韵士，而实际上轿子在当时是最普遍的交通工具。

　　今之"肩舆"①，即古之"巾车"也②。第古用牛马，今用人车，实非雅士所宜。出闽、广者精丽，且轻便；楚中有以藤为扛者③，亦佳。近金陵所制缠藤者④，颇俗。

**【注释】**

①肩舆：即轿子。原为山行交通工具，后用途渐广。样式由原来的无遮盖、双人抬，改为上下、四周遮蔽，多人抬。

②巾车：指有帷幕的车子。

③楚中：今湖南、湖北。

④金陵：今江苏南京。

**【译文】**

　　今天的"肩舆"，就是古代的"巾车"。只是古代用牛马，现在用人力，实在不适合文人雅士乘坐。福建、广东的巾车，华丽而且轻便；楚中有以藤条为抬杠的巾车，也很好。近年金陵所产的缠藤巾车，颇为俗气。

# 篮舆

**【题解】**

篮舆是古人登山的一种工具，今天还在使用，即两个人抬着的竹笕，圆形的中央凹下一点,被褥铺在中间,坐着或躺卧都很舒服。文震亨指出篮舆不能避风雨的缺点,但又认为铺上帐幔不雅观。唐代权德舆《送李处士归弋阳山居》有:"想到家山无俗侣,逢迎只是坐篮舆。"宋代欧阳修《丰乐亭游春》诗曰:"行到亭西逢太守,篮舆酩酊插花归。"到清代方文《赠孙子谷》诗:"蹇予脚疾愁归路,直遣篮舆送到家。"可见篮舆在古代一直被使用。

　　山行无济胜之具,则篮舆似不可少。武林所制[1],有坐身踏足处,俱以绝络者[2],上下峻坂皆平[3],最为适意,惟不能避风雨。有上置一架,可张小幔者,亦不雅观。

**【注释】**

①武林:地名,今浙江杭州的别称。

②绝络:他本作"绳络"。译文从之。

③上下:升高或降低。峻坂:陡坡。

**【译文】**

　　行走山路没有其他的交通工具,篮舆就必不可少。武林所产的篮舆,座位和脚踏处都有绳网遮拦,上下陡坡都很平稳,非常舒适,只是不能遮蔽风雨。有一种设置一个支架铺上帐幔的,也不雅观。

# 舟

**【题解】**

　　文震亨介绍的舟形状像用桨拨水的船。古人经常划舟游玩,不是一叶扁舟的小船,而是有中舱、前舱、后舱,设计繁复,各个舱有不同的功用,有不同空间设计。看文震亨的介绍便知这又是为文人幽士设计的舟,里面的物件摆设都是供文人清谈、吟诗休闲娱乐所用。

　　形如划船①,底惟平,长可三丈有余,头阔五尺,分为四仓:中仓可容宾主六人,置桌凳、笔床、酒枪、鼎彝、盆玩之属,以轻小为贵;前仓可容僮仆四人,置壶榼、茗炉、茶具之属②;后仓隔之以板,傍容小弄③,以便出入。中置一榻,一小几。小厨上以板承之,可置书卷、笔砚之属。榻下可置衣厢、虎子之属④。幔以板,不以篷簟⑤,两旁不用栏楯⑥,以布绢作帐,用蔽东西日色,无日则高卷,卷以带,不以钩。他如楼船、方舟诸式⑦,皆俗。

**【注释】**

①划船:用桨拨水行驶的小船。

②壶榼(kē):泛指盛酒或茶水的容器,亦借指铺陈酒具饮酒。榼,古代盛酒或贮水的器具。

③小弄:供人通行之所。

④虎子:便器。

⑤篷簟(diàn):竹席。

⑥栏楯(shǔn):栏杆。

⑦楼船:指有楼饰的游船。方舟:两船并联一起行驶。

**【译文】**

　　舟形状和划船相似,舟底平,长三丈多,头部宽五尺,分为四个舱:中舱可容宾主六人,放置桌凳、笔床、酒枪、鼎彝、盆玩之类的东西,以轻小的为好;前舱可容僮仆四人,放置酒壶、茶炉、茶具之类的;后舱用木板隔开,空出一个小巷,方便出入。舱中可安置一张榻,一个小几。小橱柜上放一张木板,可置放书卷、笔砚之类。榻下可放置衣箱、便器。船幔要用木板,不可用竹席,两旁不用栏杆,用布绢做幔帐,遮挡阳光,没有太阳就卷起来,用带子来卷,不用钩子。其他如楼船、方舟等样式,都很俗气。

# 小船

## 【题解】

文震亨并未介绍小船的摆设,而是用诗情画意的语言描绘划小船游乐的各种场景,重在介绍游玩的乐趣。

小船没有大船青雀黄龙之舳,也无舸舰弥津的气势,但在文人笔下却多了一份浪漫与韵味。湖面泛舟、吟风弄月,需要小船;柳宗元表达自己孤高绝世之品格的是"孤舟蓑笠翁,独钓寒江雪";陶渊明笔下的武陵渔人撑着小船遇见了桃花林和桃花源;现代诗人徐志摩寻梦也只是用一支长篙而已,《再别康桥》中写道:"寻梦?撑一支长篙,向青草更青处漫溯。"美丽的意境中不是大船巨舰,而是小船悠然。当然,小船也和士子贫寒有关,谁能整天坐在豪华的龙舟里遨游江南呢?然而龙舟已矣,坐龙舟的人也已烟消云散,小船却依然鼓枻中流,一代又一代的人成了过客,小船却承载着一个永不变换的梦,停留在诗歌里、历史里,也停留在每个想诗意栖居的人的心里。

　　长丈余,阔三尺许,置于池塘中,或时鼓枻中流[1],或时系于柳阴曲岸,执竿把钓,弄月吟风。以蓝布作一长幔,两边走檐,前以二竹为柱,后缚船尾钉两圈处,一童子刺之[2]。

## 【注释】

①鼓枻(yì):划桨行舟。枻,船桨。

②刺:撑。

## 【译文】

小船长一丈多,宽三尺左右,放在池塘中,或者在湖面泛舟,或者停靠于杨柳飘拂的河岸,执竿垂钓,吟风弄月。小船用蓝布做一船篷,两边伸出作檐,前面用两根竹竿支撑,后面固定在船尾,行船时以一童子撑船。

# 卷十 位置

**【题解】**

　　本卷讲的是空间布置问题,文震亨仿佛在将园林、家居作为一幅大型山水画在泼墨、修饰。他先概括空间布置的大原则:要因地制宜,不同季节、不同建筑,布置方法不同。但随后便指出布置空间要达到的目标:方如图画。不管怎样布置,最终达到的效果却是一样的。如果不伦不类,倒不如不布置,任其荒芜。能看出文震亨对空间布置的诗意追求,对庸常趣味的排斥,与世俗生活气息的自觉疏离。当然,他的布置本就是针对的"韵士所居",不是给世俗百姓看的。

　　在空间布置中被文震亨引为同类的是元代画家倪瓒,倪瓒所居高梧古石,一几一榻,萧瑟闲寂,这是文震亨所欣赏并乐意效仿的境界。倪瓒擅山水,画境荒寒空寂,具有一种隐逸的精神,这与追随隐士精神的文震亨也正相契合。史料记载倪瓒有洁癖,在日常生活中苛求清洁,以至于不近女色。从其著述来看,这洁癖不仅是日常生活上的,还有精神上的,其《述怀》诗曰:"白眼视俗物,清言屈时英。富贵乌足道,所思垂令名。"精神上的洁癖可见一斑。从文震亨推崇的人物,我们也就可以得知文震亨的理想生活与理想人格了。

　　位置之法<sup>①</sup>,烦简不同,寒暑各异,高堂广榭,曲房奥室②，各有所宜，即如图书鼎彝之属，亦须安设得所，方如图画。云林清秘③，高梧古石中，仅一几一榻，令人想见其风致，真令神骨俱冷。故韵士所居，入门便有一种高雅绝俗之趣。若使之前堂养鸡牧豕，而后庭侈言浇花洗石，政不如凝尘满案④，环堵四壁⑤，犹有一种萧寂气味耳⑥。志《位置第十》。

**【注释】**

①位置：安排置放。

②曲房奥室：密室。

③云林：即倪瓒（1301或1306—1374）。原名珽，字元镇，号云林，无锡（今江苏无锡）人。以巨款广造园林，招徕宾客，购置书画，读书其中。绘画以水墨居多，简淡典雅，多为平远山林、枯木竹石。传世作品有《雨后空林图》《渔庄秋霁图》等。清秘：今江苏无锡东祇陀寺。

④政：通"正"。凝尘：积尘。

⑤环堵：四周环着每面一方丈的土墙。形容狭小、简陋的居室。

⑥萧寂：萧瑟闲寂。

**【译文】**

空间布置的方法，繁简不同，寒暑不同，高楼大厦与幽居密室不同，各有所适宜的方式，即使是图书及鼎彝之类的玩物，也需要安置得当，才能达到如图画一般的效果。元代画家倪瓒的居所在高树古石之中，仅一几一榻，却令人想见他山居的风致，直觉神清气爽。所以风雅之士的居所，入门便应有一种高雅绝俗的趣味。如果在前庭养鸡养猪，而在后庭大讲浇花洗石，还不如尘土布满案几，四壁矮墙，那倒还有一种萧瑟闲寂的气息。记《位置第十》。

# 坐几

## 【题解】

文震亨的"坐几"实际是卷六提到的"天然几",是厅堂所用的几案,特点是"以阔大为贵"。本文不是介绍天然几,而是介绍天然几在室内的摆放。从实用的角度来说,天然几不能挨近窗户,上面要放置笔墨纸砚;从文人雅趣出发,天然几上的放置物要光可鉴人,达到实用与观赏的双重效果。天然几上摆放的是笔墨纸砚等文具,文震亨在卷七列举了十几种文具,明高濂在《遵生八笺》中列举了四十多种文具,但摆放在天然几上的只有主要的几种,桌面摆放要简洁明亮,不能杂乱繁琐。室是起居之所,坐几的摆放以方便为首。

天然几一,设于室中左偏东向,不可迫近窗槛,以逼风日。几上置旧研一①,笔筒一,笔砚一,水中丞一,研山一。古人置研,俱在左,以墨光不闪眼,且于灯下更宜。书册、镇纸各一②,时时拂拭,使其光可鉴,乃佳。

## 【注释】

①研:即砚。

②书册:据陈植校注本应为"书尺"。书尺,文具名,即书镇。压书、纸的文具。镇纸:文具名。多用金属或石等制成,用来压纸、压书。

## 【译文】

将天然几摆放在室中东面偏左的位置,不要过于靠近窗户,以避免日晒风吹。书案上放置一个旧砚台,一个笔筒,一个笔砚,一个水中丞,一个研山。古人放置砚台都在左边,不至于墨汁反光而耀眼,而且更适于灯下书写。需要制备书尺、镇纸各一个,时常擦拭,使其光可鉴人才好。

# 坐具

## 【题解】

　　坐具是与坐几相配套的坐椅。湘竹榻是用潇湘竹或斑竹制成的榻，禅椅在卷六介绍过，用藤条或老树根制作而成，二者都适于夏季使用，有清凉爽身之功效。冬天坐具上需要有坐垫或者虎皮。

　　《说文解字》：“榻，床也。”注释云：“榻即是床，长窄而低的坐卧用具。”《通俗文》说得更详细：“床三尺五曰榻，板独坐曰枰，八尺曰床。”榻可卧可坐，文震亨以之为坐具。明代胡应麟《憩陈从训湘竹榻戏题》曰：“大梦全忘日，清音半杂云。蓊然修竹里，恍忽下湘君。”显然是在湘竹榻上酣眠。

　　湘竹榻及禅椅皆可坐，冬月以古锦制缛[①]，或设皋比[②]，俱可。

## 【注释】

　　①缛：通“褥”。
　　②皋比：虎皮。

## 【译文】

　　斑竹榻及禅椅均可做座椅，冬天用古锦制成坐垫，或者铺垫虎皮，都可以。

# 椅 榻 屏 架

## 【题解】

　　本文是讲斋内多种器具的摆放，椅榻可多设，便于坐卧，书架、橱柜并置，屏风只有一面。书架上放置的书不可太杂，以免像书铺。文震亨的摆设追求实用整洁，又要简约美观，同时避免像商店书铺。

　　斋中仅可置四椅一榻，他如古须弥座、短榻、矮几、壁几之类①，不妨多设，忌靠壁平设数椅。屏风仅可置一面，书架及橱俱列以置图史，然亦不宜太杂，如书肆中。

**【注释】**

　　①须弥座：承受佛像之座。壁几：圆形或半圆形的几。

**【译文】**

　　居室里只能放置四把椅子、一张卧榻，其他如佛像座、短榻、矮几、壁几之类的，不妨多设，忌讳靠着墙壁并排摆放数把椅子。屏风只能设立一面，书架及橱柜可同时制备，用来放置书画典籍，但也不宜放置太杂，好像书铺一样。

# 悬画

**【题解】**

　　悬挂字画在中国有悠久的历史，时至明末，在厅堂、书房、卧室悬挂字画已是一种普遍的文化风气。文震亨的品评鉴赏在以下几个方面：视觉方面，悬画宜高宜少；材料选用方面，画桌的布置宜花卉盆景；字画题材方面，厅堂与居室不同；与环境的搭配方面，要协调。这些规则在今天的居室中仍然适用，除了文震亨提到的这些，悬挂字画还要注意色彩、采光、横竖、高低、季节变化等因素。字画是居室主人文化品位、志趣爱好的体现，也可陶冶性情，激发灵性，在今天仍是流行的风尚。

　　悬画宜高，斋中仅可置一轴于上，若悬两壁及左右对列，最俗。长画可挂高壁，不可用挨画竹曲挂①。画桌可置奇石，或时花盆景之属，忌置朱红漆等架。堂中宜挂大幅横披，斋中宜小景花鸟；若单条、扇面、斗方、挂屏之类②，俱不雅观。画不对景，其言亦谬。

**【注释】**

①挨画竹：画之过长者，悬挂时用细竹横挡，将一段曲挂于上，所用细竹称为挨画竹。

②单条：单张长条画幅。斗方：书画所用的一尺见方的纸。亦指一尺见方的册页书画。挂屏：贴在有框的木板上或镶嵌在镜框里供悬挂用的屏条。

**【译文】**

画宜高高悬挂，室中只能悬挂一幅，如果两壁及左右对列悬挂，最俗。长幅画卷可以挂在高处，不可用细竹曲挂。画桌上可摆放奇石，或者盆景花卉之类，忌讳放置朱红漆架子。厅堂中适宜悬挂大幅横批，室中适宜小景、花鸟画；像单条、扇面、斗方、挂屏这一类的，都不雅观。如果悬挂的绘画与环境不协调，那就适得其反了。

# 置炉

**【题解】**

香炉的放置，文震亨除了讲究材质、季节变化、与环境协调之外，还强调简洁，所见数字多为"一"，拒斥繁杂。另一多用字眼便是"不可"，强调的是打破对称的摆设，追求摆设的独特个性。

于日坐几上置倭台几方大者一①，上置炉一；香盒大者一，置生、熟香；小者二，置沉香、香饼之类；箸瓶一②。斋中不可用二炉，不可置于挨画桌上<sup>③</sup>，及瓶盒对列。夏月宜用磁炉，冬月用铜炉。

**【注释】**

①日坐几：常用的坐几。

②箸（zhù）瓶：盛放筷子的瓶子。

③挨画桌：接近挂画之桌。

**【译文】**

在常用的坐几上放置日本式的小几一个，上面放置一个炉子；一个大香盒，盛放生香、熟香；两个小香盒，盛放沉香、香饼之类；一个箸瓶。一室之中不可用两个炉子，不可放在靠近挂画的桌子上，瓶子与盒子不可对列。夏天宜用陶瓷炉，冬天宜用铜炉。

## 置瓶

**【题解】**

文震亨介绍了厅堂与书房花瓶的放置，二者对花瓶的大小要求不一样。其余的材质、插花要求则一致：瘦巧、简约、奇古。宋陆游《岁暮书怀》诗曰："世事从来不可常，把茆犹幸得深藏。床头酒瓮寒难熟，瓶里梅花夜更香。"器物成为文人生命的一种刻度、一种深度，记录不同的时光、不同的心境，对器物喜爱之深，细心体贴入微，是对物性的了解与尊重，也通过器物获得精神体验的提升。

随瓶制置大小倭几之上<sup>①</sup>，春冬用铜，秋夏用磁。堂屋宜大，书室宜小，贵铜瓦，贱金银，忌有环，忌成对。花宜瘦巧，不宜烦杂。若插一枝，须择枝柯奇古，二枝须高下合插，亦止可一二种,过多便如酒肆。惟秋花插小瓶中不论。供花不可闭窗户焚香,烟触即萎,水仙尤甚。亦不可供于画桌上。

**【注释】**

①瓶制:瓶的样式、大小。

**【译文】**

根据瓶的样式和大小摆放在大小倭几之上,春冬用铜瓶,秋夏用瓷瓶。厅堂适宜大瓶,书房适宜小瓶,以铜瓶瓷瓶为贵,以金瓶银瓶为贱,忌讳有瓶耳,忌讳成对摆放。瓶花适合纤巧,不适宜繁杂。如果插一枝,要选择奇特古朴的枝干,如果插两枝要高低错落,也只能插一两种,太多就像酒肆了。只有秋花插入小瓶中,可以不论多少。插花的房间不可关窗焚香,花被烟熏会枯萎,水仙更是如此。插花也不能摆放在画桌上。

# 小室

**【题解】**

文震亨对小室的摆设针对的仍是幽人幽居,突出的是小,一切以小而雅为要求,是素雅简约的格调。宋陆游《小室》诗曰:“小室仅容膝,焚香观昨非。出门宁有碍?知我正须希。”小室虽仅可容膝,却一样是文人的精神乐园。明袁中道《吏部验封司郎中中郎先生形状》写到袁宏道的爱好:“好修治小室,排当极有方略。此虽小道,实艺术之一种,有学问在焉。”袁宏道喜好修治小室,并且极精通,足见小室以小而精巧得到其偏爱。

几榻俱不宜多置,但取古制狭边书几一,置于中,上设笔砚、香合、薰炉之属,俱小而雅。别设石小几一,以置茗瓯

茶具<sup>①</sup>；小榻一，以供偃卧趺坐<sup>②</sup>。不必挂画，或置古奇石，
或以小佛橱供鎏金小佛于上<sup>③</sup>，亦可。

**【注释】**

①茗瓯（ōu）：饮茶之具。瓯，杯、碗之类的饮具。

②偃卧：仰卧。趺坐：盘腿而坐。

③鎏（liú）金：镀金。

**【译文】**

小室之内不宜多置几和榻，只需要放置一个古制的窄边书几，上面
置备笔砚、香盒、薰炉一类的东西，都要小巧雅致。另外摆设一个石制小
几，用来放置茶具；一个小榻，用来供坐卧。小室内不必悬挂图画，有的
人陈设古奇石，有的人用小佛橱供奉镀金小佛像，都可以。

# 卧室

**【题解】**

卧室是人一生中待的时间最长的地方，所以怎样摆设非常重要。文
震亨主张卧室的摆设要达到"幽人眠云梦月"的效果，所以仍是素雅简
约的格调，排斥绚丽与杂乱，忌讳闺阁气。他设计得很周到细致，就连怎
样连床夜话，怎样放置药物、鞋袜都想到了。

实际上到明清的时候，随着女子受教育程度的提高，很多闺阁之卧
室已不是绚烂多彩的风格，而是受到文人墨客之影响，充满书卷气。《红
楼梦》中林黛玉的卧室"窗下案上设着笔砚""书架上放着满满的书"，
幽静、清雅而精致。薛宝钗的卧室"雪洞一般""一色的玩器全无""案
上止有一个土定瓶，瓶中供着数枝菊"，简单的"两部书、茶奁、茶杯"等
生活必需品。如此冷清、素净的卧室恐怕是文震亨所设置的幽人卧室也
不及吧？

地屏天花板虽俗①,然卧室取干燥,用之亦可,第不可彩画及油漆耳。面南设卧榻一,榻后别留半室,人所不至,以置薰笼、衣架、盥匜、厢奁、书灯之属②。榻前仅置一小几,不设一物。小方杌二,小橱一,以置香药、玩器。室中精洁雅素,一涉绚丽,便如闺阁中,非幽人眠云梦月所宜矣③。更须穴壁一,贴为壁床④,以供连床夜话⑤,下用抽替以置履袜⑥。庭中亦不须多植花木,第取异种宜秘惜者⑦,置一株于中,更以灵璧、英石伴之。

**【注释】**

①地屏:地板。

②盥匜(guàn yí):盥洗之具。

③眠云梦月:比喻山居生活。

④壁床:以墙壁上的空穴为床。

⑤连床夜话:并床叙旧。

⑥抽替:抽屉。

⑦秘惜:隐藏珍惜不以示人。

**【译文】**

卧室装地板天花板虽然俗气,但用于卧室能保持干燥,可以使用,只是不可装饰彩画和油漆。在朝南的方向摆放一张卧榻,榻后留出半间房子,人过不去,用来摆放薰笼、衣架、盥洗之具、厢奁、书灯一类的东西。榻前只摆放一个小几,上面不摆放任何东西。另外置放两个方凳,一个小橱,用来摆放香药和玩器。卧室内要简洁素雅,一旦装饰得绚丽多彩,便会像闺阁中一样,不是幽居之人山居所适宜的。还需要一个穴壁,作为壁床,可用来并床夜话,下面设置抽屉来放置鞋袜。庭中不需要多种花木,只需要找来品种奇特珍贵的,栽种一棵即可,再配上灵璧石、英石就可以了。

# 亭榭

## 【题解】

　　亭榭为游观之所，文震亨对亭榭的摆设结合了亭榭建筑本身不避风雨的特点，不摆设贵重器物。亭榭的建筑追求意境之美，与地形、环境配合，多处于芳草茵茵、流水潺潺间，建筑结构上，往往由竖顶、飞檐、黛瓦、画梁、石基柱组成，既是休憩之所，也是园林中秀美的风景，虽不放贵重器物，但也不能置粗俗之具。所以文震亨选择的是古朴、自然、结实耐用的桌凳，与亭榭的优美、古雅相协调。朴拙也是选用器物的一个标准。

　　亭榭不蔽风雨，故不可用佳器，俗者又不可耐，须得旧漆、方面、粗足、古朴自然者置之。露坐，宜湖石平矮者，散置四傍，其石墩、瓦墩之属，俱置不用，尤不可用朱架架官砖于上[①]。

## 【注释】

　　①官砖：明代官窑所产的砖。

## 【译文】

　　亭台水榭不能遮蔽风雨，所以里面不可放置贵重器物，粗俗的又不能使用，应该置放一些旧漆、方形、粗足、古朴自然的桌凳。露天坐凳，适宜矮平的太湖石，将它们散放四周，其他的石墩、瓦墩一类的东西，都不可使用，尤其不能使用官窑砖铺在朱红架子上做坐凳。

# 敞室

## 【题解】

　　敞室是针对炎热的夏天而设计的，古人没有风扇、空调，让屋内凉爽的办法便是撤除窗户、栏杆，接受自然之风。为了从视觉上增加凉意，屋内设置青绿水盆、悬挂竹帘。唐杜甫《夏夜叹》诗:"仲夏苦夜短,开轩纳微凉。"临窗纳凉,和文震亨所谓的"敞室"相近。

　　古人有很多消夏的办法,如游泳、垂钓、冷饮等,唐代有供人消暑的凉屋。傍水而建,采用水循环的方式推动扇轮摇转,将水中凉气缓缓送入屋中,或者利用机械将水送至屋顶,然后沿檐而下,制成人工水帘,使凉气进入屋子。明代高濂在《遵生八笺》中对纳凉消暑有精彩描述:"霍仙别墅,一室之中开七井,皆以镂雕之,盘覆之,夏月坐其上,七井生凉,不知暑气。"不仅介绍了古人祛暑消热的方法,还阐述了其中的纳凉道理。唐代白居易《销暑》诗:"何以销烦暑,端居一院中。眼前无长物,窗下有清风。热散由心静,凉生为室空。此时身自得,难更与人同。"诗人端坐院中,室空心静,迎着临窗的徐徐清风,自得其乐,也正是文震亨的"敞室"所追求的境界。


　　长夏宜敞室,尽去窗槛,前梧后竹,不见日色,列木几极长大者于正中,两傍置长榻无屏者各一。不必挂画,盖佳画夏日易燥,且后壁洞开,亦无处宜悬挂也。北窗设湘竹榻,置簟于上,可以高卧。几上大砚一,青绿水盆一,尊彝之属,俱取大者。置建兰一二盆于几案之侧。奇峰古树,清泉白石,不妨多列。湘帘四垂,望之如入清凉界中①。


【注释】

　　①清凉界:即"清凉世界",佛家用语。此指凉爽的境地。

【译文】

　　夏天应该敞开屋子,把窗户、窗栏全部撤除,屋前是梧桐树,屋后是竹林,不见阳光,摆放一个特别长大的木几在屋子正中,两旁各放一张无屏长榻。夏天不用挂画,因为好画夏日容易干燥受损,况且后壁洞开,也无处悬挂。北窗下摆放一张斑竹榻,铺上席子,可以躺卧。书几上放置大砚台一个,青绿水盆一个,以及尊彝之类,都要用较大的。书案旁边放置一两盆建兰。奇峰古树、清泉白石等盆景,不妨多陈设一些。屋子四周垂挂竹帘,看上去非常凉爽。

# 佛室

**【题解】**

题目为"佛室",讲的是居士的佛室,而不是僧侣的佛室,文震亨特意将居士与僧侣区分开。所以摆设依旧是文人雅士的趣味,古石佛像、旧瓷净瓶、古旧经箱、古旧石幢,以古旧为主要特征。历代文人中都有与佛结下不解之缘的,但更多的文人还是将佛教作为修身养性的手段之一,并不真的皈依佛教。文震亨对文人佛室的定位也显示出这一特点。

内供乌丝藏佛一尊[1],以金鋄甚厚、慈容端整、妙相具足者为上[2],宋元或脱纱大士像俱可[3],用古漆佛橱。若香象、唐象及三尊并列接引、诸天等象[4],号曰"一堂",并朱红小木等橱,皆僧寮所供[5],非居士所宜也。长松石洞之下,得古石像最佳。案头以旧磁净瓶献花[6],净碗酌水[7],石鼎爇印香[8],夜燃石灯,其钟、磬、幡、幢、几、榻之类,次第铺设,俱戒纤巧。钟、磬尤不可并列。用古倭漆经箱,以盛梵典[9]。庭中列施食台一[10],幡竿一,下用古石莲座石幢一[11],幢下植杂草花数种,石须古制,不则亦以水蚀之。

**【注释】**

①乌丝藏佛:西藏所产的金佛。

②金鎝：将金熔化为泥，涂抹于器物上面。妙相：庄严之像。

③脱纱大士像：不披纱的观音菩萨像。

④香象：即"大力金刚"。唐象：待考。三尊：佛家语，这里应为"释
　迦三尊"，即"释迦""文殊""普贤"。接引：即"接引佛"，接引人
　入道的佛。诸天：佛教语。指护法众天神。佛经言欲界有六天，
　色界之四禅有十八天，无色界之四处有四天，其他尚有日天、月
　天、韦驮天等诸天神，总称之曰诸天。

⑤僧寮：僧居之室。

⑥净瓶：佛家的洗手用具。

⑦净碗：佛像前供奉清水的碗。

⑧爇（ruò）：烧，焚烧。印香：用多种香料捣末和匀做成的一种香。

⑨梵典：佛经。

⑩施食台：施舍饭食的台子。

⑪石莲座：刻有莲花的石座。石幢（chuáng）：古代祠庙中刻有经
　文、图像或题名的石柱。有座有盖，状如塔。

**【译文】**

　　佛室内供奉一尊西藏所产的金佛，以金鎝厚实、面容慈祥端庄的为
上品，或者宋元时期的无披纱观音菩萨像也可以，用古漆佛橱供奉。如
果香像、唐像及三尊与接引、诸天等像并列，称之为"一堂"，一起用朱红
小木橱供奉，这是僧居之室的陈列，不适合居士。如果在松林石洞之下
得到古石佛像最好。案头供奉旧瓷净瓶插花，净碗盛水，石鼎焚香，夜里
点燃石灯，钟、磬、幡、幢、几、榻之类，依次排列，都不能纤巧。钟、磬尤其
不能并列。用古旧日本式的经箱存放佛经。室中再设一个施食台，一根
挂幡竹竿，下面用古石莲花座石幢一个，幢下种植各种花草，石幢要古旧
的，不然的话用水浸泡做旧再用。

# 卷十一　蔬果

**【题解】**

本卷为果蔬的总论，文震亨以孟尝君的客人分出等级吃饭开头，表达了自己的不屑，引出古人山肴野蔌的生活。对于层酒累肉、满足口腹之欲的饮食，文震亨很是鄙弃，认为太俗气。但他显然也并不是今天的素食主义者，在他准备的消闲食品中，不仅有果蔬，还有山珍海味和鹿脯干。

今天提倡素食是着眼于果蔬对人体健康的意义，而文震亨对果蔬的享用则是用来供白日清谈、夜晚消闲的，不仅追求菜肴的可口，还追求视觉上的悦目。食蔬果的生活与闲居、田园相联系，晋潘岳《闲居赋》曰："灌园粥蔬，以供朝夕之膳。"文震亨之所以认为酒肉生活"秽吾素业"，一则因为幽居之韵士与大鱼大肉似乎不太相称，二则与古代"肉食者鄙"的传统有关，《左传·庄公十年》中曹刿曰："肉食者鄙，未能远谋。"以肉食者指代身居高位、俸禄丰厚而眼光短浅的人。实际上，鱼肉也是人类不可或缺的食物，《孟子·梁惠王上》曰："七十者可以食肉矣。"古代有"七十岁不食肉不饱"的说法，肉类也有着果蔬无法代替的作用。

田文坐客①，上客食肉，中客食鱼，下客食菜，此便开千古势利之祖。吾曹谈芝讨桂②，既不能饵菊术③，啖花草，乃层酒累肉④，以供口食，真可谓秽吾素业⑤。古人蘋蘩可荐⑥，蔬笋可羞⑦,顾山肴野蔌⑧,须多预蓄,以供长日清谈,闲宵小饮。又如酒鎗皿合⑨,皆须古雅精洁,不可毫涉市贩之屠沽气。又当多藏名酒,及山珍海错,如鹿脯、荔枝之属,庶令可口悦目,不特动指流涎而已⑩。志《蔬果第十一》。

【注释】

①田文:即孟尝君。战国时齐国贵族,田婴之子,袭封于薛。他轻财下士,门下有食客数千。一度入秦为相,遭忌被囚,逃归齐国。湣王以其为相。他联合韩、魏,发展合纵抗秦势力。齐湣王七年(前294),因贵族田甲叛乱,出奔至魏,任魏相。又联络赵、燕等国,附秦攻齐。坐客:座上之客。

②谈芝讨桂:即谈论、钦慕芝桂的高洁。

③饵菊术:吃菊花、白术。

④层酒累肉:大量饮酒食肉。

⑤素业:清白的操守,儒素的生活。

⑥蘋蘩:即蘋和蘩。两种可供食用的水草,古代常用于祭祀。蘋,植物名。生浅水中,叶有长柄,柄端四片小叶成田字形,也叫田字草。夏秋开小白花。蘩,植物名。即白蒿,可食。一说为款冬、款冬。荐:佐食。

⑦羞:美味的食品。

⑧山肴野蔌(sù):野味与野菜。

⑨酒鎗(chēng):旧时一种三足温酒器。皿合:饮食之用器。

⑩动指:食指动,有美味可吃。流涎:口涎流出,食欲已动。

【译文】

孟尝君的座上客,上等客人吃肉,中等客人吃鱼,下等客人吃蔬菜,这便是千古势利处世的源头。我们谈论、钦慕高洁的芝桂,却不能餐菊花、白术,食花花草草,而是大量饮酒食肉,满足口腹之欲,真是玷污我辈的儒素生活。古人食蘋蘩,佐蔬菜、竹笋,所以提前准备很多野味野菜,以供白日清谈、夜晚消闲小饮。酒器食具要古雅精致而干净,不可沾染丝毫肉铺酒肆的市井气。还应多准备些名酒及山珍海味,如鹿脯干、荔枝之类,让菜肴既可口又悦目,不只是让人动筷子、流口水而已。记《蔬果第十一》。

# 樱桃

## 【题解】

文震亨追溯了樱桃的名称,并提到樱桃干夹置玫瑰花瓣的吃法。明李时珍《本草纲目》载:"樱桃树不甚高。春初开白花,繁英如雪。叶团,有尖及细齿。结子一枝数十颗。"樱桃鲜红剔透,味甜或带酸。考古工作者曾在商代和战国时期的古墓中发掘出樱桃的种子,《礼记》中已有仲夏之日"以含桃先荐寝庙"的记载,"含桃"即樱桃。唐代白居易有《吴樱桃》诗曰:"洽洽举头千万颗,婆娑拂面两三株。鸟偷飞处衔将火,人摘争时踏破珠。"鸟喜欢偷食樱桃,人也争相采摘。

樱桃古名"楔桃",一名"朱桃",一名"英桃",又为鸟所含,故《礼》称"含桃"[1]。盛以白盘,色味俱绝。南都曲中有英桃脯[2],中置玫瑰瓣一味,亦甚佳,价甚贵。

## 【注释】

[1]"樱桃古名'楔(xiē)桃'"几句:樱桃亦称"楔桃"(见于《广雅》)、"朱桃"(见于《群芳谱》)、"英桃"(见于《博物志》)、"含桃"(见于《礼记》)。楔,樱桃。

[2]南都:即今南京。曲中:明代官妓聚居之处。英桃脯:樱桃干。

**【译文】**

樱桃古代称作"楔桃",也叫"朱桃",又叫"英桃",常被鸟含在嘴里,所以《礼记》中称为"含桃"。用白色盘子盛放樱桃,色味都极佳。南京官妓聚居之处有一种樱桃干,中间放置了玫瑰花瓣,也非常好吃,只是价格很昂贵。


# 桃 李 梅 杏

**【题解】**

文震亨在卷二已评鉴过桃李梅杏,但欣赏的是花,此卷再次提到,讲的是果实,这是日常生活中食用最多的果实。他认为桃子品级在李子之上,因为桃子的味道更鲜美。他提到嫁接的杏梅,宋范成大《梅谱》云:"杏梅,花比红梅色微淡,结实甚匾,有斓斑色,全似杏味。"

文中提到一种消梅能提神止渴,实际上生食梅子都能生津止渴。清代王士禛《董起男送风雨梅戏占为谢》曰:"吴中五月梅黄雨,想像千年舶棹风。珍重遗来香软齿,不须将醋沁曹公。"此处的"曹公"即梅子。《世说新语》记载,三国时期魏兵南下,行军途中天气炎热,将士渴不堪言,却无处找水。曹操即对众人说,前边不远有梅林,将士们听说后,想起梅的酸味,口水禁不住淌了出来。这就是"望梅止渴"的典故,也由此,吴人谓梅子为曹公。


桃易生,故谚云"白头种桃"[1]。其种有:匾桃、墨桃、金桃、鹰嘴、脱核蟠桃,以蜜煮之,味极美。李品在桃下,有粉青、黄姑二种,别有一种,曰"嘉庆子",味微酸。北人不辨梅、杏,熟时乃别。梅接杏而生者,曰杏梅。又有消梅,入口即化,脆美异常,虽果中凡品,然却睡止渴,亦自有致。

## 【注释】

①白头种桃：典出《埤雅》，指桃树生长很快，迅速结子。

## 【译文】

桃树容易生长，所以有"白头种桃"的谚语。桃树的品种有：匾桃、墨桃、金桃、鹰嘴、脱核蟠桃，用蜜汁煮食，味道非常鲜美。李子品级在桃树之下，有粉青、黄姑两种，还有一种叫"嘉庆子"，味道微酸。北方人不会辨别梅、杏，直到成熟的时候才分辨得出来。梅树嫁接到杏树上而生出的果实叫杏梅。还有一种消梅，入口即化，特别脆美，虽然只是水果中的平凡之物，却能提神止渴，也很有情趣。

# 橘　橙

## 【题解】

橘子为秋冬季常见的美味佳果，文震亨介绍了洞庭湖、衢州所产和漆碟红三种橘子，并提到橘子可谋利。明凌濛初《初刻拍案惊奇》中有一篇《转运汉巧遇洞庭红》，讲的便是一个倒霉的商人因为贩运橘子而发财的故事。橘子美味可口，洞庭湖一带的尤其鲜美。《晏子春秋·内篇杂下》说："橘生淮南则为橘，生于淮北则为枳，叶徒相似，其实味不同，所以然者何，水土异也。"不同的水土，结出不同的果子，洞庭湖一带大概是特别适宜橘子生长。清代王士禛《久病初出东门登舟》诗曰："洞庭橘柚千树黄，莼丝柔滑胜蔗浆。"千树万树的橘子美丽耀眼，柔滑的果肉更让诗人念念不忘。

关于橙子，文震亨介绍了做成"金齑"的吃法，实际上橙子剖开即可食用。宋周邦彦《少年游》一词提到橙子："并刀如水，吴盐胜雪，纤手破新橙。"短短几个字，就是一副美丽温馨的画面，新鲜亮丽的橙子，纤细秀美的手指，让人联想到一个美丽的女子。

宋苏轼在《赠刘景文》一诗曰："一年好景君须记，正是橙黄橘绿时。"在苏轼的记忆中,橙黄橘绿是一年中最为美好的景致。

橘为"木奴"①,既可供食,又可获利。有绿橘、金橘、蜜橘、扁橘数种,皆出自洞庭;别有一种小于闽中,而色味俱相似,名"漆碟红"者,更佳;出衢州者皮薄亦美②,然不多得。山中人更以落地未成实者,制为橘药③,酸者较胜④。黄橙堪调脍⑤,古人所谓"金齑"⑥;若法制丁片,皆称俗味。

### 【注释】

①木奴:代指橘。按《三国志·吴书·三嗣主传》孙休注引《襄阳记》,叙丹阳太守李衡于宅旁种橘千株,临终谓其子曰:"汝母恶我治家,故穷如是。然吾州里有千头木奴,不责汝衣食,岁上一匹绢,亦可足用耳。"语本此。

②衢州:即衢州府。元至正二十六年(1366)朱元璋改龙游府置,治西安县(今浙江衢州)。

③橘药:用糖熬制过的橘子。

④酸:一本作"咸"。即用盐腌渍。

⑤调脍:像鱼肉一样切为细片。

⑥金齑(jī):谓精美的食物。北魏贾思勰《齐民要术·八和斋》:"熟栗黄。谚曰:'金齑玉脍。'橘皮多,则不美;故加栗黄,取其金色,又益味甜。"

### 【译文】

橘子又称为"木奴",既可以自己食用,也可以出售获利。有绿橘、金橘、蜜橘、扁橘数种,都产自洞庭湖;另有一种小于闽橘而色味都与其相似的,称之为"漆碟红"的,味道更佳;产自衢州的薄皮橘子也很美味,但不易多得。山中的人们将没有成熟掉到地上的橘子制成橘药,酸的味道更好。黄橙可以像鱼肉一样切为细片，即古人所谓的"金虀"；如果现在如法炮制，切成丁和片，那就都成为俗味了。

# 柑

## 【题解】

文震亨讲到了地域差异造成柑的不同味道，洞庭湖的甘美，江苏新庄的缺少汁液。柑和橘相似，都属柑橘属的宽皮柑橘类，但柑一般比橘大，比柚小，圆形，皮比橘厚。有药用，性凉。

唐代李颀《送皇甫曾游襄阳山水兼谒韦太守》诗曰："芦花独戍晚，柑实万家香。"柑成熟的时候，万家飘香。柑外表金黄，但里面的果肉容易干瘪，所以总是和"金玉其外，败絮其中"的讽刺联系在一起。《三国演义》第六十八回方外人士左慈在曹操事业最顶峰时赠其硕大鲜美的柑子，曹操剖开，里面却空空如也，正是左慈对曹操功业的嘲讽，看上去无比辉煌，实则到头一场空。明代刘基写有《卖柑者言》也是讽刺欺世盗名之人才能与地位的不一致。

　　柑出洞庭者，味极甘；出新庄者①，无汁，以刀剖而食之。更有一种粗皮，名蜜罗柑，亦美。小者曰"金柑"，圆者曰"金豆"。

## 【注释】

①新庄：江苏苏州的地名。

## 【译文】

产自洞庭湖的柑，味道很甘美；产自新庄的，没有汁液，要用刀剖开食用。还有一种粗皮的，叫蜜罗柑，也很甜美。小的叫"金柑"，圆的叫"金豆"。

# 香橼

## 【题解】

香橼,又称枸橼,唐宋以后改叫香橼,在中国有两千多年的种植历史,喜温暖湿润气候,怕严霜,不耐严寒,主要产于我国的云南、两广地区。果椭圆形、近圆形或两端狭的纺锤形,重可达两千克,果皮淡黄色,粗糙,难剥离,果肉无色,近于透明或淡乳黄色,爽脆,味酸或略甜,有香气。能入药,主要治疗胸腹闷和痰多等症。文震亨介绍的是取瓤及做汤的吃法。明郑板桥《借寓南园,值郭质亭母刘太宜人生辰,送土物代柬》诗曰:"江南年事最清幽,绿橘香橼橄榄收。持荐一盘呈阿母,可能风景似瓜洲。"

大如杯盂,香气馥烈,吴人最尚。以磁盆盛供,取其瓤,拌以白糖,亦可作汤,除酒渴。又有一种皮稍粗厚者,香更胜。

## 【译文】

香橼大如水杯,香气浓烈,苏州人最为喜欢。用瓷盘盛放,取出果肉,拌上白糖,也可以做汤喝,用于酒后解渴。还有一种果皮稍粗厚的,香气更浓郁。

# 枇杷

## 【题解】

清王士禛《广州竹枝》诗曰:"杏子枇杷都上市,玉盘三月有杨梅。"写出了岭南气候温暖,花果品种之繁多。枇杷、樱桃、杨梅并称初夏三姐妹。枇杷因为长得有点像乐器琵琶而得名,叶长圆形,花白色,冬花夏熟。果实为球形或椭圆形,味甜美,供生食,叶可入药。文震亨喜欢独核枇杷，他觉得枯萎后的枇杷味道绝美。宋代范成大《夔州竹枝歌》诗曰："新城果园连瀼西，枇杷压枝杏子肥。半青半黄朝出卖，日午买盐沽酒归。"写出枇杷、杏子成熟季节果农早晨去卖水果，中午买盐买酒归家的农家生活。

枇杷独核者佳，株叶皆可爱。一名"款冬花"，荐之果盒，色如黄金，味绝美。

**【译文】**

独核的琵琶最好，枝叶都很招人喜爱。枇杷又叫"款冬花"，枯萎后放入果盒里面，色泽金黄，味道绝美。

# 杨梅

**【题解】**

文震亨将杨梅与荔枝并置，他不喜欢泡酒、蜜渍的吃法，喜欢新鲜的杨梅。杨梅果实球形，表面有粒状突起，酸甜可口，吃多了会倒牙。文震亨认为只有苏州光福山出产的最好，别处的都不好，这应该是他的经验之谈。唐李白《叙旧赠江阳宰陆调》诗曰："江北荷花开，江南杨梅熟。"荷花开时，正是杨梅熟时。宋苏轼《赠惠山僧惠表》诗曰："敧枕落花余几片，闭门新竹自千竿。客来茶罢空无有，卢橘杨梅尚带酸。"以老饕著称的东坡，虽吃到了新鲜的卢橘、杨梅，遗憾的是却带着酸味。

吴中佳果，与荔枝并擅高名，各不相下。出光福山中者<sup>①</sup>，最美，彼中人以漆盘盛之，色与漆等，一斤仅二十枚，真奇味也。生当暑中，不堪涉远，吴中好事家或以轻桡邮置<sup>②</sup>，或

买舟就食。出他山者味酸,色亦不紫。有以烧酒浸者,色不
变,而味淡;蜜渍者,色味俱恶。

**【注释】**

①光福山:山名,在今江苏苏州吴中区西南,近太湖。

②轻桡(ráo):小桨。借指小船。邮置:宋时指诸路州县通信传递机
　构总名。马传递为置,人传递为邮。此指传递。

**【译文】**

杨梅是苏州的绝佳水果,与荔枝并擅美名,不相上下。产自苏州光
福山山中的最为美味,那里的人用漆盘盛放杨梅,杨梅的颜色和漆色一
样鲜亮,一斤只有二十枚,是极好的果品。杨梅成熟时正是暑期,不能远
运,苏州有不怕麻烦的人有的用快艇运输,有的乘船前往品尝。产自其
他山里的杨梅,味酸,颜色也不发紫。有用烧酒来浸泡杨梅的,颜色不
变,但味道发酸;有用蜜渍的,色味俱差。

# 葡萄

**【题解】**

文震亨对葡萄的介绍如此简单,让人怀疑他对葡萄并不熟悉,或者
不爱吃。在果品中,葡萄的资历最老,据古生物学家考证,在新生代第三
地层内就发现了葡萄叶和种子的化石,证明距今六百五十多万年前就已
经有了葡萄。汉代张骞出使西域,将葡萄的种子带回中原,葡萄开始在
中原繁衍。

绘画中多有以葡萄为题材的,明代徐渭的《墨葡萄图》最为出名。
画面上,藤条错落,枝叶纷披,倒挂的墨葡萄鲜活而肆意。徐渭自题曰:
"半生落魄已成翁,独立书斋啸晚风。笔底明珠无处卖,闲抛闲掷野藤
中。"晶莹饱满的葡萄正如他一身的才华,无处售卖,抛掷于野外荒藤中。

有紫、白二种：白者曰"水晶萄"，味差亚于紫。

**【译文】**

葡萄有紫色、白色两种：白色的叫"水晶萄"，味道不及紫葡萄。

# 荔枝

**【题解】**

提起荔枝，人们总会说到两个人，杨贵妃与苏轼。自从唐代杜牧《过华清宫绝句》写下"一骑红尘妃子笑，无人知是荔枝来"以后，杨贵妃与荔枝就密不可分了。文震亨也提到此事，但他为杨妃开脱，"不可谓非解事人"，不是杨妃不惜民力，而是因为荔枝太美味了。唐代的宰相张九龄在《荔枝赋并序》里称赞南海的荔枝："味特甘滋，百果之中，无一可比。"荔枝好吃，却不易存放，唐白居易在《荔枝图序》中说："若离本枝，一日而色变，二日而香变，三日而味变，四五日外色香味尽去矣。"所以才有了骑马千里迢迢送荔枝给杨贵妃的事情。

而苏轼爱吃荔枝也是出了名的，其《惠州一绝》曰："罗浮山下四时春，卢橘杨梅次第新。日啖荔枝三百颗，不辞长做岭南人。"被贬岭南，失去了昨天的权力和辉煌，还是如此达观，可见苏轼的胸襟，也可见荔枝的吸引力。

荔枝虽非吴地所种，然果中名裔，人所共爱，"红尘一骑"①，不可谓非解事人②。彼中有蜜渍者，色亦白，第壳已殷，所谓"红绡白玉肤"③，亦在流想间而已④。龙眼称"荔枝奴"⑤，香味不及，种类颇少，价乃更贵。

**【注释】**

①红尘一骑：出自唐杜牧《华清宫》诗："一骑红尘妃子笑，无人知是

荔枝来。"指杨贵妃嗜好荔枝,派专人骑马千里将荔枝送往京城。

②解事:懂事。

③红缥(rú)白玉肤:指荔枝红壳白肉。缥,彩色的缯帛。

④流想:流传与想象。

⑤荔枝奴:荔枝过后龙眼成熟,故称为荔枝奴。

**【译文】**

荔枝虽非苏州所产,但果中佳品,人所共爱,关于杨贵妃"红尘一骑"的说法,并非是杨妃不懂事啊。其中有蜜渍的,肉色也很白,但壳已变红,因此有"红缥白玉肤"的说法,不过这也只是对荔枝的想象而已。龙眼被称为"荔枝奴",香味不及荔枝,种类很少,价格更贵。

# 枣

**【题解】**

《诗经·豳风·七月》有"八月剥枣,十月获稻",《礼记》中有"枣栗饴蜜以甘之"的说法,《战国策》中说:"北有枣栗之利……足食于民。"显然,枣很早就开始种植了。在古代,枣也是诸侯之间互相问候的礼品之一。众多枣类中,文震亨认为"小核色赤者"味道最美。枣脯属金陵、浙中的好吃,这应该是在他的经验范围内的说法,北方的大枣他可能没有吃过。

枣类极多,小核色赤者,味极美。枣脯出金陵,南枣出浙中者,俱贵甚。

**【译文】**

枣的种类很多,核小色红的,味道极为鲜美。南京产的枣脯,浙江产的南枣,都很珍贵。

# 生梨

## 【题解】

清代潘荣陛《帝京岁时纪胜·七月·时品》提到梨的种类："梨种亦多，有秋梨、雪梨、波梨、密梨、棠梨、罐梨、红绡梨。外来则有常山贡梨、大名梨、肉绵梨、瀛梨、洺梨。"文震亨则把梨分为甘甜与发酸两种，并给出了鉴别的方法。

梨树开白花，唐代岑参《白雪歌送武判官归京》一诗中"忽如一夜春风来，千树万树梨花开"的句子千古流传，予人以美好的想象。唐玄宗精通音律，喜欢歌舞，常在梨园里和大家一起表演，所以后世称戏剧界为"梨园"。

梨有二种：花瓣圆而舒者，其果甘；缺而皱者，其果酸，亦易辨。出山东，有大如瓜者，味绝脆，入口即化，能消痰疾。

## 【译文】

梨有两种：花瓣圆而舒展的，果实甘甜；花瓣少而皱的，果实发酸，也很容易辨别。产自山东的梨，有一种和瓜一样大的，味道很脆，入口即化，能消除痰疾。

# 栗

## 【题解】

文震亨说栗子是"山家御穷"最好的食物，杜甫寓蜀时也曾以栗子养家糊口。这里文震亨有误，杜甫用以充饥的并非板栗，而是栎树所结的橡栗。杜甫《乾元中寓居同谷县作歌》曰："有客有客字子美，白头乱发垂过耳。岁拾橡栗随狙公，天寒日暮山谷里。"杜甫捡拾的是《庄子·盗跖》篇里的橡栗,也是早期人类的主食:"古者禽兽多而人少,于是民皆巢居以避之,昼拾橡栗,暮栖木上,故命之曰有巢氏。"而文震亨笔下的栗子应该是《史记·货殖列传》中的栗:"燕、秦千树栗……此其人皆与千户侯等。"

　　明李时珍《本草纲目》记载了板栗的分类:"栗之大者为板栗,中心扁子为栗楔。稍小者为山栗。山栗之圆而末尖者为锥栗。"栗子像刺猬一样,浑身都是刺,长熟了才开口。栗子树喜欢阳光,容易生长,寿命很长。


　　杜甫寓蜀[①],采栗自给,山家御穷,莫此为愈。出吴中诸山者绝小,风干,味更美;出吴兴者,从溪水中出,易坏,煨熟乃佳。以橄榄同食,名为"梅花脯",其口作梅花香,然实不尽然。

**【注释】**

　　①杜甫寓蜀:史载杜甫在四川时采摘栗子充饥,儿女有饿死的。

**【译文】**

　　杜甫寓居四川时,靠采摘板栗养家糊口,山里人维持生计,没有比这更好的办法了。苏州山里产的板栗都很小,风干后,味道更美;吴兴产的板栗,从溪流中运出,容易坏,煮熟存放才好。板栗与橄榄同食,被称为"梅花脯",因为它的口味有梅花香,其实也不尽然。


# 银杏

**【题解】**

　　在卷二《花木》中,文震亨已讲到作为园林内观赏植物的银杏树,此处再次提到,应该讲银杏果,但文震亨一带而过,说的还是银杏树的观赏作用,并且重复之前的语言,再次提到苏州的庙宇中有合抱粗的银杏树。看来,在文震亨心中,食银杏果远不如观赏银杏树惬意。

叶如鸭脚,故名"鸭脚子",雄者三棱,雌者二棱。园圃间植之,虽所出不足充用,然新绿时,叶最可爱。吴中诸刹,多有合抱者,扶疏乔挺[①],最称佳树。

**【注释】**

①扶疏:枝叶繁茂。乔挺:挺拔。

**【译文】**

银杏树叶子像鸭脚,所以又称"鸭脚子",雄树叶子为三棱形,雌树叶子为二棱形。园圃间种几棵,虽然所结果实不足食用,但春天新绿时,叶子特别招人喜爱。苏州的一些庙宇内,多有合抱粗的银杏,枝叶繁茂,树木挺拔,可以称为佳树。

# 柿

**【题解】**

文震亨对柿"七绝"的概括完全抄自唐代段成式的《酉阳杂俎》,他认为更美味的灯柿应该是其亲自品尝过的。

中国柿品种约在800个以上,根据在树上软熟前能否自然脱涩分为涩柿和甜柿两大类。宋欧阳修《归田录》卷二载:"今唐邓间多大柿,其初生涩,坚实如石。凡百十柿以一榠楂(míng zhā)置其中,则红熟烂如泥而可食。"挂在树上的柿子如一盏盏火红的灯笼,是萧瑟秋日里一道美丽的风景。明唐伯虎《金阊暮烟图》诗曰:"霜前柿叶一林红,树里溪流极望空。"描绘图画上的柿树,给人火红火红的视觉想象。

柿有七绝：一寿，二多阴，三无鸟巢，四无虫，五霜叶可爱，六嘉实，七落叶肥大。别有一种，名"灯柿"，小而无核，味更美。或谓柿接三次，则全无核，未知果否。

**【译文】**

柿子树有七绝：一是寿命长，二是树荫繁茂，三是无鸟巢，四是无虫，五是霜叶可爱，六是果实佳美，七是落叶肥大。还有一种叫"灯柿"的，小而无核，味道更为鲜美。有人说柿子连结三次果实后，就无核了，不知是否真的如此。

# 菱

**【题解】**

菱、芡均为水生植物，果实可食用。唐代杜甫《渼陂西南台》诗曰："身退岂待官，老来苦便静。况资菱芡足，庶结茅茨迥。"有栖身物外之思的杜甫满足于有菱芡可食。菱角藤长绿叶子，叶子形状为菱形，故果实称菱角儿。文震亨提到水红菱、雁来红、莺哥青、白沙角几种菱的名字，看到这些名字仿佛就看到了红红绿绿的菱，给人置身于江南的感觉。

菱、芡为南方所产，采菱与江南的风俗联系在一起。《采菱曲》是乐府曲调，在南朝时特别盛行，与《采莲曲》一道构成了当时的流行曲调。南朝江淹写有《采菱曲》："秋日心容与，涉水望碧莲。紫菱亦可采，试以缓愁年。"采菱让人淡忘了心中的忧愁。唐代刘禹锡写有《采菱行》："白马湖平秋日光，紫菱如锦彩鸾翔。荡舟游女满中央，采菱不顾马上郎。争多逐胜纷相向，时转兰桡破轻浪。"秋高气爽，菱角如锦缎般飘荡在水中，采菱的女子嬉闹着争采菱角，连马上的郎君都不顾及了。

两角为"菱"，四角为"芰"①，吴中湖柳及人家池沼皆种之<sup>②</sup>。有青红二种。红者最早，名"水红菱"；稍迟而大者，曰"雁来红"。青者曰"莺哥青"；青而大者，曰"馄饨菱"，味最胜；最小者曰"野菱"。又有"白沙角"，皆秋来美味，堪与扁豆并荐。

**【注释】**

①芰（jì）：菱。

②湖柳：当作"湖泖"（mǎo），即水面平静的湖。

**【译文】**

两角的是"菱"，四角的是"芰"，苏州的湖泊及农家池塘都有种植。有青红二种。红色的成熟最早，名叫"水红菱"；成熟稍晚而个头大的，叫"雁来红"。青色的叫"莺哥青"；青色而个头大的，叫"馄饨菱"，味道最好；最小的叫"野菱"。还有"白沙角"，都是秋天的美味，能与扁豆一起来佐餐。

# 芡

**【题解】**

文震亨介绍了芡的形状、味道，主张吃原味的芡实，而不是和糖一起吃。芡在民间俗称鸡头，因为长得像鸡的脑袋，果实俗称鸡头米。有南芡和北芡之分。南芡，也称苏芡，产于江苏太湖地区，种子较大，种仁圆整、糯性，品质优良。北芡，主产于山东、皖北及苏北一带，质地略次于南芡，外种皮薄，表面粗糙，种子较小，种仁近圆形，品质中等。作为苏州人，文震亨介绍的显然是南芡。

清朝沈朝初有诗《忆江南》写到鸡头米："苏州好，蒻水种鸡头，莹润每疑珠十斛，柔香偏爱乳盈瓯，细剥小庭幽。"鸡头米是苏州葑门南塘特产。宋代姜特立《芡实》诗曰："芡实遍芳塘，明珠截锦囊。风流熏麝气，包裹借荷香。"写出芡实的形状和浓郁香味。明代杨循吉《寄贺故人新受河间学职》诗曰:"花绕郡城皆芡藕,味多乡物是鱼鳗。"可见芡实是江南人普遍食用的食物。

芡花昼合宵展<sup>①</sup>,至秋作房如鸡头,实藏其中,故俗名"鸡豆"。有秔、糯二种<sup>②</sup>,有大如小龙眼者,味最佳,食之益人。若剥肉和糖,捣为糕糜,真味尽失。

**【注释】**

①昼合宵展:据陈植校注本,应为"昼展宵合"才符合实际情况。译文从之。

②秔(jīng):一种黏性较小的稻。此指芡实黏性小。糯(nuò):黏性的稻米。此指芡实有黏性。

**【译文】**

芡花白天开放,夜里闭合,到秋天长成像鸡头的子房,种子就藏在里面,所以俗称"鸡豆"。有秔、糯两种,有一种大的如小龙眼般的,味道最好,食用有益于身体。如果剥壳取肉,加入糖捣碎如泥,本来的味道就完全失去了。

# 花红

**【题解】**

花红为落叶小乔木,叶卵形或椭圆形,花粉红色。果实球形,像苹果而小,黄绿色带微红,是常见的水果。西北人称花红为柰,将其做成果脯,但文震亨觉得生吃更好。花红树姿优雅,花、果均十分美丽,适宜在庭院少量栽种。汉代刘歆《西京杂记》记载:"上林苑,柰三:白柰、紫柰、绿柰。"可见柰的栽种历史很悠久。明朝王象晋《群芳谱》中的记载可以和文震亨的描述相互补充："柰,一名频婆,与林檎一类而二种。江南虽有,西土最丰。树与叶皆似林檎,而实稍大,味酸,微带涩。可栽,可压。白者为素柰,赤者为丹柰,亦曰朱柰,青者为绿柰,皆夏熟。"清朝纪晓岚在《乌鲁木齐杂诗》曰:"红笠乌衫担侧挑,频婆杏子绿蒲桃。"纪晓岚看到的频婆就是文震亨笔下的花红。

西北称柰,家以为脯,即今之蘋婆果是也。生者较胜,不特味美,亦有清香。吴中称"花红",即名"林檎",又名"来禽",似柰而小,花亦可观。

**【译文】**

花红在西北被称为柰,家家都把它做成果脯,就是今天的蘋婆果。生吃更好,不仅味道鲜美,还有清香。苏州称为"花红"的,即"林檎",又叫"来禽",果子与柰相似稍小,花朵也很招人喜爱。

## 石榴

**【题解】**

本卷题目为蔬果,文震亨写到"石榴"又跑回到卷二的《花木》了,谈石榴,不谈果实,却谈它的花朵,谈它的观赏价值。唐代孔绍安《咏石榴》曰:"可惜庭中树,移根逐汉臣。只为来时晚,花开不及春。"石榴是张骞从西域带回来的植物,因不太适应中原气候,所以开花较晚。但唐代李商隐笔下的《石榴》诗写尽石榴的鲜艳火红:"榴枝婀娜榴实繁,榴膜轻明榴子鲜。可羡瑶池碧桃树,碧桃红颊一千年。"

可能因为文震亨太钟爱石榴花了吧? 炽烈如火的石榴花五月开放,热烈耀眼。民间认为镇宅圣人钟馗是石榴花的花神,所以钟馗的画像上耳边都插着一朵石榴花。成熟的石榴也是鲜艳的红色,籽粒饱满晶莹,在民间象征多子多孙和丰收的年景。古代女子穿裙子多喜欢石榴红色，而当时染裙子的颜料也多从石榴花中提取，时间长了人们把石榴裙当做了年轻女子的代称。

石榴，花胜于果，有大红、桃红、淡白三种，千叶者名"饼子榴"，酷烈如火，无实，宜植庭际。

**【译文】**

石榴，花朵好过果实，花朵有大红、桃红、淡白三种，花瓣重叠繁多的叫"饼子榴"，颜色炽烈如火，不结果实，适宜种植于庭院之中。

# 西瓜

**【题解】**

明徐光启《农政全书》中记载："西瓜，种出西域，故名。"明李时珍《本草纲目》载西瓜在五代的时候传入中国。西瓜性寒，皮和籽都能入药。吃西瓜能祛暑解渴，消除热毒，深受人们喜爱。元代方夔《食西瓜》："香浮笑语牙生水，凉入衣襟骨有风。"西瓜解渴除烦，给人带来丝丝凉意。

文震亨讲到了西瓜的一种吃法：沉于水中。这是因为当时的条件限制，现在人们直接吃冰镇西瓜，虽然方便快捷，却少了文震亨时代的一份天然与悠闲。

西瓜味甘，古人与沉李并埒①，不仅蔬属而已。长夏消渴吻，最不可少，且能解暑毒。

**【注释】**

①并埒（liè）：相等。

**【译文】**

西瓜味甜,古人将它与沉于水中的李子相提并论,不只是属于蔬菜类。夏天消暑解渴,最不可少,并且能解除暑气热毒。

# 五加皮

**【题解】**

文震亨说苏州人早春采五加树的嫩芽用来泡茶,这是南方人的习惯。五加皮主要是作为中药使用,是植物五加的干燥根皮,茎柔皮脆,性温,可祛风湿、补肝肾、强筋骨、活血脉,民间多用来泡酒喝。五加树是落叶灌木,植株枝繁叶茂,花果奇特,是一种优良的观赏植物,树皮含芳香油。嫩叶可作蔬菜,所以有文震亨所谓的早春采嫩芽泡茶的说法。

久服轻身明目,吴人于早春采取其芽,焙干点茶[①],清香特甚,味亦绝美,亦可作酒,服之延年。

**【注释】**

①点茶:泡茶,沏茶。

**【译文】**

久服五加皮轻身明目,吴地人在早春采摘嫩芽,焙干泡茶,特别清香,味道绝美,也可用来泡酒,常饮可延年益寿。

# 白扁豆

**【题解】**

虽然文震亨说扁豆可补脾入药,但扁豆实为最家常的蔬菜。清朝桐城诗人方南塘天涯飘零,收到妻子的来信说家乡的扁豆花开了,归心似箭,写下《得家书》:"老妻书至劝还家,细数家园乐事赊。彭泽鲤鱼无锡酒,宣州栗子霍山茶。编茅已盖床头漏,扁豆初开屋角花。旧布衣裳新米粥,为谁留滞在天涯。"在对故园的思念中,扁豆花平淡却温暖,没有鲤鱼美酒的鲜香,也没有山茶的悠远绵长,却是漂泊之人对家园最真切的记忆。正是那庸常却幸福的生活召唤着流离异乡的游子,扁豆飘香,虽淡然,却充满了人生的情味。汪曾祺先生在《食豆饮水斋闲笔》中也有如此感触:"暑尽天凉,月色如水,听纺织娘在扁豆架下沙沙振羽,至有情味。"扁豆至为家常,却代表着安宁而知足的生活。

　　纯白者味美,补脾入药,秋深篱落,当多种以供采食,干者亦须收数斛[1],以足一岁之需。

**【注释】**

①斛(hú):量词,多用于量粮食。古代一斛为十斗,南宋末年改为五斗。

**【译文】**

纯白色的白扁豆味道鲜美,入药具有补脾的功效,篱落之间应该多种一些供深秋时节采摘食用,干豆也要贮藏一些,供一年食用。

# 菌

**【题解】**

　　此处的"菌"即蕈,菌类植物,生林木或草地中,种类很多。可食者如香蕈等,有毒者如毒蝇蕈等。文震亨说"春时尤盛",因为春季湿度较高,繁殖更速。清代王士禛《香祖笔记》卷十一记载一个故事:"天平山僧得蕈一丛,煮食之,大吐,内三人取鸳鸯草啖之,遂愈;二人不啖,竟死。"鸳鸯草即金银花,故事中的僧人应是吃到了带毒的菌子,金银花能解毒，所以吃金银花的没事了，不吃金银花的竟然被毒死了。这也是文震亨所说的惊蛰之后蛇开始出没，蛇爬行过的菌子便带了毒，不可食用。

　　雨后弥山遍野，春时尤盛，然蛰后虫蛇始出<sup>①</sup>，有毒者最多，山中人自能辨之。秋菌味稍薄，以火焙干，可点茶，价亦贵。

**【注释】**

①蛰（zhé）后：惊蛰节之后。惊蛰为二十四节气之一。在公历3月6日左右。此时气温上升，土地解冻，春雷始鸣，蛰伏过冬的动物惊起活动，故名。

**【译文】**

　　雨后漫山遍野都是菌类，春季更多，但惊蛰之后虫蛇开始出没，有毒的菌类很多，山里人自然能分辨。秋菌的味道稍淡，用火焙干，可泡茶，价格也很贵。

## 瓠

**【题解】**

　　瓠也称葫子、瓠子，夜开花。实圆长，首尾粗细略同，可食。瓠原产地在非洲，在中国有很长时间的栽种历史。嫩的瓠可以炒菜吃，肉质柔而坚韧，老的瓠可以剖开做瓢用，即文震亨所谓的"抱瓮"之用。在文震亨眼里，瓠是山野佳味，与肉食者无缘。瓠有甜瓠、苦瓠两种，甜瓠可作蔬菜食，苦瓠形似葫芦状，故又称葫芦瓜。明李时珍《本草纲目》记载："后世以长如越瓜，首尾如一者为瓠；瓠之一头有腹长柄者为悬瓠；无柄而圆大形扁者为匏；匏之有短柄大腹者为壶；壶之细腰者为蒲卢。各分名色，迥异于古。"

瓠类不一,诗人所取,抱瓮之余①,采之烹之,亦山家一种佳味,第不可与肉食者道耳②。

**【注释】**

①抱瓮:汲水。

②肉食者:权贵之人。

**【译文】**

瓠的用途很多,除了用来汲水之外,诗人还采摘来烹饪,也是山野的一种美味,只是不可与权贵之人言说。

# 茄子

**【题解】**

茄子,江浙人称为六蔬,广东人称为矮瓜。最早产于印度,4—5世纪传入中国。南北朝栽培的茄子是圆形的,到元代培养出长形茄子。

茄子应是最常见的蔬菜,文震亨提到南朝的大臣蔡遵做太守时以茄子为主要菜肴,所以文人墨士的生活也不能少了茄子。文震亨提到新采的茄子味道绝美,实际上茄子并不容易做出好吃的味道,宋朝郑清之有《咏茄》一诗:"青紫皮肤类宰官,光圆头脑作僧看。如何缁俗偏同嗜,入口元来总一般。"虽为大众同嗜的菜肴,入口味道却很一般。《红楼梦》中茄子做得很美味,刘姥姥辨别不出茄子的味道,王熙凤介绍了茄子的做法,但经过繁复程序加工的茄子已经不是文震亨所说的新鲜美味了。

茄子一名"落酥",又名"昆仑紫瓜",种苋其傍①,同浇灌之,茄、苋俱茂,新采者味绝美。蔡遵为吴兴守②,斋前种白苋、紫茄,以为常膳③。五马贵人④,犹能如此,吾辈安可无此一种味也？

**【注释】**

①苋（xiàn）：本义是指一种菜名。一年生草本，种类很多，茎叶可食，也可入药。

②蔡遵：当作"蔡撙"。蔡撙（zǔn，467—523），字景节，济阳考城（今河南民权西北）人。南朝梁官吏。累迁建安王文学，司徒主簿。齐明帝时历中书侍郎、中军长史、给事黄门侍郎。梁初为侍中，吴兴太守。累官通直散骑常侍、国子祭酒、吏部尚书。普通二年（521），出为宣毅将军、吴郡太守。卒官，追赠重紫光禄大夫，谥康子。译文从之。

③常膳：经常的饮食。

④五马：太守的代称，汉朝时太守出行乘五匹马拉的车，所以后人称太守为五马。

**【译文】**

茄子又名"落酥"，又名"昆仑紫瓜"，在茄子旁边种上苋菜，一起灌溉，茄子、苋菜都很繁茂，新采摘的茄子味道绝美。蔡撙做吴兴太守时，屋前种白苋、紫茄子，作为日常的饮食。贵为太守，尚能如此，我们怎能在蔬菜中缺少了茄子这一味呢？

# 芋

**【题解】**

芋又名芋艿、芋头，球茎富含淀粉及蛋白质，供菜用或粮用，也是淀粉和酒精的原料。芋耐运输贮藏，能解决蔬菜周年均衡供应，《史记·项羽本纪》载："今岁饥民贫，士卒食芋菽。"即此文的芋。

文震亨引用了两句俗谚表达了民间对芋头的喜爱,"园收芋、栗未全贫"说的是有芋头、栗丰收的年景就算不得贫穷,因为芋头为御穷之首,富含淀粉,既可做菜肴,又可做主食。"煨得芋头熟,天子不如我"表达的则是得享芋头美味的知足,虽然夸张了些,却正是老百姓在艰辛生活中乐观与豁达的体现。

　　古人以蹲鸱起家①,又云:"园收芋、栗未全贫",则御穷一策,芋为称首,所谓"煨得芋头熟,天子不如我",且以为南面王乐,其言诚过,然寒夜拥炉,此实真味。别名"土芝",信不虚矣。

**【注释】**

①蹲鸱(chī):即芋头。

**【译文】**

　　古人以芋头起家,有俗话说"园收芋、栗未全贫",维持生计的办法,种芋头为第一,所谓"煨得芋头熟,天子不如我",将它形容为有帝王之乐,言语确实夸张了些,但是寒夜围炉,有芋头可吃,也真是美味。芋头别名"土芝",确实不假。

# 茭白

**【题解】**

　　茭白又名菰笋、菰手、茭笋,是菰发生了病变,花茎经黑穗菌侵入后,刺激细胞增生而形成的肥大嫩茎,可食用。《周礼·天官·膳夫》:"凡王之馈,食用六谷。"郑玄注引郑司农曰:"六谷,稌(稻)、黍、稷、粱、麦、苽。苽,雕胡也。"《西京杂记》:"菰之有米者,长安人谓之雕胡。"在唐代,雕胡饭是招待上客的食品,据说用菰米煮饭,香味扑鼻且又软又糯,唐人都钟情于它。茭白从唐朝开始被人们广泛种植和食用,成为一种蔬菜。文震亨笔下茭白不是主要的蔬菜,只是其他蔬菜的一种补充。

　　清代性灵派诗人袁枚在《随园食单》中记有茭白的做法:"茭白炒肉,炒鸡俱可。切整段,酱醋炙之尤佳。煨肉亦佳,须切片,以寸为度,初出太细者无味。"

　　古称雕胡,性尤宜水,逐年移之,则心不刻①,池塘中亦宜多植,以佐灌园所缺。

**【注释】**

①不刻:有误,据陈植校注本应为"不黑"。

**【译文】**

茭白古代称为雕胡,尤其适合水生,逐年移植,茎上就不会长黑点,池塘中也应该多种植一些,用来补充菜园缺少的品种。

## 山药

**【题解】**

　　文震亨说山药本名"薯药"并不准确,据明李时珍《本草纲目》记载,山药本名薯蓣,为避唐代宗李豫的讳而改为薯药,后又避宋英宗赵曙的讳而改为山药。山药块根含淀粉和蛋白质,可以吃,也可入药。文震亨为苏州人,他提到的是江苏太仓的山药,实际上古代最出名的是古怀庆府的山药,素有"怀参"之称,传说是全国最好的,文震亨大约是没有吃过吧?

　　本名"薯药",出娄东岳王市者①,大如臂,真不减天公掌②,定当取作常供。夏取其子,不堪食。至如香芋、乌芋、凫茨之属<sup>③</sup>，皆非佳品。乌芋即"茨菇"，凫茨即"地栗"。

**【注释】**

①娄东：娄江之东，今江苏太仓。岳王市：旧名鹤王墅。即今江苏太仓东北岳王镇。清光绪《江苏全省舆图》"镇洋县"条："岳王市镇在城北三十里。"

②天公掌：最大的山药。古北方方言。宋陶穀《清异录》卷上："淇，薯药称最大者号天公掌。"

③香芋：山药的一种，圆形根。乌芋：荸荠的别名。古称凫茈，也作凫茨。今有些地区名地栗、地梨、马蹄。多年生草本植物，种水田中。地下茎为扁圆形，表面呈深褐色或枣红色。肉白色，可食。明李时珍《本草纲目》："乌芋，其根如芋而色乌也，凫喜食之，故《尔雅》名凫茈。后遂讹为凫茨，又讹为荸脐。盖《切韵》凫、荸同一字母，音相近也。"后面提到的"地栗"也是荸荠的别名，其实都为一物。

**【译文】**

山药本名"薯药"，产自江苏太仓的，大如手臂，不亚于天公掌，可拿来日常食用。夏天结种子，不太好吃。至如香芋、乌芋、凫茨之类，都不是佳品。乌芋即"慈菇"，凫茨即"地栗"。


# 萝葡　蔓菁

**【题解】**

萝葡即萝卜，蔓菁即大头菜，都是常见的蔬菜。文震亨还提到白菜、芹菜等，认为都应该多种，以作斋日素食。题目为"萝葡　蔓菁"，实际上是在说二者所代表的一类家常蔬菜。常言道"萝卜白菜保平安"，看似清淡无味的菜蔬，却是日常饮食不可缺少的角色。

简单的介绍中,文震亨对商业的偏见以及以文人雅士自居的优越感暴露无遗。多种蔬菜,却不可谋利,这正是中国自古以来重农抑商思想的反映。时至明末,经济已大为发展,文人士大夫仍固守传统观念,看不到商品交换给社会带来的巨大活力。另一方面,也体现了文震亨对自己身份的固守,对雅趣的执着追求。

萝葡一名"土酥",蔓菁一名"六利",皆佳味也。他如乌、白二菘①,莼、芹、薇、蕨之属②,皆当命园丁多种,以供伊蒲③。第不可以此利市④,为卖菜佣耳。

**【注释】**

①菘:白菜。

②莼:即莼菜,又名水葵。蔬类植物,生水中。芹:菜名。又名楚葵,以生于水地,俗称水芹。生于旱地者称旱芹,又称药芹。薇:菜名。也称野豌豆。长于山中,故又称山菜。茎叶皆似小豆,蔓生,可做羹,亦可生食。相传伯夷隐居首阳山时,曾采薇为食。蕨:一种多年生草本植物,嫩叶可做菜吃,蔓生的地下茎含淀粉,可供食用和做中药。

③伊蒲:佛徒的素斋。

④利市:即谋利。

**【译文】**

萝葡又叫"土酥",蔓菁又叫"六利",都是美味的蔬菜。其他如黑、白两种白菜,莼菜、芹菜、薇菜、蕨菜之类,都应该让园丁多种一些作为斋日素食。只是不可以此谋利,沦为卖菜人。

# 卷十二　香茗

【题解】

　　本文为香、茗总论,文震亨大谈香、茗之益处,用了六个"可以"来概括其作用,但他讲的并不是香、茗实实在在的益处,而是在想象浸润于香、茗之中得到的精神愉悦;不是客观地说明香、茗之特性、用途,而是表达对有香、茗为伴的诗意悠闲生活的向往。但本文不是文震亨的独创,而是一篇抄袭之文,抄袭自明代屠隆的《香笺》一文,屠隆说的是"香之为用,其利最溥",文震亨改为"香茗之用",后面的六个"可以"几乎照搬了屠隆对焚香乐趣的描写。

　　读书抚琴时焚香品茗,既修养心性、收敛心情,也是一种时尚与闲情。香气馥郁、轻烟缭绕的美好气氛,更增添读书的乐趣。宋陆游《假中闭户终日偶得绝句》一诗曰:"官身常欠读书债,禄米不供沽酒资。剩喜今朝寂无事,焚香闲看玉溪诗。"生活再清贫,读书也要焚香,香雾缭绕中更觉生活的逍遥自在。中国从古至今,从宫廷到民间,都有焚香净气的习俗。最初的焚香是为了驱逐蚊虫,去除生活环境中的浊气,后来,焚香成为道教、佛教中的一个仪式。隋唐以后,焚香开始普及,古典诗词中多有焚香的描写,红袖添香更是一个常见的意象。

　　茗与香一样,是文人生活不可缺少的元素。唐白居易《晚起》诗曰:"融雪煎香茗,调酥煮乳糜。"喝的不只是茶,还有品位与闲情。在香、茗的悠悠余韵里，锦绣篇章缓缓流淌出来。

香、茗之用，其利最溥①。物外高隐②，坐语道德，可以清心悦神；初阳薄暝③，兴味萧骚④，可以畅怀舒啸⑤；晴窗拓帖⑥，挥麈闲吟，篝灯夜读⑦，可以远辟睡魔；青衣红袖⑧，密语谈私，可以助情热意；坐雨闭窗，饭余散步，可以遣寂除烦⑨；醉筵醒客，夜语蓬窗，长啸空楼，冰弦戛指⑩，可以佐欢解渴。品之最优者，以沉香、岕茶为首⑪，第焚煮有法，必贞夫韵士⑫，乃能究心耳⑬。志《香茗第十二》。

**【注释】**

①溥（pǔ）：大。

②物外：世外。

③初阳薄暝（míng）：晨曦薄暮。

④萧骚：萧条凄凉。

⑤舒啸：犹长啸。放声歌啸。

⑥拓帖：摹拓古碑帖。

⑦篝灯：谓置灯于笼中。

⑧青衣红袖：指女子。

⑨遣寂除烦：原文中是"遣除烦"，根据陈植校注本补出缺字。

⑩冰弦：琴弦。戛（jiá）指：用手弹。戛，敲击，触及。

⑪沉香：木材名。木质坚硬而重，黄色，有香味。心材为著名熏香料。其含有黑色树脂的树根或树干加工后可入药，有镇痛、健胃等效。其木心及节坚黑，入水能沉，故名。岕（jiè）茶：茶名。产于浙江长兴境内的罗岕山，故名。为茶中上品。

⑫贞夫：守正之人。韵士：风雅之士。

⑬究心：专心研究。

**【译文】**

焚香品茗，益处很大。隐逸世外，坐着谈玄论道，可以神清气爽；晨曦薄暮，意兴阑珊之际，可以胸怀通畅，舒展歌啸；摹拓碑帖，清谈闲吟，挑灯夜读，可以驱除睡意；闺阁女子，密语私谈，可以加深情谊；雨天闭门而坐，饭后散步，可以排遣寂寥烦恼；宴会醒酒，夜晚谈心，啸吟于空楼，弹琴唱和，可以解渴佐欢。香茗中最优的，要数沉香、芥茶，只是要焚烧煎煮得法，只有真正的君子雅士，才会专心领悟。记《香茗第十二》。

# 伽南

**【题解】**

文震亨讲到糖结、金丝两种伽南香的特性，糖结优于金丝。提及二者的用途及贮存方法时，文震亨提到用蜂蜜的味道和伽南香的气味混合，非常别致新颖，让人联想到焚香时香与蜜的融合，温馨而甜润，充满生活情趣。伽南香为沉香中的极品，多产于南洋，以东南亚古国占城者为最著，我国海南岛亦有出产。最主要的用途之一就是文中提到的制成扇坠、念珠佩戴在身上，因为它香气清雅怡人。明代周嘉胄《香乘》谓："倘配少许才一登室，满堂馥郁，佩者去后，香犹不散。"可见伽南香用来佩挂，也会自然散发出香气。

一名奇蓝，又名琪瑚，有糖结、金丝二种：糖结，面黑若漆，坚若玉，锯开，上有油若糖者，最贵。金丝，色黄，上有线若金者，次之。此香不可焚，焚之微有膻气，大者有重十五、六斤，以雕盘承之，满室皆香，真为奇物。小者以制扇坠、数珠①，夏月佩之，可以辟秽。居常以锡合盛蜜养之②，合分二格,下格置蜜,上格穿数孔,如龙眼大,置香使蜜气上通,则经久不枯。沉水等香亦然③。

**【注释】**

①数珠:佛教徒诵经时用来摄心计数的成串的珠子,每串多为一百零八颗。也称念珠、佛珠。

②锡合:即锡盒。

③沉水:此指沉香。

**【译文】**

伽南香又叫奇蓝,又名琪玗,有糖结、金丝两种:糖结,表面漆黑,坚硬如玉,锯开后,上面有像糖一样的油脂,最为贵重。金丝,黄色,上面有金色丝线的,次之。伽南香不能焚烧,焚烧时有些微的腥膻味,大的有十五、六斤重,放在精美的盘子上面,满室生香,真是奇特之物。小的制作成扇坠、念珠,夏天佩带在身上,可以去除异味。平时用盛放了蜂蜜的锡盒来贮存,盒子分为两格,下格放蜂蜜,上格钻一些龙眼大的孔,使蜂蜜的味道向上与伽南香相通,香就经久不干枯。沉香等香也可以这样做。

# 龙涎香

**【题解】**

龙涎香又称“阿末香”,是抹香鲸肠内的分泌物,为名贵香料。文震亨所谓的龙即抹香鲸。将浮于海面的抹香鲸肠内分泌物捞起干燥,或者将捕获的抹香鲸杀死,收集肠中分泌物,经干燥后,即成蜡状的硬块。自古以来,龙涎香就被作为高级的香料使用,价格昂贵,差不多与黄金相等。宋代王沂孙《天香·龙涎香》词曰:“孤峤蟠烟,层涛蜕月,骊宫夜采铅水。讯远槎风,梦深薇露,化作断魂心字。红瓷候火,还乍识、冰环玉指。一缕萦帘翠影,依稀海天云气。”词中想象龙涎所产之地以及鲛人至海上采取龙涎之情景,还想象龙涎被焙制成各种形状、被焚烧情景,充满奇思妙想。

苏门答剌国有龙涎屿[1],群龙交卧其上,遗沫入水,取以为香。浮水为上,渗沙者次之;鱼食腹中,刺出如斗者,又次之。彼国亦甚珍贵。

**【注释】**

①苏门答剌:今印度尼西亚的苏门答腊。龙涎屿:苏门答腊产龙涎香的岛屿。

**【译文】**

苏门答腊的龙涎屿,许多龙卧在那里,龙将唾液吐入水中,收集起来就制成了龙涎香。浮在水面的龙涎香品质最好,夹有尘沙的次之;鱼吸入腹中又喷出来、形状如斗的,又次之。龙涎香在苏门答腊也很珍贵。

# 沉香

**【题解】**

沉香心材为著名熏香料,文震亨提到明代嘉靖年间制作的雕刻龙凤图案的沉香。嘉靖好道,身居宫苑,在长达四十五年的皇帝生涯中,竟然有二十多年从不上朝,专事玄修。

质重,劈开如墨色者佳,沉取沉水,然好速亦能沉。以隔火炙过,取焦者别置一器,焚以熏衣被。曾见世庙有水磨雕刻龙凤者[1],大二寸许,盖醮坛中物[2],此仅可玩供。

**【注释】**

①世庙:明代人对明世宗嘉靖的称谓。

②醮(jiào)坛:道士设坛祈祷之所。

**【译文】**

沉香质地厚重,剖开后颜色如墨者是佳品,能够沉入水中,但好的速香也能沉入水中。隔火烘烤,将烤焦的另置一处,焚烧用以熏衣被。曾见到嘉靖年间制作的水磨雕刻龙凤图案的沉香,二寸左右大小,是道士设坛祈祷时的用品,只能用来赏玩而已。

# 片速香

**【题解】**

片速香是香料的一种,从它的俗名可以猜出它的形状,应该类似鲫鱼片。"价不甚高",说明不是非常名贵的香料,却也有伪造的,但文震亨并没有说鉴别的方法。

鲫鱼片,雉鸡斑者佳,以重实为美,价不甚高,有伪为者,当辨。

**【译文】**

片速香又叫鲫鱼片,有野鸡斑纹的为佳品,以质地重实的为美,价格不是很贵,有伪造的,应该注意鉴别。

# 唵叭香

**【题解】**

唵叭香虽香味浓郁,却不宜单独使用。香料只是味道馥郁是不够的，还要有余韵。所以在很多香方当中，会有唵叭香的成分。原态的香材，不便于直接使用，需要磨成细粉，加入附着剂制成香线、香盘、香丸等各种形态。在制作过程中，为减少成本，也会在名贵香料中混合其他香料。

香腻甚，着衣袂，可经日不散，然不宜独用，当同沉水共焚之。一名"黑香"。以软净色明，手指可捻为丸者为妙。都中有"唵叭饼"，别以他香和之，不甚佳。

**【译文】**

唵叭香香气浓郁，置入衣袖内，香气多日不散，但不宜单独使用，应当和沉香一起焚烧。它又叫"黑香"。以质地松软、颜色明净，能用手指捻成丸的为佳品。京都有"唵叭饼"，是与其他香料混合而成的，不太好。

# 角香

**【题解】**

角香即牙香，是古代高档香品之一。文震亨介绍香的文字多来自屠隆的《香笺》。角香以黄熟香、馣香为主要原料，切片后进行炮制，再根据功效需求以多种香药浸泡、蒸炒窖藏而成。所以文震亨提到没有烘焙的是生香。角香是唐代以后专供隔火熏香的主要香品之一。而焚香也很有讲究，方法得当，才能焚出好的味道，文震亨提到角香的焚烧办法可以使香气氤氲，又无烟火气。

俗名"牙香"，以面黑烂色，黄纹直透者为"黄熟"，纯白不烘焙者为"生香"，此皆常用之物，当觅佳者。但既不用隔火，亦须轻置炉中，庶香气微出，不作烟火气。

## 【译文】

角香俗名"牙香",表面有黑烂色,黄纹直透的是"黄熟",颜色纯白没有经过烘焙的是"生香",这些都是常用之物,应当寻找佳品。虽然不用隔火烘烤,但需要轻放炉中,使香气慢慢散发,没有烟火味。

# 甜香

## 【题解】

此文专门介绍了明宣宗年间所制作的甜香,但文震亨只说了外观,并没用提及制作的材料。倒是他提到的"芙蓉""梅花"两种甜香文献上有记载,明代高濂《遵生八笺》列有"芙蓉香方":"用沉香一两五钱,檀香一两二钱,片速三钱,冰脑三钱,合油五钱,生结香一钱,排草五钱,芸香一钱,甘麻然五分,唵叭五分,丁香二分,郎胎二分,藿香二分,零陵香二分,乳香一分,三柰一分,撒馥兰一分,榄油一分,榆面八钱,硝一钱,和印或散烧。"宋代洪刍《香谱》载:"梅花香法:甘松、零陵香各一两,檀香、茴香各半两,丁香一百枚,龙脑少许别研。右为细末,炼蜜令合和之,干湿得中用。"

宣德年制,清远味幽可爱,黑坛如漆,白底上有烧造年月,有锡罩盖罐子者,绝佳。"芙蓉""梅花",皆其遗制,近京师制者亦佳。

## 【译文】

甜香,宣德年间制作的,清香悠远,黑坛如漆,白底上有烧制年月,有锡制的罩子盖住罐子的,绝佳。"芙蓉""梅花"都是过去的品种,近年京都制作的也很好。

# 黄黑香饼

## 【题解】

明高濂《遵生八笺》里记载有黄香饼方、黑香饼方,和甜香的香方制作大致类似,混合各种香料,做成饼状。文震亨提到明代吴允诚家制作的黄黑香饼铜钱大小,非常好。吴允诚(?—1417),蒙古族,原名把都帖木儿。归降明朝后,朱棣赐其汉名,后守备凉州,多有战功。官至左都督,封恭顺伯,至其子吴克忠时进封恭顺侯,共历七世八代。本篇所提显然不是商铺,而是富贵人家自制的香品。

恭顺侯家所造[①],大如钱者,妙甚;香肆所制小者,及印各色花巧者,皆可用,然非幽斋所宜,宜以置闺阁。

## 【注释】

①恭顺侯:明代吴允诚被封恭顺伯,其后人被封恭顺侯。

## 【译文】

恭顺侯家制作的黄黑香饼,如铜钱大小的最好;商铺制作的小香饼及印有各种花样的,都可使用,但不宜幽斋使用,适宜闺阁。

# 安息香

## 【题解】

文震亨提到了安息香的一些品种,并做出了优劣评判。安息香焚烧时香烟为白色,如缕直上,在空中不易散去,可用于熏衣。《醒世恒言》中卖油郎秦重积攒够银两后准备去见花魁娘子,回到家中,把衣服洗浆得干干净净,买几根安息香熏了又熏。安息香还具有开窍、辟秽、定神等作用,《红楼梦》第97回贾宝玉在成亲之夜发现新娘不是林黛玉,旧病复发,贾母等人只得满屋里点起安息香来,定住他的神魂,扶他睡下。

都中有数种,总名安息。月麟、聚仙、沉速为上,沉速有双料者①,极佳。内府别有龙挂香,倒挂焚之,其架甚可玩,若兰香、万春、百花等皆不堪用。

**【注释】**

①双料:指制造物品用的材料比通常的同类物品加倍。多用于比喻。

**【译文】**

京都中有数种安息香,总名叫安息。月麟、聚仙、沉速为上品,沉速有双料的,最好。内府另有龙挂香,倒挂着焚烧,挂香的架子很好玩,若兰香、万春、百花等品种都不可使用。

## 暖阁　芸香

**【题解】**

文震亨对暖阁、芸香介绍极为简单,而实际上文人书房离不开芸香。文中提到的周府,就是王爷府,自制的芸香很有名气。著名的天一阁藏书楼,据说里面每本书都夹有芸草,因为芸香有特殊香味,能杀死蠹虫,所以很少出现图书被虫蛀的现象。古代的校书郎被称为芸香吏,文人书斋也常被称为芸窗、芸署。唐代杨巨源《酬令狐员外直夜书怀见寄》诗曰:"芸香能护字,铅椠善呈书。"闻一多写给臧克家的信里也以芸香自喻,《致臧克家》:"你诬枉了我,当我是一个蠹鱼,不晓得我是杀蠹的芸香。"

暖阁,有黄黑二种。芸香,短束出周府者佳①,然仅可备种类,不堪用也。

【注释】
①周府:指朱元璋第五子朱橚的王府。其洪武三年(1370)封吴王,
　　十一年(1378)改封周王,王府在开封。

【译文】

暖阁,有黄黑两种。芸香,短束出自周府的较好。但也只是作为香
的一种使品种齐全而已,不能使用。

# 苍术

【题解】

苍术,多年生草本植物,气辛,味浓。茅山出产的最好,可用来制作
清秽香、远湿香、清真香、蝴蝶香等合香,苍术制作的香品质燥烈,所以文
震亨说适合梅雨季节焚烧。如果空屋很久没有人居住,也可以先用苍术
烧烟熏过,再搬进去住,可以除湿、去霉、杀菌。

岁时及梅雨郁蒸<sup>①</sup>,当间一焚之。出句容茅山<sup>②</sup>,细梗
者佳,真者亦艰得。

【注释】

①梅雨:指初夏江淮流域持续较长的阴雨天气。因时至梅子黄熟,
　　故亦称黄梅天。此季节空气长期潮湿,器物易霉,故又称霉雨。
　　郁蒸:闷热。
②句容:今江苏句容。茅山:山名。在江苏句容东南,原名句曲山。
　　相传有汉茅盈与弟衷固采药修道于此,因改名茅山。

【译文】

在年末及梅雨季节时,当间或焚烧苍术。句容县茅山所产的细梗的
最好,但真品很难得到。

# 品茶

## 【题解】

唐陆羽《茶经》记载："茶之为饮,发乎神农氏。"人类饮茶的历史未必有这么早,但两晋以后,茶风已盛,唐宋时期饮茶开始风行,并成为文人群体性、阶层性的普遍风尚,文人与茶结下了不解之缘。关于茶道的著作也层出不穷,文震亨说"无虑数十家",并提到陆羽的《茶经》。《新唐书·隐逸传·陆羽》记载:"羽嗜茶,著经三篇,言茶之原、之法、之具尤备,天下益知饮茶矣。"陆羽被后人称为茶仙、茶神。品茶不是饮茶,不在解渴,而在意境,但文震亨此文却是在追溯品茶的历史,他对比唐宋与明代茶叶制作的不同,肯定明代茶艺的变化与高明。在时间考量的叙述中,品茶既充满历史气息,又有一种时尚感。

茶与酒都是文人生活中的重要因素,但品茶与饮酒不同,茶尚新,酒尚陈,茶是清淡,酒是浓烈,饮酒要有气贯长虹的气势,品茶却需气定神闲的心态,饮酒是摇荡勃发,品茶却是平坦舒畅,品茶与饮酒一样催生了文人的锦绣篇章。唐代卢仝《走笔谢孟谏议寄新茶》一诗以奇特的诗情写尽了饮茶的乐趣:"一碗喉吻润,两碗破孤闷。三碗搜枯肠,唯有文字五千卷。四碗发轻汗,平生不平事,尽向毛孔散。五碗肌骨清,六碗通仙灵。七碗吃不得也,惟觉两腋习习清风生。"在卢仝笔下,饮茶更胜过饮酒。才女李清照与丈夫赵明诚打赌比记忆力,赌的便是茶水,让几百年后的纳兰性德在暮春时节写下了"赌书消得泼茶香,当时只道是寻常"的诗句。

宋苏轼《望江南·超然台作》曰:"且将新火试新茶,诗酒趁年华。"有青春做伴,酒和茶都是美丽的诗篇。

古今论茶事者,无虑数十家,若鸿渐之"经"①,君谟之"录"②,可谓尽善。然其时法用熟碾为"丸"为"挺"③,

故所称有"龙凤团""小龙团""密云龙""瑞云翔龙"。至宣和间,始以茶色白者为贵。漕臣郑可简始创为"银丝冰芽"④,以茶剔叶取心,清泉渍之,去龙脑诸香,惟新胯小龙蜿蜒其上⑤,称"龙团胜雪",当时以为不更之法,而我朝所尚又不同,其烹世之法⑥,亦与前人异,然简便异常,天趣悉备,可谓尽茶之真味矣。至于"洗茶""候汤""择器"⑦,皆各有法,宁特侈言"乌府""云屯""苦节""建城"等目而已哉⑧?

## 【注释】

①鸿渐之"经":即唐代陆羽所著《茶经》。陆羽(733—?),字鸿渐,复州竟陵(今湖北天门)人。以嗜茶著名,对茶道很有研究,被视为"茶神"。撰有《茶经》三卷,是世界上第一部茶叶专著。

②君谟之"录":即宋代蔡襄所著《茶录》。蔡襄(1012—1067),字君谟,北宋兴化军仙游(今福建仙游)人。精吏治,有政绩。工书,为"宋四家"之一。撰有《茶录》《荔枝谱》等。

③丸:团。挺:量词。多用于条状物或长形物。

④漕臣:主管漕运之人。郑可简:宋人。宣和年间任建安漕臣,因进献"水线银芽"得宠,进福建路转运使。

⑤新胯:制茶的印模。

⑥烹世:当作"烹试"。

⑦洗茶:洗去茶叶的污垢。候汤:指古代烹茶时的煮水过程。择器:选择茶具。

⑧乌府:明代茶具名。用于贮炭的竹篮,因炭有乌银之号而得名。云屯:明代茶具名。贮烹茶泉水之器。苦节:即苦节君。明人对竹茶炉的戏称。建城:指用箬竹做成的笼子,包裹茶叶以贮存在

搁置器物的架子上。

**【译文】**

　　古代论茶道的，不只数十家，像陆羽的《茶经》、蔡襄的《茶录》，可谓论述相当详尽。但当时制茶是用熟碾法制成团和条形，所以有"龙凤团""小龙团""密云龙""瑞云翔龙"的叫法。到宣和年间，开始以白茶为贵。宋代主管漕运的郑可简始创"银丝冰芽"，专取茶心嫩芽，用泉水漂洗，去除龙脑香等异味，用刻有蜿蜒小龙的模具压制而成，称为"龙团胜雪"，当时以为是不可更改的制茶方法，但今天所通行的制茶方法已经大不相同了，烹试方法也与前人不同，但非常简便，很有自然情趣，可谓完全体现了茶的本味。至于洗茶、烹茶时的煮水过程、选择茶具，也都各有一定的规则和方法，这岂止是大谈"乌府""云屯""苦节""建城"等名目而已呢？

# 虎丘　天池

**【题解】**

　　虎丘茶、天池茶都产于苏州，是以地方命名的茶。虎丘茶因产于苏州城西北的虎丘山而得名。据《虎丘志》记载："虎丘茶色如玉，味如兰，宋人呼为白云茶，号称珍品。"所以文震亨说"又为官司所据"，一为珍品，普通百姓便很难尝到。据载明代天启四年（1642），中央某大臣临苏州，向寺僧索要虎丘茶，寺僧无茶可献，大臣对其用刑，于是寺庙住持等都受到刑辱。回到寺庙后，住持愤而毁去茶树，于是真正意义上的虎丘茶就这样香消玉殒了。

　　虎丘，最号精绝，为天下冠，惜不多产，又为官司所据①。寂寞山家，得一壶两壶，便为奇品，然其味实亚于岕。天池，出龙池一带者佳②，出南山一带者最早③，微带草气。

## 【注释】

①官司：官府。

②龙池：苏州地名。

③南山：苏州地名。

## 【译文】

虎丘茶，最称好茶，为天下之冠，可惜产量不多，又被官府所据有。山里人能得到一壶两壶，便将之作为奇品，但它的味道实在不及岕茶。天池茶产自龙池一带的较好，产自南山一带的最早，微带青草味。

# 岕

## 【题解】

岕茶产于浙江长兴县境内的罗岕山，故名，为茶中上品。文震亨对茶的采摘、烘焙、存放叙述较详，见出他对茶的熟悉。明代袁宏道《龙井》一文曰："茶叶粗大，真者每斤至二千余钱。"清余怀《板桥杂记·轶事》载："厚予之金，使往山中贩岕茶，得息颇厚。"可见茶价格之昂贵。

浙之长兴者佳①，价亦甚高，今所最重；荆溪稍下②。采茶不必太细，细则芽初萌而味欠足；不必太青，青则茶已老而味欠嫩。惟成梗蒂，叶绿色而团厚者为上。不宜以日晒，炭火焙过，扇冷，以箬叶衬罂贮高处③，盖茶最喜温燥，而忌冷湿也。

## 【注释】

①长兴：今浙江长兴。

②荆溪：水名。在今江苏宜兴南，近荆南山。

③箬（ruò）叶：箬竹叶子。罂：古代大腹小口的盛贮器。

**【译文】**

　　芥茶，产自浙江长兴的最好，价格也很高，最为今人看重；产自荆溪的稍次之。采茶不必太嫩，刚刚萌发的嫩芽，味道不足；也不必太青，太青茶已老，茶味过于浓烈。只有梗蒂刚长成，叶子翠绿而圆厚的为上品。不宜日晒，炭火烘焙后扇冷，用箬竹叶包裹后装入罂中，存放于高处，因为茶叶适宜温暖干燥，忌讳潮湿阴冷。

# 六安

**【题解】**

　　明屠隆《考槃余事》记载六安茶："品亦精，入药最效，但不善炒，不能发香，而味苦，茶之本性实佳。"文震亨的叙述抄袭自屠隆。

　　六安茶产于安徽的六安、金寨和霍山三县，因外形似瓜子而俗称六安瓜片。唐代陆羽《茶经》里就提到"庐州六安"，明代徐光启在其《农政全书》里曾记载"六安州之片茶，为茶之极品"，明代李东阳在《咏六安茶》中用"七碗清风自里边""陆羽旧经遗上品"等诗句来赞美六安茶。

　　宜入药品，但不善炒，不能发香而味苦，茶之本性实佳。

**【译文】**

　　六安茶适合入药，不适合炒制，没有香味反而很苦，但茶的本味其实很好。

# 松萝

**【题解】**

　　松萝茶产于安徽休宁城北的松萝山。松萝山在唐朝就有产茶的记载，而松萝茶的盛名远播是在明代。明代谢肇淛《五杂组》记云："今茶之上者，松萝也，虎丘也，罗芥也，龙井也，阳羡也，天池也。"文震亨说"十数亩外，皆非真松萝茶"，可见松萝茶产量并不高。至于松萝茶的味道，文震亨认为"在洞山之下、天池之上"，但明代的袁宏道《龙井》一文却说："近日徽有送松萝茶者，味在龙井之上，天池之下。"同是敏感细腻的文人，对松萝茶的感觉却不相同。清郑板桥《题画诗》曰："不风不雨正晴和，翠竹亭亭好节柯。最爱晚凉佳客至，一壶新茗泡松萝。"正合适的天气，遇上最知心的友人，泡上松萝茶，品茗闲聊，何等惬意！又何必在乎彼此对松萝茶不同的感觉呢？

十数亩外，皆非真松萝茶，山中亦仅有一二家炒法甚精，近有山僧手焙者，更妙。真者在洞山之下、天池之上①，新安人最重之②。两都曲中亦尚此③，以易于烹煮，且香烈故耳。

【注释】

①洞山：地名亦茶名。天池：地名亦茶名。

②新安：今安徽境内地名。

③两都：据陈植校注本应为"南都"，即南京。曲中：妓坊的通称。

【译文】

安徽松萝方圆十几亩外，都不是真正的松萝茶，山中只有一两家炒法精湛，近来有一个山僧炒制的，更妙。真正的松萝茶品质在洞山茶之下、天池茶之上，新安人最为喜爱它。南京妓坊也很流行松萝茶，因为它易于烹煮，而且味道浓郁。

## 龙井　天目

【题解】

龙井茶可以说是最知名的绿茶之一，但文震亨对龙井茶、天目茶介绍极为简略，并认为只有"采焙得法"，才能与天池茶相提并论。这与龙井茶的发展历史有关。龙井茶得名于龙井，由于产地不同分为西湖龙井、钱塘龙井、越州龙井。龙井茶始产于宋代，但到明代才开始有声名，万历年间《钱塘县志》记载："茶出龙井者，作豆花香，名龙井茶，色青味甘，与他山异。"到清代顺治年间，龙井茶被列为贡品，乾隆六次南巡，四次来到龙井茶区观看茶叶采制，品茶赋诗，龙井茶这才天下闻名。所以文震亨的时代，龙井虽声名已盛，却不在最上等之列。

天目茶因产于临安西北的天目山而得名。《续茶经》有："天目为天池、龙井之次，亦佳品也。《地志》云：'山中寒气早严，山僧至九月即不敢出。冬来多雪，三月后方通行，其萌芽较他茶独晚。'"

山中早寒，冬来多雪，故茶之萌芽较晚，采焙得法，亦可与天池并。

**【译文】**

龙井、天目茶，因为产地山高早寒，冬季多雪，所以茶树发芽较晚，如果采摘、烘焙得当，也可以与天池茶相提并论。

# 洗茶

**【题解】**

洗茶即把茶叶洗一洗，文震亨所谓的"去其尘垢"，先将茶壶冲上水浸泡一会儿，然后把第一泡茶水倒掉。《中国茶叶大辞典》"洗茶"条解释说洗茶即洗去了散茶表面杂质，且可诱发茶香、茶味。洗茶让茶更好喝，喝起来更加鲜美。据学者考证，"洗茶"一词始用于北宋，原属于茶叶采制过程用语，后延伸至饮用过程中。鲜叶从茶树上采摘下来以后经过初制、精制，其中有多道工序，即使偶有夹杂物如茶灰、尘埃，经注入沸水即倒掉,能迅即去除。

先以滚汤候少温洗茶,去其尘垢,以定碗盛之,俟冷点茶<sup>①</sup>,则香气自发。

**【注释】**

①点茶:沏茶。

**【译文】**

先用稍凉的沸水冲洗茶叶,去除尘垢,用定瓷茶碗盛放,待稍冷后再沏茶,则香气飘溢。

# 候汤

**【题解】**

候汤是煎茶的关键,意为等待煮茶的水开。不同品质的茶叶对水温有不同的要求,丝毫之差,口味千里。而水煮到什么程度是茶水味道的关键。唐陆羽《茶经》"五之煮"云:"其沸,如鱼目,微有声为一沸,缘边如涌泉连珠为二沸,腾波鼓浪为三沸,已上水老不可食也。"显然,文震亨的写法借鉴了陆羽的《茶经》。没烧开或初沸的"嫩"汤,泡不开茶固然不好;开过头的水,随着沸腾时间的延长,会不断排除溶解于水中的气体,即文震亨所说"汤已失性",也会影响茶味。宋苏辙《和子瞻煎茶》诗云:"相传煎茶只煎水,茶性仍存偏有味。"晚明张岱在《闵老子茶》一文中记叙了自己与闵汶水的品茗之技,其中茶水好坏最重要的一个因素便是煮茶所用的水。

缓火炙,活火煎。活火,谓炭火之有焰者,始如鱼目为"一沸",缘边泉涌为"二沸",奔涛溅沫为"三沸"。若薪火方交,水釜才炽,急取旋倾,水气未消,谓之"嫩";若水逾十沸,汤已失性,谓之"老",皆不能发茶香。

**【译文】**

用缓火烤,用活火煎。活火就是有焰的炭火,水烧到冒水泡如鱼眼睛为"一沸",缘边如泉涌时是"二沸",翻腾飞溅时为"三沸"。如果火力正旺,锅还正热,就立即倒出,水气未消,称之为"嫩水";如果水已经沸腾十遍,失去水性,就称之为"老水","嫩水"和"老水"都不能沏出茶香。

# 涤器

**【题解】**

洗茶、候汤、涤器是饮茶的三道程序,洗茶、涤器是保证茶水的洁净,文震亨认为不洁净还会影响茶水的味道。《汉书·司马相如传》:"相如身自着犊鼻裈,与庸保杂作,涤器于市中。"司马相如卖酒的时候,也要先把器物洗涤干净。宋代秦观《人材》曰:"文如长卿而有临邛涤器之陋,将如韩信而有胯下蒲伏之辱。"将涤器与地位之卑微相联系。涤器在饮茶、喝酒的程序当中不是最重要的步骤,但正是小细节彰显了品味的精致。

茶瓶、茶盏不洁,皆损茶味,须先时洗涤,净布拭之,以备用。

**【译文】**

茶瓶、茶杯不干净,都会有损于茶的味道,需要先洗涤茶具,用洁净的布擦拭,以备用。

# 茶洗

## 【题解】

茶洗即洗茶之具,用来洗茶。文震亨介绍的是上下两层的砂质茶洗,使用非常方便。近代翁辉东《潮州茶经·工夫茶》曰:"茶洗形如大碗,深浅式样甚多。贵重窑产,价也昂贵。烹茶之家,必备三个:一正二副。正洗用以浸茶杯,副洗一以浸冲罐,一以储茶渣暨杯盘弃水。"

以砂为之,制如碗式,上下二层。上层底穿数孔,用洗茶,沙垢皆从孔中流出,最便。

## 【译文】

茶洗用砂制成,样子和碗一样,上下两层。上层底部有一些小孔,洗茶时,沙粒尘垢都从孔中流出来,最为方便。

# 茶炉　汤瓶

## 【题解】

茶炉为烧水器具,文震亨提到的是铜火炉。明代谢应芳《寄题无锡钱仲毅煮茗轩》曰:"午梦觉来汤欲沸,松风初响竹炉边。"明代周履靖《茶德颂》曰:"竹炉列牖,兽炭陈庐。"所述皆为用竹炉烧水烹茶的情景。对于候汤的汤瓶,按明代张谦德《茶经》所述:"瓶要小者易候汤,又点茶注汤有准,瓷器为上。"与文震亨看法不同。文人们总能品味出烹制茶汤过程中每一个细小的环节、略微的差异给茶味带来的微妙变化。

有姜铸铜饕餮兽面火炉<sup>①</sup>,及纯素者<sup>②</sup>,有铜铸如鼎彝者,皆可用。汤瓶铅者为上,锡者次之,铜者亦可用。形如竹筒者,既不漏火,又易点注③。瓷瓶虽不夺汤气,然不适用,亦不雅观。

**【注释】**

①姜铸铜:宋代姜氏铸造的铜器。饕餮(tāo tiè):传说中的一种贪残的怪物。古代钟鼎彝器上多刻其头部形状以为装饰。

②纯素:没有一点花纹。

③点注:灌水。

**【译文】**

有姜铸铜饕餮兽面的火炉,有不带花纹雕饰的火炉,有如鼎彝的铜铸火炉,这些都可使用。煮水的壶,铅制的最好,锡制的次之,铜制的也可使用。形状像竹筒的,既不漏火,也容易灌水。瓷壶虽不夺水味,但不适用,也不雅观。

# 茶壶

**【题解】**

文震亨欣赏的是砂壶,看不上大部分锡壶、金银壶,对于本篇提到的很多样式,他也觉得俗气。他提到明代最著名的两个茶壶的品牌:供春和时大彬。明许次纾《茶疏》记载:"往时龚春茶壶,近日时大彬所制,大为时人宝惜。"但文震亨认为供春壶太大,时大彬壶又太小。

壶以砂者为上,盖既不夺香,又无熟汤气,"供春"最贵①,第形不雅,亦无差小者。时大宾所制又太小②。若得受水半升,而形制古洁者,取以注茶,更为适用。其"提梁""卧瓜""双桃""扇面""八棱细花""夹锡茶替""青花白地"
诸俗式者③,俱不可用。锡壶有赵良璧者,亦佳④,然而冬月
间用。近时吴中"归锡"⑤,嘉禾"黄锡"⑥,价皆最高,然制
小而俗。金银俱不入品。

**【注释】**

①供春:又称龚春,宜兴(今江苏宜兴)人。明正德、嘉靖间宜兴制
　砂壶名手。供春起初为吴仕家童,侍奉主人之余,从金沙寺僧那
　里学得制壶技法,并且成为一代名家。此指供春砂壶。

②时大宾:即"时大彬"。号少山,宜兴(今江苏宜兴)人。明万历
　年间制壶名家。

③提梁:两耳上之横把。

④赵良璧:明吴中(今江苏苏州)人。嘉靖民间艺人。工于制梳及
　锡器,称绝技。

⑤归锡:归懋德制品。晚明张岱《夜航船》:"嘉兴锡壶所制精工以
　黄元吉为上,归懋德次之。初年价钱极贵,后渐轻微。"

⑥嘉禾:古地名,今浙江嘉兴。黄锡:即黄元吉制作的锡壶。

**【译文】**

茶壶以砂质的最好,因为既不夺茶香,又没有熟水味,供春砂壶最
好,只是形状不雅致,也没有稍小一些的。时大彬所制砂壶又太小。如
果能有盛水半升而且形制古雅的砂壶,用来沏茶,那就更好。至于"提
梁""卧瓜""双桃""扇面""八棱细花""夹锡茶替""青花白地"等俗
式,都不可使用。赵良璧制造的锡壶是佳品,但适宜冬天使用。近来苏
州归懋德制作的锡壶、浙江嘉兴黄元吉制作的锡壶,价格都很昂贵,但是
规格小而且俗气。至于金银制品,都不入品。

# 茶盏

**【题解】**

文震亨在此篇介绍了明宣宗、明世宗年间茶盏的样式、特性,认为瓷器不宜作为茶盏。茶洗、茶炉、汤瓶、茶壶、茶盏都属于茶器,茶洗用来洗茶,茶炉、汤瓶用来煮茶,茶壶、茶盏用来冲茶。此篇与文震亨之前对器物的叙述风格相一致,不外乎样式与材料,并做出雅俗之别。

陆羽造茶具二十四事,宋代审安老人著有《茶具图赞》,列有十二种茶具,并赋予每件茶具姓名、字、雅号,详述其清新高雅之职责,体现了茶人以小见大,以茶明礼仪、制度的思想。嗜好饮茶的文人当然离不开茶具,唐皮日休《褚家林亭》诗曰:"萧疏桂影移茶具,狼藉蘋花上钓筒。"元代王逢《排难行》曰:"我时载茶具,荡漾五湖船。"不管是家居消闲还是外出游玩,茶具都与文人形影不离。

宣庙有尖足茶盏①,料精式雅,质厚难冷,洁白如玉,可试茶色,盏中第一。世庙有坛盏②,中有茶汤果酒,后有"金箓大醮坛用"等字者,亦佳。他如白定等窑③,藏为玩器,不宜日用。盖点茶须熁盏令热④,则茶面聚乳,旧窑器熁热则易损⑤,不可不知。又有一种名"崔公窑"⑥,差大,可置果实,果亦仅可用榛、松、新笋、鸡豆、莲实⑦,不夺香味者;他如柑、橙、茉莉、木樨之类⑧,断不可用。

**【注释】**

①宣庙:明宣宗朱瞻基代称。

②世庙:指明世宗朱厚熜。

③白定:白色定瓷。

④熁(xié)盏:把茶盏烫热。熁,熏烤,熏蒸。

⑤熁热：以热水暖茶盏。

⑥崔公窑：明代隆庆、万历年间崔国懋善仿宣德、成化年间瓷器，著名一时，世称"崔公窑"，为当时民窑之冠。

⑦鸡豆：芡实。莲实：莲子。

⑧木樨：桂花。

**【译文】**

明宣宗年间有尖足的茶盏，用料精细，样式雅致，质地坚厚，茶水不易冷，洁白如玉，可用来试茶色，可谓茶盏之首。明世宗年间的祭坛茶盏，用来盛放茶汤果酒，后面刻有"金篆大醮坛用"等字，也是佳品。其他如定窑白瓷等瓷器，可作为玩器收藏，不宜日常使用。因为沏茶的时候需要让茶盏受热，令茶面泛起泡沫，旧窑器一受热则容易破裂，这些特性不能不知道。还有一种叫"崔公窑"的瓷器，稍大一些，可放置果实，但只能放榛子、松子、鲜笋、芡实、莲子这些不夺茶香的果品；其他如柑、橙、茉莉、桂花之类，则断不可使用。

# 择炭

**【题解】**

沏茶不但所用水的质量重要，水要煮到什么程度，用什么材料来煮也很重要。文震亨认为煮水要避开烟雾，所以非炭不可。再好的水，没有合适的炭火，也煮不出好的味道来，要想喝到好茶，先要从选择好炭开始。文震亨对炭火的称呼也很有趣，浓烟蔽室的炭火是茶魔，不带烟雾的是汤友。在古人眼里，万物皆有生命。

汤最恶烟，非炭不可，落叶、竹篠、树梢、松子之类①，虽为雅谈，实不可用；又如"暴炭""膏薪"②，浓烟蔽室，更为茶魔。炭以长兴茶山出者，名"金炭"，大小最适用，以麸火引之③,可称汤友。

**【注释】**

①竹篠（xiǎo）：细竹。松子：松果。

②暴炭：没有烧成熟的炭，燃烧时常爆裂而出烟。膏薪：没有全干的木材，燃烧时常流液而出烟。

③麸火：即麸炭火。经过燃烧而没有成炭的木材称之为麸炭，最易引火。

**【译文】**

沏茶的水最怕烟味，非炭火不可，落叶、细竹、树梢、松果之类，虽然雅致，实际上不堪使用；又如"暴炭""膏薪"，燃烧时浓烟满屋，更不可使用。长兴茶山出产的炭叫"金炭"，大小最为适用，用麸炭火引燃，可称之为汤友。

# 跋

【题解】

此跋见于《粤雅堂丛书》同治十三年（1874）的版本，咸丰三年（1853）的底本中无此跋，别的丛书版本也没有此跋。伍绍棠跋于同治十三年，伍绍棠的生卒年等资料查阅不到，所见记载说他是伍崇曜的长子，陈植先生在《长物志校注》中说"伍绍棠待考"。但《粤雅堂丛书》中有不少伍绍棠作的跋。徐信符《广东藏书纪事诗》曰："凡伍氏校刻者二千四百余卷，每跋尾二百余篇，则玉生所为，而署名伍绍棠也。"伦明《辛亥以来藏书纪事诗》也说："（谭莹）尝为伍氏校刊《粤雅堂丛书》，每书后有伍绍棠跋，其所捉刀也。"他们说伍绍棠的跋都是谭莹捉刀，那么此文是不是玉生（谭莹）捉刀呢？这要从伍崇曜与谭莹说起。

晚清南海伍氏家族是当地一方巨贾，伍崇曜（1810—1863），原名元薇，字紫垣，一字良辅，经营广州十三行的怡和行，擅诗艺，爱收藏，筑"远爱楼"为藏书之地，建"粤雅堂"为辑校典籍之所，刊刻了《岭南遗书》《粤十三家集》《楚庭耆旧遗诗》等文献，最著名的是《粤雅堂丛书》。伍崇曜付梓之书都有谭莹襄助。谭莹（1800—1871），字兆仁，号玉生，与伍崇曜为同乡。道光二十四年（1844）举人，官化州学训导，升琼州府学教授。文才出众，掌教众多书院。丛书编纂的全过程都仰赖谭莹的一己之力。但是谭莹1871年已经去世，此序作于1874年，显然不是谭莹所为。谭莹捉刀的跋署名是伍崇曜，而此跋署名是伍绍棠，至于伍绍棠是不是也找了捉刀人就无从考证了。因为《粤雅堂丛书》的刊刻延续到光绪年间，伍崇曜死后，伍绍棠就主持了丛书的刊刻。这篇是《粤雅堂丛书》在重新刊刻时增加的跋。

不管作者是谁，这篇简短的跋写得一语中的，"贵介风流，雅人深致"精准地概括了《长物志》的风格特点。在简介了文震亨的生平事迹之后，作者对朱彝尊《明诗综》不提文震亨殉节一事提出了疑问，却并没有给出确定答案。接着对明代中叶文人的鉴赏之风表达了歆羡与赞扬，文人雅士，一世风流，留给后人无尽的追想。他肯定《长物志》是其时文化氛围的产物，又是其中的佼佼者，足可长久流传。清代的学者提到明人，多是批评其浮夸、浅薄，而此文作者的评价客观中肯，表达出对文人传统、文人趣味的认可。而最让人惊讶的是文末笔锋一转，哀从中来，作者感叹多么奢侈、多么稀有、花费了多少心血的书画、花草，仅足供楚人一炬而已。这些多余之物有何用呢？小心翼翼地呵护、花费的心血有何用呢？在残酷的国破家亡面前，那些闲情逸致不是很可笑吗？作者不是在批评，而是痛惜！痛惜那些精致的文化经不住现实的摧残，痛惜一代代文人就像那些精美的书画一样脆弱得不堪一击。

一定是一种情感上的代入让作者居然对着此书吞声饮泣，他引用了孟尝君听雍门子鼓琴的典故，欢愉之人在琴声中感受到了国破家亡，这不正是作者其时所处的时代氛围吗？世事翻云覆雨，内外交困，末世的悲凉感在文人心中笼罩着，他们不知道历史走向何方，却隐约地预感到了大变局，在喧嚣的当下已经体会到天地变化的沧桑。作者以"运无平而不陂，物无聚而不散"哀叹文震亨的经历，有无奈，也有自我安慰，有对历史规律的总结，也有"好物不牢"的哀伤。历史的潮流最终将所有的人裹挟而去，不知道作者后来又经历了哪些沧桑？

右《长物志》十二卷，明文震亨撰。震亨字启美，长洲人，徵明之曾孙，崇祯中，官武英殿中书舍人，以善琴供奉①，明亡，殉节死。徐𤓰公《明画录》称其画宗宋、元诸家②，格韵兼胜。考《明诗综》录启美诗二首，并述王觉斯语③，言湛持忧谗畏讥④，而启美浮沉金马⑤，吟咏徜徉⑥，世无嫉者，由其处世固有道焉。湛持即启美之兄，长洲相国也⑦，顾绝不言其殉节事。岂竹垞尚传闻未审欤⑧？

【注释】

①以善琴供奉：此指文震亨为崇祯制颂琴两千张。

②徐𤓰公：即徐沁（1626—1683）。字𤓰公，会稽（今浙江绍兴）人。徐氏与李渔友善，博通经史，善考证。康熙十七年（1678）荐举博学鸿词，辞不就，退居耶溪，著书秋水堂。著有《秋水堂稿》《越书小篆》《明画录》等。

③王觉斯：即王铎（1592—1652）。字觉斯，一字觉之，号十樵、嵩樵等，孟津（今河南孟津）人。他的书法与董其昌齐名，有"南董北王"之称。书法作品有《拟山园帖》和《琅华馆帖》等，其绘画作品有《雪景竹石图》等。

④湛持：此指文震亨的兄长文震孟（1574—1636）。初名从鼎，字文起，号湘南，别号湛持，文徵明曾孙，明末长洲（今江苏苏州）人。主要作品有《念阳徐公定蜀记》《策书圆记》等。

⑤浮沉金马：在宦海沉浮。金马，即汉代的金马门，官署的门，门旁有铜马。

⑥徜徉（cháng yáng）：安闲自得貌。

⑦相国：官名，此处指内阁大学士。

⑧竹垞（chá）：即朱彝尊（1629—1709）。字锡鬯（chàng），号竹垞，晚号小长芦钓鱼师，别号金风亭长。主要作品有《曝书亭集》《明

诗综》《明词综》等。

**【译文】**

右边是《长物志》十二卷，明代文震亨撰。震亨字启美，长洲人，文徵明之曾孙，崇祯年间官至武英殿中书舍人，因擅长弹琴为帝王制颂琴，明朝灭亡，殉节而死。徐沁《明画录》称启美的画宗宋、元诸家，风格韵致都很好。考察朱彝尊的《明诗综》，录了启美两首诗，并引述了王铎的话，说湛持忧谗畏讥，而启美在宦海沉浮，陶醉于吟咏之中，世上无人嫉恨他，因为他有自己的处世之道。湛持是启美的兄长，长洲的内阁大学士，但绝口不提启美殉节的事情。难道是竹垞注重传说没有做出考察吗？

　　有明中叶，天下承平，士大夫以儒雅相尚，若评书品画，瀹茗焚香①，弹琴选石等事，无一不精，而当时骚人墨客，亦皆工鉴别，善品题，玉敦珠盘②，辉映坛坫③，若启美此书，亦庶几卓卓可传者。盖贵介风流④，雅人深致⑤，均于此见之。曾几何时，而国变沧桑，向所谓"玉躞金题"⑥，"奇花异卉"者，仅足供楚人一炬⑦。呜呼！运无平而不陂⑧，物无聚而不散，余校此书，正如孟尝君闻雍门子琴⑨，泪涔涔霑襟而不能自止也⑩。

**【注释】**

①瀹（yuè）茗：煮茶。

②玉敦珠盘：玉制的器皿，珍珠装饰的盘子。特指古代天子、诸侯歃血为盟时所用的礼器。

③坛坫（diàn）：会盟的坛台。

④贵介：尊贵，高贵。

⑤雅人深致：本指《诗经·大雅》的作者见解深刻，意兴深远。雅

人，原指《诗经·大雅》的作者，后代指高雅的人。雅，雅正，高尚。致，意态，情趣。

⑥玉躞（xiè）金题：谓极精美的书画或书籍的装潢。玉躞，系缚卷轴用的带子上的玉别子，也叫插签。金题，用泥金书写的题签。

⑦楚人一炬：《史记·项羽本纪》："项羽引兵西屠咸阳，杀秦降王子婴，烧秦宫室，火三月不灭。"后因以"楚人一炬"概指此事。此指清兵南下，地方遭兵燹（xiǎn）之灾，收藏也化为灰烬。

⑧陂（bì）：不平。

⑨雍门子琴：雍门子是战国时齐人，善鼓琴，是孟尝君的门客。孟尝君听他鼓琴而流泪，说琴声让他觉得自己就像是国破家亡的人。

⑩涔涔（cén）：形容泪、血、汗等液体不断流出或渗出貌。霑（zhān）襟：沾湿衣襟。

**【译文】**

明代中叶，天下承平，士大夫相互推崇儒雅，至于评书品画、煮茶焚香、弹琴选石这些事情，无一不精，而当时的文人墨客也都工于鉴别，很擅长品题，玉制的器皿，珍珠装饰的盘子，在文坛光彩照耀，至于启美这本书，出类拔萃，应该可以流传下去。富贵风流，雅人深致，在这本书中都能见到。曾几何时，国家发生变故，人世沧桑，而之前所谓的极精美的书画，还有那些奇花异草，只能成为楚人的灰烬了。呜呼！运势没有一直平坦的，物没有聚而不散的，我校对此书，正如孟尝君听雍门子鼓琴一样，泪流沾襟不能停息。

同治甲戌小寒前一日①，南海伍绍棠谨跋②。

**【注释】**

①同治甲戌：指同治十三年（1874）。

②伍绍棠：生卒年不详，南海人。其父伍崇曜编《粤雅堂丛书》，伍

崇曜去世后，长子伍绍棠接手主持刊刻之事。

【译文】

同治十三年小寒前一日，南海伍绍棠跋。

# 中华经典名著
## 全本全注全译丛书
### （已出书目）